適用 Excel 2021／2019／2016

Excel VBA×
ChatGPT×
Bing Chat

基礎到爬蟲應用

詠唱神技快速生成公式與VBA

序

自從 1987 年微軟公司發表 Excel 2.0 後，Excel 就成為試算表應用程式的龍頭。從資料的計算、統計、篩選分析、樞紐分析、圖表繪製，Excel 都提供完整的支援。甚至 Excel 可以和 Word、Access... 等其他的 Office 成員完美結合，讓功能更加強大而完整。

Excel 另外提供 VBA 這個強大的工具，能夠結合程式來加強 Excel 的功能，達成自動化提高工作效率。但是使用 Excel VBA 需要寫程式碼，很多人因此放棄這一強大的工具，十分的可惜。最近因為 AI 聊天機器人 ChatGPT 爆紅，使用 ChatGPT 可以讓編寫 Excel VBA 程式變得非常輕鬆，本書將手把手帶大家體驗神奇的 ChatGPT 詠唱神技！

作者們經過周詳的規劃，由基本語法介紹到實用範例，希望能對想學習 Excel VBA 的讀者有所助益。本書分成四大部分，透過由淺入深的說明，期望最後讀者能夠靈活運用 Excel VBA。

1. **程式語法介紹**：第 1～7 章介紹 Excel VBA 的程式語法，由資料型別、變數、運算式、流程控制、陣列、函數到副程式，經由有系統地說明，可以讓讀者在短時間輕鬆奠定程式語言的基礎。

2. **常用物件介紹**：第 8～10 章介紹 Range、Sheet、Worksheet、Workbook、Window、Application 等常用物件的屬性、方法和事件，使熟悉 Excel VBA 物件的操作。

3. **綜合活用實例**：第 11～15 章分別闡述控制項、資料整理、圖表、樞紐分析表、網路爬蟲...等單元，綜合運用前面各章節所學，達到學以致用的目標。

4. **結合 ChatGPT 與 Bing Chat**：第 16 章介紹 ChatGPT 的功能、優缺點、註冊與使用方法。列舉透過和 ChatGPT 聊天，產生 Excel 表格、公式和 VBA 以及動態產生圖表程式碼的實例。說明在 Excel 外掛 ChatGPT 的步驟，以及使用 ChatGPT 的方法。第 17 章介紹透過 Bing 使用最新版 GPT-4 的註冊與使用方法，同時使用 Bing Chat 產生 Excel VBA 爬蟲程式碼的實例，提升資料取得效率。

本書具備下列特色：

1. **打好程式設計基礎**：針對熟悉 Excel，但沒有程式設計基礎的讀者來規劃。由淺入深按步就班介紹 VBA 程式的基本語法，希望讀者能由新手入門踏上程式高手的坦途。

2. **精心設計語法簡例**：介紹 Excel VBA 程式語法時，本書會利用大量貼切的簡例做說明，讓讀者充分了解語法的意義，並且能正確運用語法。

3. **規劃實用範例運用**：根據各章介紹的內容，設計適當的實用範例，透過範例程式的上機操作，以及詳細的程式碼解說，來充分了解程式語法和物件成員特性。

4. **提供綜合活用範例**：在本書後半部分設計眾多的活用範例，來綜合運用本書前面所學內容，使讀者可以融會貫通。進而運用所學來解決工作上的問題。

為方便教學，本書另提供教學投影片、各章課後習題，採用本書授課教師可向碁峰業務索取，同時系列書籍於程式享樂趣 YouTube 頻道每週分享補充教材與新知，以利初學者快速上手。讀者可透過 itPCBook@gmail.com 信箱詢問本書相關的問題。本書雖經多次精心校對，難免百密一疏，感謝熱心的讀者先進不吝指正，使本書內容更趨紮實和正確。感謝周家旬與廖美昭細心排版與校稿，以及碁峰同仁的鼓勵與協助，使得本書得以順利出書。在此聲明，本書中所提及相關產品名稱皆各所屬該公司之註冊商標。

程式享樂趣 YouTube 頻道：https://www.youtube.com/@happycodingfun

微軟最有價值專家(MVP)，僑光科技大學多媒體與遊戲設計系 副教授 蔡文龍

何嘉益、張志成、張力元 編著

2023.4 於台中

目錄

Chapter 3 變數型別與變數

Chapter 4　選擇結構

Chapter 5　重複結構

Chapter 6　陣列

Chapter 7　副程式

第二篇　常用物件

Chapter 8　Range 物件介紹

Chapter 9 Workbook 物件

Chapter 10 Application 物件

Chapter 14　VBA 活用實例 - 初階爬蟲

Chapter 15　VBA 活用實例 - 進階爬蟲

第四篇　結合 ChatGPT 與 Bing Chat

Chapter 16　ChatGPT 在 Excel 的應用

Chapter 17 Bing Chat 在 Excel 的應用

▶ 下載說明

本書範例檔、附錄電子書請至以下碁峰網站下載
http://books.gotop.com.tw/download/ACI036900，其內容僅供合
法持有本書的讀者使用，未經授權不得抄襲、轉載或任意散佈。

認識 Excel 巨集

VBA 是 **V**isual **B**asic for **A**pplication 的縮寫，它是附屬於 Office 各應用軟體(如：Excel、Word、PowerPoint...)的巨集程式語言。VBA 和 Microsoft Excel 兩者若能搭配使用，可以將試算表的功能發揮到最強大。

1.1　認識 Excel VBA

1.1.1 Excel 是什麼

Excel 是一種工作表的電子試算表軟體，它具有直覺式的操作介面、出色的計算功能和提供強大的圖表工具，可進行各種數據處理、統計分析和輔助決策操作，因此被廣泛應用在金融、統計、管理、教育...等各種領域。

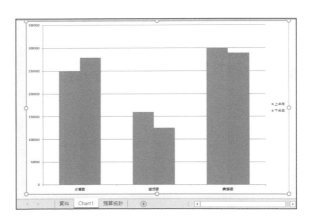

	A	B	C	D
1	項目	上半年	下半年	合計
2	水電費	250000	278654	528654
3	差旅費	160000	124865	284865
4	業務費	300000	289437	589437
5				

資料 Chart1 預算統計

微軟公司為了辦公室的各種業務需求，打造 Microsoft Office 套裝軟體，將 Excel、Word、PowerPoint...等軟體進行整合。Microsoft Excel 經過 97、2000、2003、2007、2010、2013、2016、2019、2021 等多次的改版，本書為了符合前後版本相容，特以 Excel 2019 為主要的操作環境，適用 2016、2019、2021。

1.1.2 Excel VBA 做什麼

VBA 程式的語法大致上與 Visual Basic 程式類似，透過程式敘述就可以操控 Office 軟體。除了 Excel 之外，Word、PowerPoint...等 Office 內的軟體都支援 VBA。因此，當 VBA 被加入到 Excel 之後，就合體成為 Excel VBA。而用 VBA 語言設計出來的程式敘述就組成了「巨集」指令。

巨集和 VBA 的關係是緊密的，即 Excel 中的指令敘述、按鈕或清單功能是由 VBA 程式碼來完成，這一個個指令、功能都代表著一個個「巨集」。巨集是一個操作過程的命令集合，主要用於操作大量重複性或實現特定效果的工作。在 Microsoft Excel 作業環境下建立巨集的方式有兩種：

1. 巨集錄製器：錄製巨集的方式就像是使用錄影機一樣，將操作工作表的過程錄製起來，轉換為程式碼，儲存成巨集指令。以後若要執行相同的操作時，就可以直接執行已錄製完成的巨集指令。

2. VBA 編輯器：是編製 Excel 巨集程式碼的整合環境。在 VBA 程式設計環境下，可以編寫操作工作表的指令程式碼。

1.2 「開發人員」索引標籤

開發巨集指令，需要使用「開發人員」索引標籤頁內的功能項目來製作。當你開啟 Excel 作業環境時，如果在功能區沒有出現「開發人員」索引標籤項目，可以依下列的步驟操作來啟用。

Step 01　開啟 Excel 作業環境，點選「選項」項目(若已開啟空白活頁簿，則先點選「檔案」索引標籤，再點選「選項」選目)。
若功能區內沒有「開發人員」索引標籤，就繼續下面步驟。

功能區 ────

Step 02　在開啟的「Excel 選項」對話方塊內，先在左邊窗格點選「自訂功能區」，再到右邊窗格勾選「開發人員」索引標籤項目。

Step 03　返回 Excel 活頁簿作業環境。則「開發人員」索引標籤已含在功能區內，點選「開發人員」索引標籤，瀏覽該標籤頁有哪些功能項目。

1.3 用錄製器建立巨集

1.3.1 錄製巨集

　　錄製巨集就像是按下錄影鍵後，把每一個在工作表上操作的過程錄製下來，成為一個程序。完成的巨集可以使用一個快速鍵或一個按鈕來執行，使一個經常性或重複性的多步驟操作，只要一個動作即可處理。

🔽 **範例**：1-3 巨集.xlsm

　　錄製一個巨集，可以計算已經輸入在工作表上的物品買賣之總金額。

執行結果

上機操作

Step 01　在 Excel 作業環境，點選「檔案」索引標籤，再點選「常用」選項，在「新增」區塊選用「空白活頁簿」。

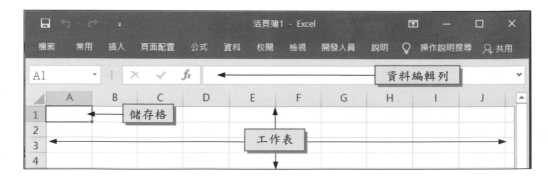

Step 02　建立如下圖所示的工作表內容。

▲	A	B	C	D
1	物品	單價(元)	數量	小計
2	汽水	40	3	
3	餅干	65	2	
4	乾果	120	2	
5	紙杯	10	5	
6				
7	總金額			
8				

Step 03　在功能區點選「開發人員」索引標籤，再點按 🔲錄製巨集　圖示鈕。

Step 04　開啟「錄製巨集」對話方塊後，依下圖所示順序操作。

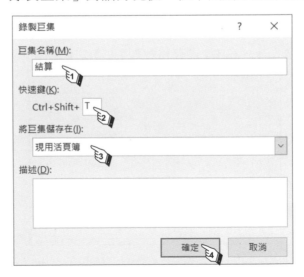

① 巨集名稱(**M**)：預設名稱是「巨集 1」，將巨集名稱改為「結算」。
　巨集名稱須以英文字母或中文字開頭，中間不能使用空格及特殊符
　號字元(如 !,@,#,$ ... 等)。

② 快速鍵(<u>K</u>)：文字方塊內我們輸入大寫字母 T。

若是輸入小寫字母，則按 Ctrl ＋ <字母> 鍵可執行此巨集；若是輸入大寫字母，則按 Ctrl ＋ ⇧ Shift ＋ <字母> 鍵可執行此巨集。

③ 將巨集儲存在(<u>I</u>)：可以指定巨集存放位置，我們使用預設的「現用活頁簿」。

Step 05 按 確定 鈕，開始錄製巨集。請依下列所示順序操作來錄製巨集。

① 先點選 D2 儲存格，再到資料編輯列輸入「=B2*C2」，點按 ✓ 鈕確認輸入。

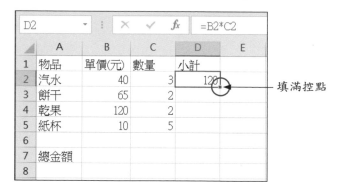

② 確認輸入後，在 D2 儲存格會顯現「B2*C2」的計算結果「120」。

D2		⋮ × ✓ fx	=B2*C2		
	A	B	C	D	E
1	物品	單價(元)	數量	小計	
2	汽水	40	3	120	填滿控點
3	餅干	65	2		
4	乾果	120	2		
5	紙杯	10	5		
6					
7	總金額				
8					

③ 將滑鼠指標移到 D2 儲存格右下角的填滿控點，按住滑鼠左鍵向下拖曳到 D5 儲存格。

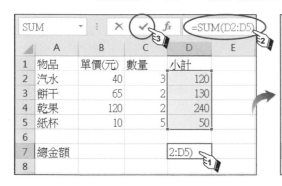

④ 鬆開滑鼠鍵，則 D3~D5 範圍的儲存格自動填滿計算結果。

	A	B	C	D	E
1	物品	單價(元)	數量	小計	
2	汽水	40	3	120	
3	餅干	65	2	130	
4	乾果	120	2	240	
5	紙杯	10	5	50	
6					
7	總金額				
8					

⑤ 點選 D7 儲存格，到資料編輯列輸入「=SUM(D2:D5)」，點按 ✔ 鈕確認輸入，則 D7 儲存格顯現「SUM(D2:D5)」的計算結果「540」。

Step 06 到功能區點選「開發人員」索引標籤，再點按 ■ 停止錄製 圖示鈕。

1.3.2 執行巨集

在上一小節我們已完成一個簡單的巨集錄製，該巨集名稱為「結算」，執行該巨集的方式，可以按快速鍵 Ctrl + ⇧ Shift + T ，也可以使用「巨集」對話方塊。

上機操作

Step 01 到上小節的工作表上，將 D2~D7 範圍的儲存格清為空白。

D2~D7 範圍的儲存格，可用(D2:D7)儲存格表示。

Step 02 按鍵盤 Ctrl + ⇧ Shift + T 鍵，執行「結算」巨集。結果如下圖：

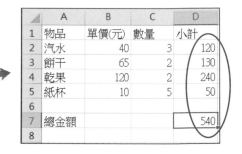

Step 03 再將工作表(D2:D7)儲存格清為空白，並更改(B2:C5)儲存格內容。

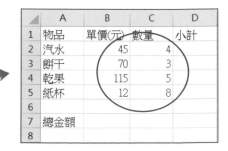

Step 04　到功能區點選「開發人員」索引標籤頁，再點按 🔲 圖示鈕。

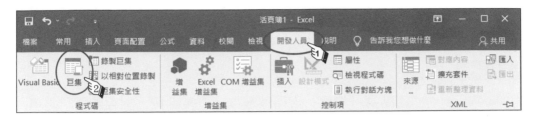

Step 05　開啟「巨集」對話方塊。點選「結算」巨集名稱，點按 執行(R) 鈕。

Step 06　執行「結算」巨集後，在(D2:D7)儲存格顯示結算的執行結果。

	A	B	C	D
1	物品	單價(元)	數量	小計
2	汽水	45	4	180
3	餅干	70	3	210
4	乾果	115	5	575
5	紙杯	12	8	96
6				
7	總金額			1061

1.3.3 儲存巨集檔案

在 1.3.1 小節實作的巨集，已在 1.3.2 小節測試執行無誤。本小節就來介紹如何儲存含巨集的 Excel 檔案。

上機操作

Step 01 到功能區點選「檔案」索引標籤頁，然後點按「另存新檔」選項，再點按 📁 瀏覽 項目，開啟「另存新檔」對話方塊。

Step 02 在「另存新檔」對話方塊中，請依下圖所示順序操作：

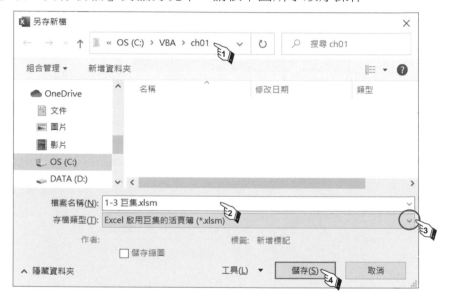

① 本書範例預設存放在 C: 磁碟的「VBA」路徑下的各章資料夾內。例如：「C:\VBA\ch01」為存放第 1 章範例的資料夾。

② 檔案名稱(N)：預設名稱為「活頁簿 1」，將名稱改為「1-3 巨集」。其中「1-3」代表第 1 章第 3 節，以方便讀者尋找範例檔。

③ 存檔類型(T)：預設為「Excel 活頁簿(*.xlsx)」。按右側下拉鈕 ⌄，由清單中選用「Excel 啟用巨集的活頁簿(*.xlsm)」類型項目。

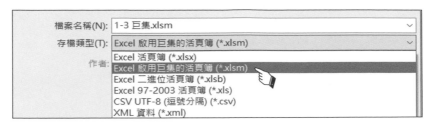

④ 點按 　儲存(S)　 鈕，完成存檔的動作。

Step 03 　所存檔的活頁簿檔名會顯示在 Excel 作業環境的標題欄中。

Step 04 　點按 Excel 作業環境標題欄最右側的關閉鈕 ╳，結束 Excel 軟體。

1.4 巨集的使用

前一節開啟 Excel 作業環境，用錄製的方式建立了一個巨集，再用快速鍵及開啟「巨集」對話方塊的方式來執行該巨集，並將該含有巨集的 Excel 檔案儲存起來，最後結束 Excel 軟體的操作。本節來探討使用含有巨集的 Excel 檔案文件時，要注意的相關事項。

1.4.1 設定巨集安全性

由於 VBA 的檔案經常會受到巨集型病毒的攻擊，所以在開啟含有巨集的檔案要小心留意。下面的操作是設定巨集的安全性，用來設定開啟含巨集檔案時的處理方式。

上機操作

Step 01 　開啟 Excel 作業環境，新增空白活頁簿。

Step 02 　在功能區點選「開發人員」索引標籤，再點按 ⚠ 巨集安全性 圖示鈕。

Step 03　開啟「信任中心」對話方塊。依下圖所示操作：

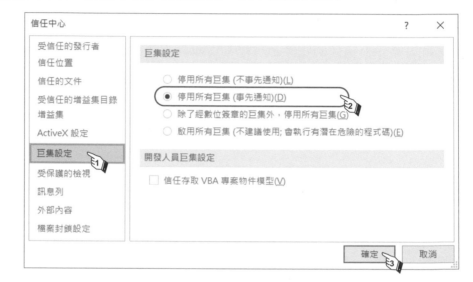

不同的「巨集設定」項目，可以設定當要開啟含有巨集的檔案文件時，針對檔案安全性有不同的認定和處理方式，分別說明如下：

① **停用所有巨集 (不事先通知)**：此設定會停用所有含巨集的檔案文件，安全性最高，適用於完全不想執行巨集的使用者。

② **停用所有巨集 (事先通知)**：這是系統的預設值。當開啟含巨集的檔案時，會顯示安全性的警告訊息，使用者可以選擇是否啟用巨集。

③ **除了經數位簽章的巨集外，停用所有巨集**：此設定是使用者需要從信任的發行者取得數位簽章，就可以啟用這些已簽章的巨集。而未經簽章的巨集則會停用。

④ **啟用所有巨集 (不建議使用, 會執行有潛在危險的程式碼)**：允許可執行所有巨集，是安全性最低的項目。但容易受到惡意病毒的攻擊。

Step 04　點按 Excel 作業環境右側的關閉鈕 ✕，結束 Excel 軟體。

1.4.2 開啟含有巨集的檔案

在設定巨集的安全性時，我們使用「停用所有巨集(事先通知)」。接著我們重新啟動 Excel 作業環境，開啟上一節所建立的檔案「1-3 巨集.xlsm」。因為該檔案為含有巨集之文件，第一次開啟時會出現下圖所示之警告訊息：

> ⚠ 安全性警告　已經停用巨集。　[啟用內容]

若認定該含巨集之檔案沒有問題，則按 [啟用內容] 鈕來開啟。經啟用的巨集檔案會自動設為信任的文件，該檔案下次再被開啟時就會直接啟用。

1.4.3 檢視巨集程式碼

「巨集」真正的內容是一個程式指令集，就 VBA 的語法而言，它的結構被稱之為「程序」。我們現在就來檢視「1-3 巨集.xlsm」文件內的「結算」巨集程序之程式碼。

`上機操作`

`Step 01`　到功能區點選「開發人員」索引標籤頁，再點按 [巨集] 圖示鈕。

`Step 02`　在開啟「巨集」對話方塊中，點選「結算」項目，再按 [編輯(E)] 鈕。

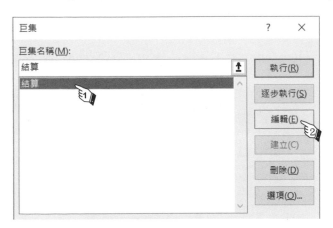

`Step 03`　開啟 VBA 程式編輯器，可以觀看「結算」巨集程序的程式碼。

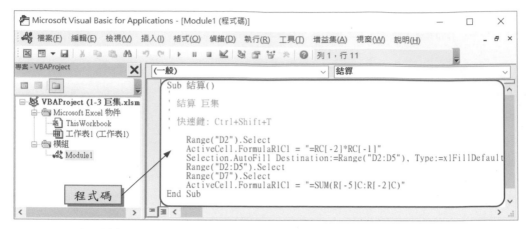

上圖所顯示的程式碼，就是能由 Excel VBA 程式語言來執行的指令。
而 Excel VBA 程式語言即是本書所要傳授的內容。

1.4.4 使用表單控制項

上一節有提到兩種執行巨集的方式，但都不如將巨集指定給工作表上的
按鈕物件來得直接。現在來介紹如何將巨集指定給按鈕物件的操作方式。

📥 **範例**：1-4 按鈕.xlsm

製作一個 結算 按鈕物件，用來執行「1-3 巨集.xlsm」的巨集指令。

上機操作

Step 01 開啟「1-3 巨集.xlsm」文件。在功能區點選「開發人員」索引標籤，
按 插入 圖示鈕，再由清單中選用「表單控制項」的 □ 按鈕元件。

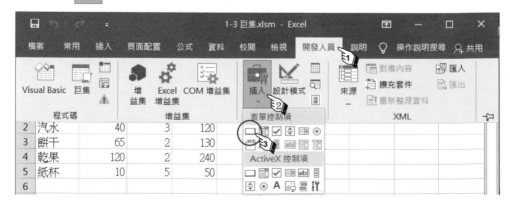

Step 02 在工作表的滑鼠指標會變成＋形狀。移滑鼠指標到適當位置，按住
滑鼠左鍵拖曳出適當大小的按鈕。

	A	B	C	D	E	F	G
1	物品	單價(元)	數量	小計			
2	汽水	40	3	120			
3	餅乾	65	2	130			
4	乾果	120	2	240			
5	紙杯	10	5	50			
6							
7	總金額			540			
8							

Step 03 放開滑鼠鍵時會出現「指定巨集」對話方塊，由清單中選取「結算」
巨集名稱，然後按下　確定　鈕。

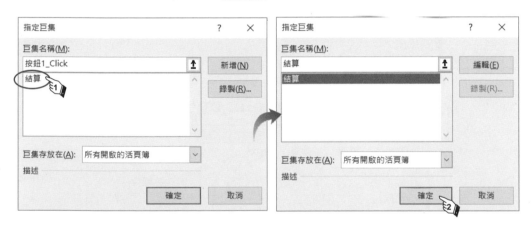

Step 04 在工作表上出現一個「按鈕 1」的按鈕物件。移滑鼠到該按鈕上按
一下滑鼠右鍵，選按清單中的「編輯文字」項目。

Step 05　將「按鈕 1」按鈕物件的標題文字改成「結算」。

	A	B	C	D	E	F	G
1	物品	單價(元)	數量	小計			
2	汽水	40	3	120			
3	餅干	65	2	130		結算	
4	乾果	120	2	240			
5	紙杯	10	5	50			
6							
7	總金額			540			

Step 06　清除工作表(B2:D7)儲存格，再到(B2:C5)儲存格輸入資料。

	A	B	C	D	E	F	G
1	物品	單價(元)	數量	小計			
2	汽水	50	2				
3	餅干	70	1			結算	
4	乾果	110	2				
5	紙杯	8	3				
6							
7	總金額						

Step 07　點按 結算 按鈕物件，則在(D2:D7)儲存格顯示執行結果。

	A	B	C	D	E	F	G
1	物品	單價(元)	數量	小計			
2	汽水	50	2	100			
3	餅干	70	1	70		結算	
4	乾果	110	2	220			
5	紙杯	8	3	24			
6							
7	總金額			414			

1.5 綜合實例

範例：1-5 math.xlsm

先錄製 Avg 和 Max 兩個巨集，分別用來計算三個數平均值和從三個數中取得最大值。再製作 平均 和 最大值 按鈕物件，分別來執行 Avg 和 Max 兩個巨集指令。

執行結果

	A	B	C	D
1	第一個數	34		
2	第二個數	67	平均	
3	第三個數	51		
4			最大值	
5	平均值	50.66667		

	A	B	C	D
1	第一個數	34		
2	第二個數	67	平均	
3	第三個數	51		
4			最大值	
5	最大值	67		

上機操作

Step 01　開啟 Excel 作業環境，新增一個空白活頁簿。點選「檔案」索引標籤頁，點按「另存新檔」選項，以「1-5 math.xlsm」檔名儲存。

Step 02　在工作表中建立如下儲存格資料。

	A	B	C	D
1	第一個數	34		
2	第二個數	67		
3	第三個數	51		
4				
5				

Step 03　錄製「Avg」巨集指令

① 點選「開發人員」索引標籤，點按 🖥錄製巨集 圖示鈕。

② 在「錄製巨集」對話方塊中，將巨集名稱取為「Avg」，快速鍵設為「Ctrl + Shift + A」，按 確定 鈕開始錄製巨集。

③ 點選 A5 儲存格，輸入「平均值」。

④ 點選 B5 儲存格，到資料編輯列輸入「=AVERAGE(B1:B3)」，點按 ✔ 鈕確認輸入。

⑤ 點選「開發人員」索引標籤，點按 ⬛停止錄製 圖示鈕。

Step 04　將工作表(A5:B5)儲存格清為空白

	A	B	C	D
1	第一個數	34		
2	第二個數	67		
3	第三個數	51		
4				
5	平均值	50.66667		

	A	B	C	D
1	第一個數	34		
2	第二個數	67		
3	第三個數	51		
4				
5				

Step 05 錄製「Max」巨集指令

① 點選「開發人員」索引標籤,點按 📠錄製巨集 圖示鈕。

② 在「錄製巨集」對話方塊中,將巨集名稱取為「Max」,快速鍵設為「Ctrl + Shift + M」,按 確定 鈕開始錄製巨集。

③ 點選 A5 儲存格,輸入「最大值」。

④ 點選 B5 儲存格,到資料編輯列輸入「=MAX(B1:B3)」,點按 ✔ 鈕。

⑤ 點選「開發人員」索引標籤,點按 ■停止錄製 圖示鈕。

Step 06 將工作表(A5:B5)儲存格清為空白

	A	B	C	D
1	第一個數	34		
2	第二個數	67		
3	第三個數	51		
4				
5	最大值	67		

	A	B	C	D
1	第一個數	34		
2	第二個數	67		
3	第三個數	51		
4				
5				

Step 07 製作一個 平均 按鈕物件來執行「Avg」的巨集指令

① 點選「開發人員」索引標籤,按 插入 圖示鈕,再由清單中選用「表單控制項」的 □ 按鈕元件。

② 在工作表適當位置,用形狀為 + 的滑鼠指標拖曳出按鈕物件。

③ 在出現的「指定巨集」對話方塊中,從清單中選取「Avg」巨集名稱,然後按下 確定 鈕。

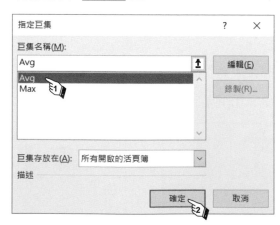

④ 工作表上出現一個標題文字為「按鈕 1」的按鈕物件，到該按鈕上按滑鼠右鍵，選按「編輯文字」項目，將標題文字改成「平均」。

⑤ 點按 ▢平均▢ 按鈕物件，會在(A5:B5)儲存格顯示執行結果。

	A	B	C	D
1	第一個數	34		
2	第二個數	67		平均
3	第三個數	51		
4				
5	平均值	50.66667		

▌Step 08　製作一個 ▢最大值▢ 按鈕物件來執行「Max」的巨集指令

① 點選「開發人員」索引標籤，按 ▢插入▢ 圖示鈕，再由清單中選用「表單控制項」的 ▢ 按鈕元件。

② 在工作表適當位置，用形狀為＋的滑鼠指標拖曳出按鈕物件。

③ 在出現的「指定巨集」對話方塊中，從清單中選取「Max」巨集名稱，然後按下 ▢確定▢ 鈕。

④ 工作表上出現一個標題文字為「按鈕 2」，將標題文字改成「最大值」。

⑤ 點按 ▢最大值▢ 按鈕物件，則在(A5:B5)儲存格顯示執行結果。

	A	B	C	D
1	第一個數	34		
2	第二個數	67		平均
3	第三個數	51		
4				最大值
5	最大值	67		

使用 Excel VBA

在前一章，我們學會了錄製巨集，也學會使用表單控制項的 □ 按鈕來執行巨集程序，接著所要介紹課程是如何使用 Excel VBA 來設計巨集。VBA 是一個以物件為導向的程式開發軟體，並以事件驅動的模式來執行程序。在使用 Excel VBA 編寫程式之前，要先了解物件、方法、屬性、事件的概念。

2.1 物件簡介

能夠被描述出來的東西都稱「物件」(Object)，每個物件都有它的屬性 (Attributes) 和行為 (Behaviors)，相似的物件可以歸納成同一個「類別」 (Class)。例如：汽車是一個類別，而張三的轎車、李四的卡車、王五的拖車… 等不同用途的車子，都歸屬在汽車類別下的不同物件，這些車的廠牌、排氣量、顏色、輪胎半徑…等，稱為車的「屬性」，不同車(物件)其屬性不盡相同。每一部車的行為用途(「方法」)也不盡相同，轎車用來載人、卡車用來載物、拖車用來載貨櫃…。

當對物件做了具體的作用，使物件產生了反應，如採汽車的油門會使汽車加速行駛；按喇叭會使汽車發生鳴笛聲…，這種反應稱為「事件」驅動。

在物件導向程式中，一個能夠被描述出來的東西(或實體)就是一個物件，我們先從儲存格開始來認識物件。因為在撰寫 Excel VBA 程式時，經常會針對指定儲存格做存取動作，所以先來介紹儲存格物件。

2.2　儲存格物件

2.2.1　使用 Range 指定儲存格範圍

單一儲存格物件的名稱是「欄名」+「列號」，如 "A1" 儲存格。儲存格物件也可以是一個範圍的儲存格，如 "C3:F4" 儲存格。如下圖所示：

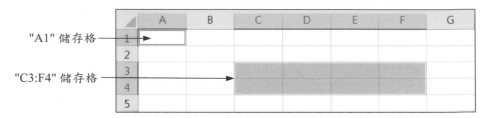

在 VBA 程式中使用 Range 來指定儲存格，如下：

【例 1】指定 "A1" 單一儲存格。

```
Range("A1")
```

"A1"為儲存格名稱，而 Range("A1")為單一儲存格物件。

【例 2】指定 "C3:F4" 範圍儲存格。

```
Range("C3:F4")
```

"C3:F4"為儲存格範圍，而 Range("C3:F4")為儲存格範圍物件。

2.2.2　使用 Cells 指定儲存格

也可以使用 Cells 來指定單一儲存格物件，但被指定的儲存格是使用「水平列編號, 垂直欄編號」來標示。因為水平列和垂直欄編號皆以數字標示，適用於使用變數來指定儲存格。

【例 1】使用 Cells 指定 "B3" 儲存格。

```
Cells(3, 2)
```

"B3" 儲存格的水平列編號為「3」、垂直欄編號為「2」(因 A 欄是 1，B 欄是 2，C 欄是 3 …)。

【例2】當變數 n = 3、變數 m = 2，使用 Cells 指定變數內容所示的儲存格。

```
Cells(n, m)
```

目前所指定的為 "B3" 儲存格，因在程式中變數的內容是可以設定改變的，所以在使用上會比較具有彈性。

2.2.3 Value 屬性

描述日常物件和屬性是用「的」來連接，而屬性內容用「是」來指定，如：張三汽車「的」顏色「是」白色。在 VBA 程式中物件和屬性是用「.」來連結，屬性值用「=」來指定，如：Range("A1").Value = 120。這程式敘述用口語話說：指定"A1"儲存格的 Value(內容)為整數 120。所以對照之下，汽車和儲存格為物件，顏色和 Value 是屬性，而『白色』和『120』是屬性值。故 Value 是儲存格用來存放資料內容的屬性，其屬性值可以是數字(數值)，文字(字串)，公式。

【簡例】先將『心想事成』文字的字串資料存放到 "B2" 儲存格。再將『3.14』數值的浮點數資料存放到 第 3 列第 E 欄的儲存格。

```
Range("B2").Value = "心想事成"
Cells(3, 5).Value = 3.14
```

	A	B	C	D	E	F
1						
2		心想事成				
3					3.14	
4						

2.2.4 Clear 方法

Clear 方法是用來清除單一儲存格或儲存格範圍的內容。在 VBA 程式中物件和方法也是用「.」來連接。

【簡例】先清除 "B2" 儲存格的內容，再清除 "E1:E3" 儲存格範圍的內容。

```
Range("B2").Clear
Range("E1:E3").Clear
```

2.2.5 Select 方法

Select 方法是用來選取單一儲存格或儲存格範圍，使成為作用儲存格。

【簡例】將 "C3" 儲存格設為作用儲存格。

```
Range("C3").Select
```

	A	B	C	D	E
1					
2					
3						← 作用儲存格
4					

2.3 Excel VBA 物件架構

前一節簡單接觸了儲存格物件，其實儲存格屬於較底層的物件，它仍被較上層的物件所涵蓋，儲存格物件(Range) 的上一層是工件表物件(Worksheets)。

在物件模型階層結構中，上、下層的物件是有系統地彼此相關聯。譬如：汽車的輪子，輪子的輪框，固定輪框的螺絲…，在這個階層結構中，汽車是最上層的物件，輪子、輪框也是物件，螺絲是最下層的物件。

Excel 的基本物件模型階層結構為：最上層的 Application(Excel 應用程式)，第一層為 Workbooks(活頁簿集合)，第三層為 Worksheets(工作表集合)，而工作表的下一層物件包括著 Charts(圖表集合)、Range(儲存格範圍)、Cells(儲存格)等多種物件。

1. Application

   在 VBA 中 Excel 應用程式就是一個 Application 物件，它就像是個大容器可以包含多個活頁簿。

2. Workbooks

   在 Excel 應用程式中一個活頁簿就是一個檔案，每新增一個活頁簿檔案，就是一個 Workbook 物件，多個 Workbook 物件就組合成 Workbooks 活頁簿集合。

3. Worksheets

   在 Workbook 活頁簿檔案中一個工作表就是一個 Worksheet 物件，多個 Worksheet 物件就形成了 Worksheets 工作表集合。

4. Range

   在 Worksheet 工作表中包含眾多的儲存格，而 Range 就是指定儲存格的物件，可以是單一個儲存格，也可以是包含多個儲存格的範圍。

所以 Range 儲存格隸屬於 Worksheet 工作表物件，而 Worksheet 工作表隸屬於 Workbook 活頁簿物件，而 Workbook 活頁簿又隸屬於 Application 物件。隸屬關係是使用「.」點號來連結，所以要指定 Excel 應用程式之 Book1.xlsm 活頁簿檔案中，名稱為「工作表 1」的工作表中 "C3" 儲存格，其寫法為：

```
Application.Workbooks("Book1.xlsm").Worksheets("工作表 1").Range("C3")
```

以上是最完整的表示方法，如果只是針對目前作用中工作表時，則 Range("C3") 前面的物件都可以省略。

2.4 使用 VBA 編輯器

2.4.1 開啟 Excel VBA 程式編輯器

VBA 編輯器可以編製 Excel 巨集功能的程式語言，在 VBA 程式設計環境下，編寫操作工作表的指令程式碼，再指定巨集名稱儲存。

上機操作

Step 01　開啟 Excel 作業環境，新增空白活頁簿。

Step 02　在功能區點選「開發人員」索引標籤，再點按 Visual Basic 圖示鈕。

Step 03　結果開啟「Microsoft Visual Basic for Applications」(簡稱 VBA)編輯視窗，如下圖：

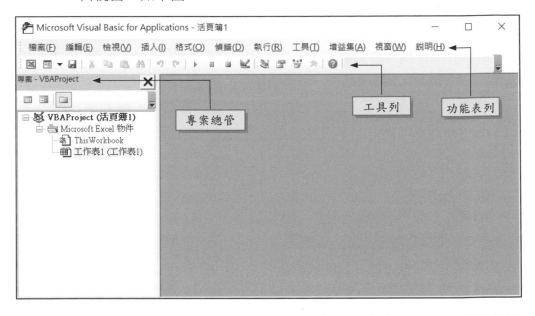

　　專案總管窗格將每個 Excel 活頁簿檔案視為一個專案(Project)，視窗內用階層方式來顯示專案中的所有物件或項目。如果同時開啟多個 Excel 活頁簿檔案，這些 Excel 檔案會共用一個 VBA 程式編輯器。在專案總管視窗中會以樹狀圖清楚呈現階層關係。

2.4.2 製作 VBA 程式的流程

　　製作一個 VBA 程式，基本流程有四個：插入模組、新增程序、撰寫程式碼、執行巨集程序。

上機操作

Step 01　插入模組。

　　執行功能表 [插入 / 模組] 指令。結果在專案總管窗格內新增一個「模組」資料夾，並建立一個「Module1」模組。同時開啟了程式碼編輯窗格。

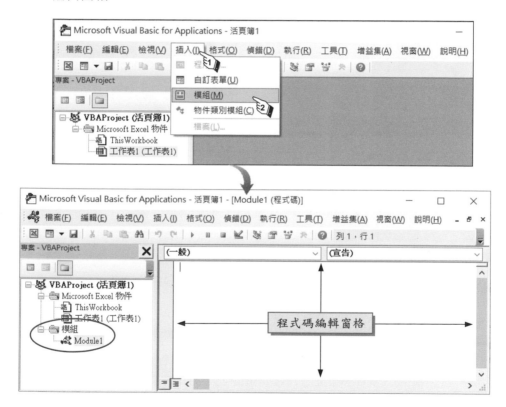

　　模組是用來存放巨集程序的裝置。程式碼編輯窗格是撰寫程序程式碼的地方。其撰寫的方式，可以在插入點游標處依語法自行輸入程式碼，或以新增程序的方式加入。

Step 02 新增程序，將程序名稱取名為『Add』。

執行功能表 [插入 / 程序] 指令。開啟「新增程序」對話方塊，名稱輸入『Add』，型態選「Sub」，有效範圍選「Public」，按 ▢確定▢ 鈕。

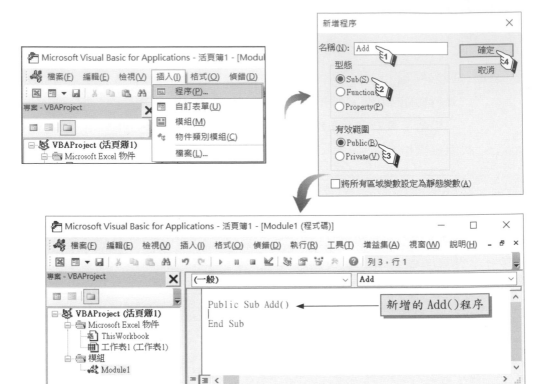

Step 03 撰寫程式碼。

① 程序內的程式碼撰寫習慣要內縮，可按四次空白鍵或按 Tab 鍵，使插入點游標內縮四個空格。

② 輸入程序內第一行程式碼敘述「Range("A1").Value = 20」後，按 Enter↵ 鍵，使插入點游標跳下一行。

③ 輸入程序內第二行敘述「Range("B1").Value = 30」後，按 Enter↵ 鍵。

④ 輸入程序內第三行敘述

Range("C1").Value = Range("A1").Value + Range("B1").Value

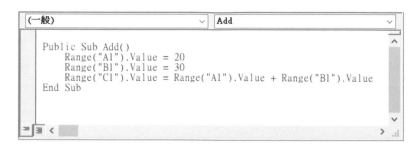

程式碼的內容是分別指定 "A1" 和 "B1" 儲存格的 Value 屬性值為
數值 20 和 30，將 "A1" 和 "B1" 兩儲存格的 Value 屬性值相加再
指定給 "C1" 儲存格。

Step 04　執行巨集程序。

① 點按工具列 🗷 圖示鈕，返回 Excel 作業環境。

② 點選功能區「開發人員」索引標籤頁，再點按 巨集 圖示鈕。

③ 開啟「巨集」對話方塊。點選「Add」巨集名稱，點按 執行(R) 鈕。

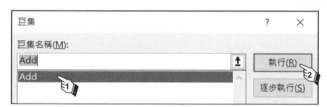

④ 觀察工作表的執行結果

	A	B	C	D
1	20	30	50	
2				

2.4.3 儲存巨集檔案

儲存含有巨集活頁簿檔案的方式在 1.3 節已介紹，請自行參閱。現在我們將目前的活頁簿以「2-4 相加.xlsm」檔名儲存到「C:\VBA\ch02」資料夾內。

2.5　使用 ActiveX 控制項

Excel 有兩種控制項類型：一種為「表單控制項」，是當在工作表中使用控制項物件時，不希望用 VBA 編寫或修寫巨集的內容，如第一章我們使用了表單控制項的 □ 按鈕物件來執行錄製的巨集指令。另一種為「ActiveX 控制項」，有 □ 按鈕、▤ 下拉式清單、☑ 核取方塊…等物件。ActiveX 控制項的功能比表單控制項強大，在設計上更有彈性，除了能在工作表顯現外，還可以用來建立自訂表單(UserForm)。最主要的是可以讓使用者用 VBA 撰寫控制項物件的事件驅動程序的程式碼，來做各種事件的反應。

第 11 章我們會對 ActiveX 控制項做詳細的介紹，在第 11 章之前我們只會使用到 □ 按鈕物件的 Click 事件。VBA 是一個以物件為導向的程式開發軟體，並以事件驅動的模式來執行程序。譬如：▭確定 按鈕是一個「物件」，「確定」是該按鈕物件的標題文字，若它的物件名稱取名為「BtnOK」，則點按(Click)按鈕的動作就是一個「事件」，所以「BtnOK_Click」就是一個事件驅動的程序。

2.5.1 建立 ActiveX 控制項按鈕物件

上機操作

Step 01 開啟 Excel 作業環境，新增一個空白活頁簿。點選「檔案」索引標籤頁，點按「另存新檔」選項，以「2-5 math.xlsm」檔名儲存。

Step 02 在工作表中建立如下儲存格資料。

	A	B	C	D
1	X =			
2	Y =			
3	Z =			
4				
5	X+Y+Z =			

Step 03 在功能區點選「開發人員」索引標籤，按 圖示鈕，再由清單中選用「ActiveX 控制項」的 □ 按鈕元件。

Step 04 到工作表的滑鼠指標會變成 ＋ 形狀，在適當位置按住滑鼠左鍵拖曳出適當矩形大小，放開滑鼠便建立了一個按鈕物件。

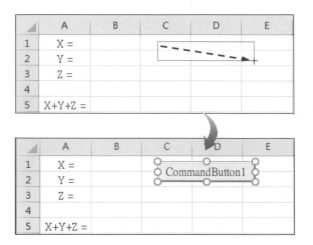

新建立的 ActiveX 控制項的按鈕物件，從外觀來看，該物件的名稱 (Name)屬性值預設為「CommandButton1」，物件的標題(Caption)屬性預設值也為「CommandButton1」。

Step 05 到功能區點選「開發人員」索引標籤，按 屬性 圖示鈕，出現屬性窗格。

到「屬性」窗格，將名稱(Name)屬性值改為「BtnTotal」，將標題(Caption)屬性值改為「加總」。

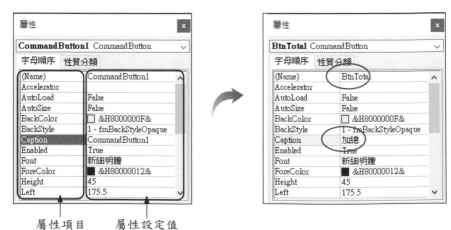

屬性項目　　屬性設定值

Step 06　按鈕物件更改完屬性值後，如下圖所示：

◢	A	B	C	D	E
1	X =			加總	
2	Y =				
3	Z =				
4					
5	X+Y+Z =				

設物件的 Name 屬性值 = BtnTotal 是給程式碼識別用，而物件的
Caption 屬性值 = "加總" 是設定使用者介面給使用者看的。

Step 07　移滑鼠指標到按鈕物件外框小圓圈處，按住滑鼠左鍵拖曳，可調整
物件的尺寸大小。如下圖所示：

◢	A	B	C	D	E
1	X =			加總	
2	Y =				
3	Z =				
4					
5	X+Y+Z =				

◢	A	B	C	D
1	X =			加總
2	Y =			
3	Z =			
4				
5	X+Y+Z =			

Step 08　移滑鼠指標到按鈕物件上，滑鼠指標會變成 ✛，此時可按住滑鼠
左鍵拖曳物件到適當位置。

◢	A	B	C	D
1	X =			
2	Y =			
3	Z =			
4				加總
5	X+Y+Z =			
6				

2.5.2 編輯按鈕「BtnTotal_Click」事件程序

上機操作

Step 01　到功能區點選「開發人員」索引標籤，點按 🔲 檢視程式碼 圖示鈕，出
現程式碼編輯窗格。

Step 02 在程式碼編輯窗格建立 BtnTotal_Click 事件程序。

操作順序是：先到左邊物件清單選取「BtnTotal」物件，再到右邊
事件清單選取「Click」事件，如下圖所示：

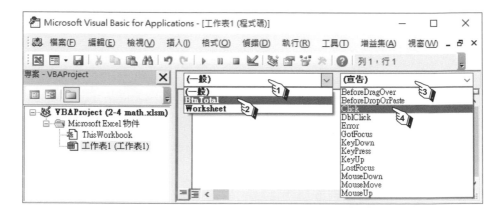

Step 03 在 BtnTotal_Click 事件程序內撰寫程式碼，如下圖所示：

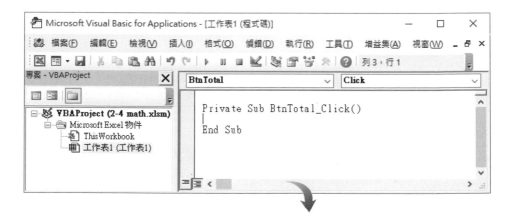

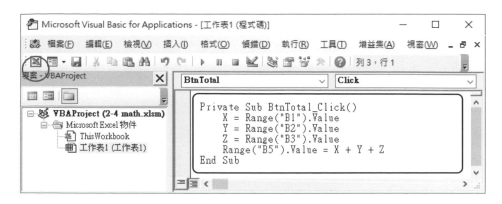

Step 04　點按工具列 ☒ 圖示鈕，返回 Excel 作業環境。

Step 05　在工作表 "B1", "B2", "B3" 儲存格依序輸入 45,23,78 數值，移滑鼠
指標到 　加總　 按鈕物件。此時按鈕物件上的指標會有兩種情況：

①設計模式：

	A	B	C	D
1	X =	45	加總	
2	Y =	23		
3	Z =	78		

此時在 　加總　 物件上按一下滑鼠左鍵是沒有反應的，因系統尚處
在設計階段。在設計階段可以編撰程式碼、調整物件大小、拖曳物
件到適當位置…。

②執行模式：

	A	B	C	D
1	X =	45	加總	
2	Y =	23		
3	Z =	78		

此時在 　加總　 物件上按一下滑鼠左鍵是會有事件驅動反應的。

Step 06　到功能區點選「開發人員」索引標籤，點按 ☒ 圖示鈕，切換
設計模式
設計模式 和 執行模式。

設計模式

非設計模式(執行模式)

Step 07 若系統已切換到執行模式,則在 [加總] 物件上按一下滑鼠左鍵,觸發了 BtnTotal_Click 事件,使 B5 儲存格顯示 "B1", "B2", "B3" 儲存格三個數值的加總結果。

	A	B	C	D
1	X =	45		
2	Y =	23	加總	
3	Z =	78		
4				
5	X+Y+Z =	146		

此時,使用者可以修改 B1~B3 儲存格數值,再按一下 [加總] 物件,則會顯示不一樣的加總結果。

2.6 InputBox 輸入框

InputBox 方法會開啟一個輸入框對話方塊來接收使用者輸入的資料,再將接收的資料做進一步處理。其語法如下:

> **語法**
>
> Result = InputBox(prompt, [title], [default], [*xpos*], [*ypos*])

說明

1. Result:是使用者輸入資料的傳回值,這傳回值預設為字串資料,可以指定給變數或儲存格接收存放。但若輸入的資料是數字,則指定存放傳回值的變數須先宣告為數值變數。(有關變數的宣告,請參閱第 3 章)

2. prompt:是顯示為對話方塊中的訊息,用來提示使用者輸入怎樣的資料。

3. [ ]:表示 [ ] 內的引數是可以省略的。

4. title:是對話方塊的標題文字。若省略 title 這個引數,系統會預設以 "Microsoft Excel" 字串做為標題文字。

5. default:是為使用者輸入資料時所設定的預設值。若省略 default 這個引數,則在輸入方塊內會呈現空白等待使用者輸入資料。

6. xpos：指定對話方塊左側與螢幕左側之間的水平距離 (以 Twip 為單位)。如果省略 *xpos*，則會將對話方塊水平置中。

7. ypos：指定對話方塊上端與螢幕頂端之間的垂直距離 (以 Twip 為單位)。如果省略 *ypos*，則會將對話方塊垂直放在螢幕上方約三分之一的位置。

【例 1】使用輸入框接收一個字串資料輸入，指定給 "B3" 儲存格存放顯示。

> Range("B3").Value = InputBox("請輸入資料")

所開啟的輸入框對話方塊，如下圖：

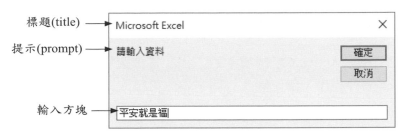

若使用者點按 ▢確定▢ 鈕，所輸入的字串資料會傳入"B3" 儲存格。
若使用者點按 ▢取消▢ 鈕，所輸入的值無效。
在工作表 "B3" 儲存格顯示存放的資料，如下圖：

	A	B	C	D
1				
2				
3		平安就是福		
4				

【例 2】使用輸入框接收一個數值資料輸入，並指定給 num 變數存放。

> Dim num As Integer
> num = InputBox("請輸入一個整數值", "輸入整數")

所開啟的對話方塊如下圖：

先用 Dim 來宣告 num 為整數，當使用者點按 確定 鈕，所輸入的整數資料會傳入 num 變數存放。

📥 **範例**：2-6 InputBox.xlsm

在工作表建立一個「ActiveX 控制項」的 輸入 按鈕物件，撰寫該按鈕物件的 Click 事件程序，使先輸入一個字串，再輸入一個數值。

上機操作

Step 01　新增一個空白活頁簿，並以「2-6 InputBox.xlsm」檔名儲存。

Step 02　在工作表建立一個「ActiveX 控制項」的 ▢ 按鈕物件。

物件的 Name 屬性值設為「BtnInput」，物件的 Caption 屬性值設為「輸入」。

	A	B	C	D	E
1					
2				輸入	
3					
4					

Step 03　撰寫 BtnInput_Click 事件程序，程式碼內容如下：

```
01 Private Sub BtnInput_Click()
02     Range("A1").Value = InputBox("請輸入字串", "輸入")
03     Dim x As Integer
04     x = InputBox("請輸入整數", "輸入")
05     Range("A3").Value = x
06 End Sub
```

説明

1. 每行程式碼前面的行號是為講解程式內容需要，在編輯程式碼時不用寫上。

2. 第 2 行：所輸入的字串在點按 ┃ 確定 ┃ 鈕後，會傳給 A1 儲存格存放顯示。

3. 第 3 行：宣告 x 變數為整數型別的變數。

3. 第 4 行：所輸入的整數在點按 ┃ 確定 ┃ 鈕後，會傳給 x 變數存放。

4. 第 5 行：將 x 變數值指定給 A3 儲存格存放顯示。

Step 04 返回 Excel 作業環境，切換為執行模式。

Step 05 按一下 ┃ 輸入 ┃ 物件，觸發 BtnInput_Click 事件。

① 開啟輸入框，輸入文字後按 ┃ 確定 ┃ 鈕。

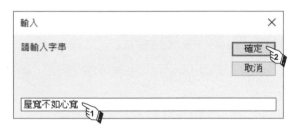

② 再開啟輸入框，輸入數值後按 ┃ 確定 ┃ 鈕。

③ 在工作表顯示前兩個輸入框所輸入的資料。

	A	B	C	D	E
1	屋寬不如心寬				
2				輸入	
3	3600				
4					

2.7 MsgBox 訊息框

當您在 Windows 執行程式時，若發生錯誤的操作，經常會在桌面上出現相關錯誤或警告訊息的對話方塊(如下圖)，以提醒使用者注意。

2.7.1 MsgBox 函數常用語法

在 Excel VBA 中可以透過 MsgBox 函數來製作出可顯示訊息和資料的訊息框對話方塊。其常用的語法如下：

> **語法**
>
> MsgBox Prompt [, Buttons] [, Title]

說明

1. Prompt：是訊息框內顯示的資料訊息，可以是文字，也可以是數值。

2. Buttons：是訊息框內顯示的按鈕和圖示。若省略本引數，系統會預設以 ▢確定 按鈕顯示。

3. Title：是訊息框的標題文字。若省略本引數，系統會預設以 "Microsoft Excel" 做為標題文字。

【簡例】用訊息框提示使用者操作錯誤。

> MsgBox "操作錯誤！",,"警告"

所開啟的訊息框對話方塊如下圖：

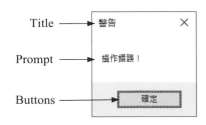

因省略了 Buttons 引數，所以系統預設以 [確定] 按鈕顯示。

2.7.2 使用 Buttons 引數

若不省略 Buttons 引數，則 Buttons 引數可以使用代碼或常數。如下表：

代碼	常數	顯示按鈕和圖示
0	vbOKOnly(預設)	[確定]
1	vbOKCancel	[確定] [取消]
2	vbAbortRetryIgnore	[中止(A)] [重試(R)] [略過(I)]
3	vbYesNoCancel	[是(Y)] [否(N)] [取消]
4	vbYesNo	[是(Y)] [否(N)]
5	vbRetryCancel	[重試(R)] [取消]
17	vbOKCancel + vbCritical(代碼為 16)	[確定] [取消] ❌
52	vbYesNo + vbExclamation(代碼為 48)	[是(Y)] [否(N)] ⚠

【簡例】用訊息框詢問使用者是否要結束程式？

```
MsgBox "是否要結束程式？", vbYesNoCancel
MsgBox "是否要結束程式？", 52, "提示"
```

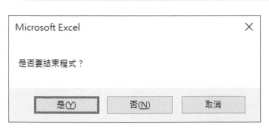

2.7.3 使用有傳回值的 MsgBox

若想知道使用者按下哪一個按鈕，以便程式處理不同的反應，則訊息框需要有傳回值，有傳回值訊息框的語法如下：

> **語法**
>
> Result = MsgBox (Prompt [, Buttons] [, Title])

說明

1. 有傳回值的 MsgBox 函數，所使用的引數需要使用小括弧 ( ) 括起來。

2. Result：是傳回值，為一個整數代碼。如下表所示：

代碼	常數	按鈕
1	vbOK (預設值)	確定
2	vbCancel	取消
3	vbAbort	中止(A)
4	vbRetry	重試(R)
5	vbIgnore	略過(I)
6	vbYes	是(Y)
7	vbNo	否(N)

【簡例】當訊息框詢問使用者是否要結束程式？若按 [是(Y)] 鈕，則用 Application 物件的 Quit 方法來關閉 Excel 應用程式。

```
res = MsgBox ("是否要結束程式？", vbYesNo, "詢問")
If res = vbYes Then Application.Quit
```

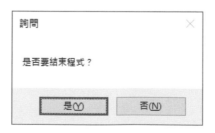

若點按 是(Y) 鈕，則結束 Excel 操作環境。第二行敘述
「If res = vbYes Then Application.Quit」為選擇結構，程式意思是：如
果 res 變數值等於 vbYes 時，就執行「Application.Quit」關閉 Excel 應
用程式。有關選擇結構將在後面章節再詳細說明。

📥 **範例**：2-7 MsgBox.xlsm

先使用三個輸入框分別來輸入三個數值，再用訊息框來顯示三個數值的
加總結果。

執行結果

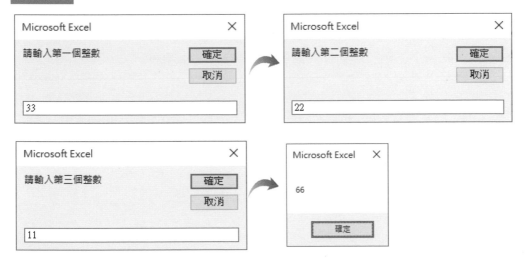

上機操作

| Step 01 | 新增一個空白活頁簿，以「2-7 MsgBox.xlsm」檔名儲存。

| Step 02 | 在工作表建立一個「ActiveX 控制項」的 □ 按鈕物件。將 Name
屬性值設為「BtnRun」，物件的 Caption 屬性值設為「執行」。

Step 03 撰寫 BtnRun_Click 事件程序程式碼：

```
01  Private Sub BtnRun_Click()
02      Dim X As Integer
03      X = InputBox("請輸入第一個整數")
04      Dim Y As Integer
05      Y = InputBox("請輸入第二個整數")
06      Dim Z As Integer
07      Z = InputBox("請輸入第三個整數")
08      MsgBox X + Y + Z
06  End Sub
```

Step 04 返回 Excel 作業環境，切換為執行模式。

Step 05 按一下 執行 物件，觸發 BtnRun_Click 事件。

變數型別與變數

　　學習任何一種程式語言，都需要知道各種資料型別在該程式語言中如何宣告，以及各資料使用的有效範圍。如此設計出來的程式，在執行時才不會發生因資料值太大而發生溢位(Overflow)現象，本章最主要是介紹 VBA 的基本資料型別，以及資料在電腦中的儲存方式，希望能仔細地閱讀本章，對日後程式設計會很有幫助。

3.1　敘述

　　程式是由「敘述」所組成的集合，而敘述就是程式中可執行的最小單元。敘述基本上是由識別字、關鍵字(或稱保留字)、特殊符號、常值資料、變數、常數、運算式 … 等所組合而成。

3.1.1　識別字

　　在 VBA 程式中會對每個變數、常數、類別、物件、模組、函數、程序 … 等取一個名稱，這些名稱即為「識別字」。識別字必須先宣告或定義後才能使用，其主要命名規則如下：

1. 識別字第一個字元必須是大小寫英文字母，第二字元以後就可以使用字母、數字及底線「_」，但不可有句點「.」、運算子（例如＋、－、＊、／、＾…等）或空白字元。中文雖然可以當識別字，但非必要時建議儘量少用。

2. 識別字最好取有意義名稱，而且不要太長，方便程式碼的撰寫與維護。
   例如：score(成績)，name(姓名)，no(號碼)。

3. 如果識別字是由多個單字組成，最好加上底線「_」或每個單字開頭使用大寫字母來作區隔，以增加識別字的可讀性。
   例如：stu_id，passWord。

4. 識別字將大小寫字母視為相同，所以 love、Love、LOVE 都是同一個名稱。

5. 識別字不可使用「關鍵字」。(有關「關鍵字」請參閱 3.1.2 節)

【簡例】下面為不合法的識別字。

   ① price*num → 不可使用「*」符號字元

   ② Boolean → Boolean 為關鍵字不可以使用

   ③ tel no → 不允許中間使用空白

   ④ 5days → 第一個字元不可以使用數字字元

3.1.2 關鍵字

  「關鍵字」(Keyword)或稱為「保留字」(Reserve Word)是程式語言中特定的識別字，程式設計者不能再將關鍵字給予其它的用途。例如 VBA 程式語言已經將 Boolean 做為布林資料型別，所以不可再將 Boolean 拿來當作變數名稱。下表是 VBA 常用的關鍵字：

Abs	AddressOf	And	Array	As
Boolean	ByRef	Byte	ByVal	Call
Case	CBool	CByte	CDate	CDbl
CInt	CLng	Close	Const	CSng
CStr	CVErr	Decimal	Declare	Dim
Do	Double	Each	Else	End
Enum	Erase	Event	Exit	False
Fix	For	Friend	Function	Get

GoSub	GoTo	If	Implements	In
Int	Integer	Is	LBound	Len
Let	Like	Long	Loop	Me
Mod	New	Next	Not	Nothing
On	Open	Option	Optional	Or
ParamArray	Preserve	Private	Public	RaiseEvent
ReDim	Rem	Resume	Return	Select
Set	Sgn	Shared	Single	Stop
String	Sub	Then	To	True
UBound	Until	Variant	Wend	When
While	With	WithEvents	Xor	

3.1.3 特殊符號字元

在 VBA 程式敘述中經常會出現一些特殊符號字元,如:「(」、「)」、「_」、「:」、「'」、「"」、「&」…等。這些符號字元有特殊的用途,說明如下:

1. 註解符號 '

   為方便設計者日後閱讀程式碼或幫助他人了解程式碼,可以在程式敘述中加上註解。較長的註解通常放置在要說明的敘述之前一行,較短的註解則放置在該行敘述的後面。註解符號可以使用「'」單引符號或 Rem。

   ```
   ' score 變數用來存放成績
    score = 80          Rem 將分數 80 指定給 score 變數存放
   ```

2. 小括號 ( )

   在函數、方法或事件程序的名稱後面,會使用小括號 ( ) 來放置引數。

   ```
   Range("A1").Value = 150          ' 將數值 150 指定給 A1 儲存格存放顯示
   ```

3. 從屬符號 .

物件有其特定的屬性和方法,若在程式中存取物件的屬性或方法時,則在物件名稱和屬性(方法)名稱之間須使用從屬符號「.」。

```
score = Range("B2").Value          ' 將 B2 儲存格的內容指定給變數 score 存放
```

4. 字串符號 " "

使用兩個雙引號 " " 頭尾括起來的文字或文數字,稱為字串資料。字串形式的數目稱為文數字。

```
"Excel VBA"、"奔向彩虹"、"888"                ' 都是字串資料
```

5. 日期時間符號 #

在日期或時間的前後加上「#」符號,作為日期時間資料型別的識別。

```
Range("B2").Value = #10/7/2021#   ' 設 B3 儲存格的值為 2021 年 10 月 7 日
```

6. 字串連接符號 &

連接符號「&」可以將兩個資料合併成一個字串。而這兩個資料可以是任何型別的資料,只要用「&」符號連接,這兩個資料就會合併成一個字串資料。如下所示:

```
① "VBA" & "新手入門"     → " VBA 新手入門"
② "台北" & "101"         → "台北 101"
③ 20 & 22               → "2022"
```

7. 合併敘述符號 :

若程式中有連續兩行以上的敘述都很短又功能類似時,可以使用冒號「:」將多行敘述合併成一行。

```
x = 112
y = 27
```
兩行敘述可以合併成一行   →   x = 112 : y = 27

8. 行接續符號 _

當一行敘述太長,會因超出程式碼編輯窗格的寬度造成不易閱讀,需要將一行敘述分成兩行時,可在第一行的最後一個字元後面空一格再加上

底線「_」，便可以將一個敘述分成兩行。程式執行時，會將這兩行敘述視為同一行敘述來處理。

```
Range("A1").Value = Application.InputBox("輸入整數", _
Title:="輸入", Type:=1)
```

9. 算術運算子

算術運算子有 + (加)、- (減)、* (乘)、/ (除)、\ (整數除法)、^ (指數)、Mod (餘數)⋯等。

10.比較運算子

比較運算子有 = (等於)、<> (不等於)、< (小於)、> (大於)、<= (小於等於)、>= (大於等於)。

3.2　常值資料型別

常值可用來指定給變數當作「變數值」，或是指定給物件的屬性當作「屬性值」。譬如：15、"Price"、#10/7/2021#⋯ 等都是常值。我們將介紹常值的各種資料型別、占用的記憶體大小、以及常值最小值～最大值的範圍。

3.2.1　整數

整數常值由數字、+ (正)、- (負)所組成。其表示方式有：二進制、八進制、十進制、十六進制，人們比較習慣十進制，而本書所用的數值常值大都採用十進制表示。整數常值依表示的範圍又可細分為：Byte、Integer、Long ⋯等資料型別，如下表：

資料型別	記憶體	範圍
Byte(位元組)	1 Byte	0～255 的整數
Integer(整數)	2 Bytes	-32,768～32,767 的整數
Long(長整數)	4 Bytes	-2,147,483,648～2,147,483,647 的整數

整數常值若沒有特別指定使用哪一種資料型別，會預設為 Integer。

3.2.2 浮點數

浮點數常值是含有小數的數值。依照數值表示的範圍大小，可分為 Single、Double、Currency 等資料型別，如下表：

資料型別	記憶體	範圍
Single (單精確度)	4 Bytes	正數：$1.401298 \times 10^{-45} \sim 3.402823 \times 10^{38}$ 負數：$-3.402823 \times 10^{38} \sim -1.401298 \times 10^{-45}$ （有效位數約為 7 位，可以表達小數）
Double (雙精確度)	8 Bytes	正數：$4.94065645841247 \times 10^{-324} \sim 1.79769313486231 \times 10^{308}$ 負數：$-1.79769313486231 \times 10^{308} \sim -4.94065645841247 \times 10^{-324}$ （有效位數為約 15 位，可以表達小數）
Currency (貨幣)	8 Bytes	$-922,337,203,685,477.5808 \sim 922,337,203,685,477.5807$ （有效位數為 15 位，可以表達小數）

浮點數常值若沒有特別指定使用哪一種資料型別，會預設為 Double。

當 Single 資料的整數位數超過 7 位數，或是 Double 資料的整數位數超過 15 位數時，會改以科學記號方式表示。

① 516000000 → 5.16×10^8 → 5.16E+8
② 0.0000000516 → 5.16×10^{-8} → 5.16E-8
③ -516000000 → -5.16×10^8 → -5.16E+8
④ -0.0000000516 → -5.16×10^{-8} → -5.16E-8

【簡例】一般整數常值與浮點數常值的表示方式。

① 23445 → 為 Integer 型別的整數常值
② 234000000 → 共 9 位數，為 Long 型別的長整數常值
③ 12.56 → 有小數，為 Single 型別的單精確度常值
④ 6.02E+23 → 為 Single 型別常值，即為 6.02×10^{23}
⑤ -5.34E+230 → 為 Double 型別常值，即為 -5.34×10^{230}

3.2.3 字串

　　字串常值是由一連串的字元組合而成，包括中文字、英文字母、空格、數字、特殊符號。程式中字串常值必須將資料使用雙引號「"」頭尾括起來。字串常值是 String 字串資料型別，如下表：

資料型別	記憶體	範　　圍
String (字串)	隨字串長度變動大小	0 ~ 65,535 字元

【簡例】字串常值。

① "B"、"哈囉"、"super5"、"Hi, my friend."、"VBA 新手入門"	
② "12.56"	→ 用雙引號括起來，屬於字串常值，非數值
③ "89 + num"	→ 用雙引號括起來，屬於字串常值，非運算式

3.2.4 日期

　　日期常值用來表示日期和時間，使用時可同時指定日期和時間，或是僅指定日期或時間。日期和時間的前後必須用井字號「#」括住。如下表：

資料型別	記憶體	範　　圍
Date(日期)	8 Bytes	1/1/0001 0:00:00 ~ 12/31/9999 11:59:59 PM

【簡例】日期常值。

#10/18/2021 11:33:55 AM#	' 同時指定日期及時間為
	' 2021 年 10 月 18 日上午 11 點 33 分 55 秒
#11/13/2021#	' 只指定日期為 2021 年 11 月 13 日
#6:10:12 PM#	' 只指定時間為下午 6 點 10 分 12 秒

3.2.5 布林

布林常值只有 True 和 False 兩個值。當程式中有兩種選擇時就可以用布林值，分別表示真與假、有或無、是或否、男或女…等狀態。在關係運算式和邏輯運算式的條件式中，布林常值被用來判斷條件式是否成立。如下表：

資料型別	記憶體	範　　　圍
Boolean(布林)	2 Bytes	True、False

3.2.6 物件

物件常值可以包含儲存格範圍、工作表…等 Excel 中的物件，是程式設計中非常好用的資料型別。

資料型別	記憶體	範　　　圍
Objec(物件)	4 Bytes	儲存格範圍、工作表…等 Excel 中的物件。

3.3　變數

當要執行程式時，須先將程式和資料載入電腦的主記憶體中。但程式執行時所要處理的資料如何取得呢？就是在撰寫程式敘述時，先將每一個要處理的資料指派一個「變數」來存放。每一個變數要分別取不同的名稱以便電腦識別，且每一個有名稱的變數皆會分配到主記憶體空間。這就是資料載入主記憶體的方式。

一個變數只能存放一個資料，該資料稱為「變數值」。當變數被宣告後，系統會立即給予預設的變數值給該變數。變數的變數值隨時可以重新被指定，或是根據程式執行的運算結果來修改變數值。

3.3.1　變數的宣告

　　使用變數前，必要時須先經過宣告，宣告變數時要為變數命名並指定變數的資料型別。語法如下：

語法

Dim | Static | Private | Public 變數名稱 As 資料型別

說明

1. Dim 用來宣告一般變數，Static 用來宣告靜態變數，Private 用來宣告私有變數，Public 用來宣告公有變數。目前先介紹 Dim 的宣告方式，其它的宣告方式留待本章後面的章節說明。

2. 變數名稱必須遵循識別字的命名規則。

3. 配合 As 來指定變數的資料型別。
   VBA 的變數主要分成數值變數、字串變數、日期變數、物件變數。數值變數又分為位元組(Byte)變數、整數(Integer)變數、長整數(Long)變數、單精確度(Single)變數、倍精確度(Double)變數、貨幣(Currency)變數。程式執行時，電腦會依變數所宣告的資料型別來配置所需要的記憶空間。

4. 如果變數宣告時未指定資料型別，VBA 會預設為 Variant 自由型別。Variant 型別允許放置數值、文字、日期甚至物件型別的資料內容，Variant 型別變數至少會占用 16Bytes 記憶體，如果 Variant 型別變數是存放文字資料則會依字串長度而增加空間。

5. 若有多個變數同時在同一行宣告，變數間必須使用逗號來區隔。

【簡例】變數的宣告。

```
① Dim n1 As Byte                 ' 宣告 n1 為位元組整數變數
② Dim n2 As Integer, n3 As Long  ' 宣告 n2 為整數變數, n3 為長整數變數
③ Dim f1 As Single               ' 宣告 f1 為單精確度變數
④ Dim f2 As Double               ' 宣告 f2 為雙精確度變數
⑤ Dim b1 As Boolean              ' 宣告 b1 為布林變數
⑥ Dim d1 As Date                 ' 宣告 d1 為日期變數
⑦ Dim ob As Object               ' 宣告 ob 為物件變數
```
---

⑧ Dim v1 As Variant   '宣告 v1 為自由型別變數

⑨ Dim ok   '未指定型別，預設 ok 為自由型別變數

⑩ Dim x, y As Integer   '宣告 x 為自由型別變數, y 為整數變數

3.3.2 字串變數

字串變數可以宣告成「變動長度」字串變數以及「固定長度」字串兩種型式。變動長度字串最大長度可達 20 億個字元。語法如下：

> **語法**
>
> Dim 變數名稱 As String

若事先知道字串的長度，可將字串宣告成固定長度變數，固定長度變數最大長度為 65,535 個字元，占用的記憶體是依字串長度而定。固定長度的字串變數，所存放的字元數若未達到宣告的長度，則未用的部份補空白字元。如果指定的字元數超過宣告的長度，則超出的部分會被刪除。語法如下：

> **語法**
>
> Dim 變數名稱 As String * 字串長度

【簡例】字串變數的宣告。

① Dim s1 As String   '宣告 s1 為變動長度字串變數

② Dim s2 As String * 30   '宣告 s2 為固定長度字串變數, 長度為 30

3.3.3 強制變數宣告

VBA 允許變數不經宣告就可直接使用，但大多數的程式語言設計軟體，所使用的變數都必須經過宣告才可以使用。為了程式的嚴謹，避免輸入不正確的變數名稱，以及避免變數有效範圍不明的情況。在設計 VBA 時，我們建議變數必須經過宣告才可使用。

在 VBA 程式碼中，若要強制要求所有變數都必須經過明確宣告才能使用。可以在程式的宣告區使用「Option Explicit」敘述，如此變數若未經宣告

便直接使用，執行時系統會出現「變數未定義」的錯誤訊息。宣告區位於程式碼編輯窗格內的最上層，即置於所有程序範圍的上方。語法如下：

```
語法
     Option Explicit  ◄──────────── 宣告區

     Sub 程序名稱()
        ：
     End Sub
```

3.3.4　指定變數值

變數經過宣告後，可以使用「＝」指定運算子來指定變數值，其意義是將「＝」運算子右邊的結果(值)指定給「＝」運算子左邊的變數。其變數值可能是常值、變數、函數傳回值、運算式的結果。

【簡例】宣告 price 為整數變數，並指定變數值為 250。

```
Dim price As Integer
price = 250                 ' 將數值 250 指定給變數 price 存放
```

變數宣告以後在尚未指定變數值前，系統會先自動給予預設值，若是數值變數其變數值預設為 0；若是字串變數其變數值預設為空字串；布林變數預設為 False；日期變數日期預設為 1/1/0001，時間預設為 12:00:00AM；物件變數預設值為 Nothing。

3.4　常數

在程式執行過程，變數隨時會因為敘述指定而更改其變數值。而「常數」在整個程式執行中其常數值維持不變，例如：圓周率、單位換算比率、稅率、偉人的姓名、國定假日的日期…等。

3.4.1 常數的宣告

常數(Constant)是以有意義的名稱取代常值，必須使用 Const 來宣告，而且在宣告的同時就要必須指定一個常值做為常數值。語法如下：

> **語法**
>
> Const 常數名稱 As 資料型別 = 常數值

常數名稱必須符合識別字命名規則，習慣上常數名稱採用全部大寫字母來表示，以和一般的變數名稱做區隔。使用常數不但可增加程式的可讀性，而且容易維護程式。

【簡例】將 PI 宣告成常數代表圓周率，常數值為 3.14。(檔名: 3-4 Const.xlsm)

```
01 Private Sub CommandButton1_Click()
02     Const PI As Single = 3.14     ' PI 表圓周率，為浮點數資料型別
03     Dim r As Integer              ' r 表半徑
04     r = 10
05     Range("A1").Value = 2 * PI * r   ' 計算出圓周長並存放於 A1 儲存格
06 End Sub
```

若程式中有多處敘述需要使用到圓周率 3.14，就必須在這些敘述中鍵入 3.14。當您必須將圓周率 3.14 改成 3.1416 時，那您就得逐行找 3.14，再將它改成 3.1416。若您事先在程式開頭使用 Const 宣告一個常數(名稱為 PI)，並指定常數值為『3.14』，而在程式中需要使用到圓周率的地方直接鍵入 PI。當您必須將圓周率 3.14 改成 3.1416 時，只要更改 Const 宣告 PI 常數的常數值即可。

3.4.2 VBA 常數

在 VBA 中系統也宣告了許多的常數，為了方便識別其命名有一定的規則。適用於整個 VBA 環境的 VB 常數是以 vb 開頭，例如：vbBlue、vbLf...。Excel VBA 常數則以 xl 開頭，例如：xlUp、xlPart...。另外，Office 的常數則以 mso 開頭；Word VBA 常數則以 wd 開頭。

3.5　運算式

「運算式」(Expression)是由「運算元」和「運算子」所構成的。例如：「a + b」是一個加法運算式，其中 a、b 是屬於運算元，而「＋」號則是屬於運算子。

【簡例】運算式。

> sale = price * 0.85

「price * 0.85」是運算式，其中「price」和「0.85」是運算元、「*」(乘號)是運算子。而 sale 是一個變數名稱，「＝」(等號)是指定運算子，將右邊運算式的結果指定給左邊的變數。

在程式中給變數指定變數值時，變數值可以使用運算式。因運算式會有運算結果，而運算的結果就是常值。語法如下：

語法

　　變數 ＝ 運算式

「＝」(等號)左邊只能使用變數，不允許使用運算式、常值。VBA 依照運算子的功能將運算式分成算術運算式、字串合併運算式、關係運算式、邏輯運算式。本章先介紹算術運算式和字串運算式，其他運算式留待其它章節再介紹。

3.5.1　算術運算式

算術運算式即為一般的數學計算式，其運算結果為數值資料。下表即為程式中算術運算子的表示方式：

優先次序	算術運算子	範例	運算結果
1	( ) 小括號	2 * (7 - 4)	6
2	^ 次方 (指數)	5 ^ 3	125
3	- (負數)	-7	-7
4	* (乘) 、 / (除)	5 * 6 / 3	10
5	\ (取整數)	19 \ 3	6
6	Mod (取餘數)	19 Mod 3	1
7	+ (加) 、 - (減)	9 + 3 - 8	4

① 一個算術運算式中若有多個運算子時，依上表優先次序進行運算。

② 算術運算子兩邊的運算元，若有一邊是浮點數、一邊是整數，那麼運算的結果會為浮點數。

③ 使用除以運算子「/」時，若兩邊的運算元皆為整數，如遇不能整除時，會捨棄小數部分。

【例 1】算術運算式的運算子依優先次序進行運算。

$$7 + 6 * (9 / 3) \ \text{Mod} \ 7$$
$$\rightarrow \quad 7 + 6 * 3 \ \text{Mod} \ 7$$
$$\rightarrow \quad 7 + 18 \ \text{Mod} \ 7$$
$$\rightarrow \quad 7 + 4$$
$$\rightarrow \quad 11$$

【例 2】將一般的數學計算式改用算術運算式表示。

$$x = \frac{a+b+c}{3} \quad \rightarrow \quad x = (a + b + c) / 3$$
$$c = \sqrt{a^2 + b^2} \quad \rightarrow \quad c = (a \wedge 2 + b \wedge 2) \wedge (1 / 2)$$

3.5.2 字串合併運算式

字串運算式可以將多個字串資料連接合併成一個字串資料，或是將字串與非字串資料連接成一個字串資料，合併運算子有「+」和「&」兩個。

一、「+」運算子

　　「+」運算子可將運算子前後的兩個字串頭尾合併成一個字串。但是「+」運算子前後是兩個數值資料，則這個「+」運算子會是進行兩個數值的加法運算。若「+」運算子前後是數值資料和字串資料，執行時則會產生型別不符合的錯誤訊息。

【簡例】使用「+」運算子的運算式。

① "Excel" + "VBA"	→ 字串	"ExcelVBA"
② "VBA" + "新手入門"	→ 字串	"VBA 新手入門"
③ "水晶" + "800"	→ 字串	"水晶 800"
④ "9" + "21"	→ 字串	"921"
⑤ 9 + 21	→ 數值	30 (Integer 資料型別)
⑥ "水晶" + 800	→ 執行時產生型別不符合的錯誤訊息	
⑦ 9 + "21"	→ 數值	30 (Double 資料型別)

　　第⑦個運算式「9 + "21"」，會先將「"21"」視為數值「21」，再進行「9」和「21」數值相加，結果為數值「30」(Double 資料型別)。

二、「&」運算子

　　「&」運算子可以將不同資料型別的資料合併成為一個字串。

【簡例】使用「&」運算子的運算式。

① "Offive" & "2019"	→ 字串	"Office2019"
② "水晶" & 800	→ 字串	"水晶 800"
③ "9" & 21	→ 字串	"921"
④ 9 & 21	→ 字串	"921"
⑤ "7 + 8 = " & 7 + 8	→ 字串	"7 + 8 = 15"
⑥ 9 & "月" & 28 & "日"	→ 字串	"9 月 28 日"

3.6 轉換資料型別

3.6.1 如何轉換資料的資料型別

變數經宣告指定變數資料型別後，系統便分配主記憶體空間給該變數來存放資料。但有些時候不同資料型別的變數或常值在同一個運算式相遇時，就必須轉換其中某一個變數或常值的資料型別。當變數的資料型別被轉換時，系統會重新分配主記憶體空間給該變數。常用的資料型別轉換函數有：

1. CInt()：將資料轉成 整數 資料型別。

2. CDbl()：將資料轉成 雙精確度 資料型別。

3. CCur()：將資料轉成 貨幣 資料型別。

4. CStr()：將資料轉成 字串 資料型別。

5. CDate()：將資料轉成 日期 資料型別。

6. CVar()：將資料轉成 自由 資料型別。

【簡例】將浮點數常值 6.02 轉換成整數，再指定給整數變數 y。

```
Dim y As Integer
y = CInt(6.02)                 ' 結果 y 的變數值為 6
```

3.6.2 如何辨認資料的資料型別

當程式碼遇到給使用者輸入資料的敘述時，為避免使用者輸入的資料與程式所需要的資料不一致，必須檢查使用者輸入的資料型別，以避免程式執行產生錯誤。此時可以使用下列函數來辨認：

1. TypeName()：傳回該資料的資料型別名稱。若傳回值為 Integer、Double、String …。

2. IsNumeric()：傳回該資料是否為數值資料型別，若傳回值為 True 表示是屬數值資料型別；若為 False 表示非數值資料型別。

3. IsDate()：傳回該資料是否為日期資料型別，傳回值為 True 或 False。

4. IsObject()：傳回該資料是否為物件資料型別，傳回值為 True 或 False。

5. VarType()：傳回該資料的資料型別的代碼。傳回值代碼如下表：

傳回值	資料型別	傳回值	資料型別
0	空白	6	Currency(貨幣)
1	Null(空值)	7	Date(日期)
2	Integer(整數)	8	String(字串)
3	Long(長整數)	9	Object(物件)
4	Single(單精確度浮點數)	10	錯誤值
5	Double(倍精確度浮點數)	11	Boolean(布林)

【例 1】在 A1 儲存格上顯示常值 6.02 的資料型別。

```
Range("A2").Value = TypeName(6.02)          '結果顯示 Double
```

【例 2】如果 A1 儲存格資料為數值，才執行敘述區段。

```
If IsNumeric (Range("A1").Value) Then
     敘述區段
End If
```

If … End If 的語法，請參閱第四章。

【例 3】如果 A1 儲存格資料為日期型別，才執行敘述區段。

```
If VarType (Range("A1").Value) = 7 Then
     敘述區段
End If
```

3.7 變數的有效使用範圍

　　VBA 程式架構主要分成「宣告區」和「程序區」，其中程序包括巨集程序(存放於「模組」資料夾)、事件程序(存放於「工作表」資料夾)。而變數宣告的關鍵字 Dim、Static(靜態)、Private(私有)或是 Public(共用)，則是用來決定變數的有效使用範圍。變數的有效使用範圍主要分為程序範圍、模組範圍以及活頁簿範圍。

存放於「模組」資料夾

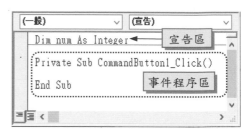

存放於「工作表」資料夾

　　前面章節所出現的變數，是在程序範圍內宣告的屬於「一般變數」，其有效的使用範圍只在該程序內。若一般模組內包含多個巨集程序，而不同的巨集程序會使用到同一個變數，則該變數要在宣告區宣告指定為「模組變數」。同樣地，若工作表內包含多個事件程序，而不同的事件程序會使用到同一個變數，則該變數要在宣告區宣告指定為這個工作表的「模組變數」。另外，若有不同模組會使用到同一個變數，則該變數宣告時須指定為「活頁簿變數」。設計程式時良好規劃變數使用的有效範圍，可以避免變數相互干擾造成除錯上的困難。

3.7.1 程序範圍變數

一、一般變數

　　如果使用 Dim 關鍵字將變數宣告在巨集程序或事件程序區段內，就屬於程序範圍變數，有效範圍只限在該程序內，若該程序執行完畢後該變數就會從記憶體中移除。而且在其它的程序內該變數無法使用。宣告的語法如下：

```
語法
    Sub 程序名稱()
        Dim 變數名稱 As 資料型別          ' 用 Dim 宣告一般變數
            :
    End Sub
```

📥 **範例** : 3-7 Dim.xlsm

建立 顯示變數值 按鈕(物件名稱設為 BtnVar)。在 BtnVar_Click() 事件程序中宣告 x 為「一般變數」，並撰寫 x = x + 20 敘述。則在程式執行階段，觀察點按 顯示變數值 鈕三次時，所顯示的 x 變數值分別為何。

執行結果

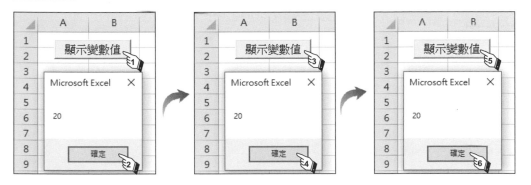

上機操作

Step 01　新增一個空白活頁簿，並以「3-7 Dim.xlsm」檔名儲存。

Step 02　在工作表中建立 顯示變數值 按鈕，並設定 Name 屬性值為 BtnVar。

Step 03　撰寫程式碼：

```
01 Private Sub BtnVar_Click()
02     Dim x As Integer
03     x = x + 20
```

```
05 End Sub
```

說明

1. 第 2 行：使用 Dim 設定 x 變數為 BtnVar_Click() 事件程序內的一般變數,其有效範圍只在該程序內。當 x 變數被宣告時,其變數值預設為 0。
2. 第 3 行：x = x + 20 → x = 0 + 20 → x = 20。
3. 第 4 行：用訊息框顯示 x 的變數值 20。

二、靜態變數

　　用 Dim 宣告程序範圍的一般變數,其有效範圍只在該程序內。如果希望程序執行後,該變數能持續保留原變數值,即保留主記憶體空間給該變數。該變數就必須改用 Static 關鍵字來宣告為「靜態變數」。宣告的語法如下:

語法

```
Sub 程序名稱()
    Static 變數名稱 As 資料型別        '用 Static 宣告靜態變數
        :
End Sub
```

🔽 **範例**：3-7 Static.xlsm

　　建立 顯示變數值 按鈕(物件名稱設為 BtnVar)。在 BtnVar_Click() 事件程序中宣告 x 為「靜態變數」,並撰寫 x = x + 20 敘述。則在程式執行階段,觀察點按 顯示變數值 鈕三次時,所顯示的 x 變數值分別為何。

執行結果

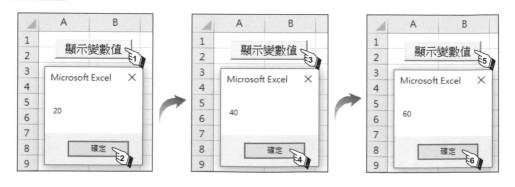

上機操作

Step 01　新增一個空白活頁簿，並以「3-7 Static.xlsm」檔名儲存。

Step 02　在工作表中建立按鈕控制項。

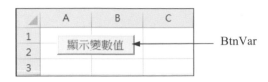

Step 03　撰寫程式碼：

```
01 Private Sub BtnVar_Click()
02     Static x As Integer
03     x = x + 20
04     MsgBox x
05 End Sub
```

說明

1. 第 2 行：使用 Static 設定 x 變數為 BtnVar_Click() 事件程序內的靜態變數，其有效範圍只在該程序內。但離開程序時，主記憶體仍保留該變數占用的空間，所以當 x 變數再被宣告時，其變數值保留之前離開程序時的值。
2. 第 3 行：第一次執行　$x = x + 20$　→　$x = 0 + 20$　→　$x = 20$

   第二次執行　$x = x + 20$　→　$x = 20 + 20$　→　$x = 40$

   第三次執行　$x = x + 20$　→　$x = 40 + 20$　→　$x = 60$

3.7.2　模組範圍變數

　　如果使用 Dim 或 Private 關鍵字在宣告區宣告變數，則該變數就成為模組(一般模組或工作表模組)範圍變數。模組範圍變數的有效範圍在宣告的模組內有效，模組內的所有程序(巨集程序或模組程序)也可以共用該變數。但是活頁簿若有多個模組，則不同模組的模組變數不能互相參用。模組變數的宣告語法如下，其中使用 Dim 或 Private 來宣告變數，效果相同。

語法

> Dim | Private 變數名稱 As 資料型別
>
> Sub 程序名稱()
>   :
> End Sub

📥 **範例** ：3-7 Module.xlsm

建立三個按鈕控制項 「輸入」(BtnInput)、「相加」(BtnAdd)、「相減」(BtnSub)，按 「輸入」 鈕可輸入兩個整數，按 「相加」 鈕可計算這兩個整數相加，按 「相減」 鈕可計算這兩個整數相減。

執行結果

按 輸入 鈕

按 相加 鈕 　　　　按 相減 鈕

上機操作

Step 01 新增一個空白活頁簿，並以「3-7 Module.xlsm」檔名儲存。

Step 02 在工作表中建立三個按鈕控制項。

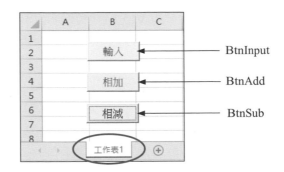

Step 03　撰寫程式碼：

```
01 Dim num1 As Integer
02 Private num2 As Integer
03
04 Private Sub BtnInput_Click()
05     num1 = InputBox("第一個整數", "輸入")
06     num2 = InputBox("第二個整數", "輸入")
07 End Sub
08
09 Private Sub BtnAdd_Click()
10     Dim sum As Integer
11     sum = num1 + num2
12     MsgBox sum, , "兩數和"
13 End Sub
14
15 Private Sub BtnSub_Click()
16     Dim diff As Integer
17     diff = num1 - num2
18     MsgBox diff, , "兩數差"
19 End Sub
```

說明

1. 第 1~2 行：分別使用 Dim 和 Private 來宣告 num1、num2 為工作表模組變數。這兩個變數，可被「工作表 1」工作表中的所有事件程序使用。

2. 第 4~7 行：將所輸入的第一個整數值指定給 num1 模組變數存放，第二個整數值指定給 num2 模組變數存放。

3. 第 9~13 行：宣告 sum 為一般變數，該變數只在 BtnAdd_Click() 程序內有效。將模組變數 num1 和 num2 的和指定給 sum 變數存放。

4. 第 15~19 行：宣告 diff 為一般變數，該變數只在 BtnSub_Click() 程序內有效。
   將模組變數 num1 和 num2 的差指定給 diff 變數存放。

3.7.3 活頁簿範圍變數

　　如果使用 Public 關鍵字在一般模組的宣告區宣告變數，則該變數就成為
活頁簿範圍變數。該變數的有效範圍是整個活頁簿，活頁簿中所有模組(一般
模組或工作表模組)的程序都可以使用該變數，因此該變數又被稱為「全域變
數」。要特別注意是 Public 必須在一般模組(Module)中宣告，若在工作表模
組中宣告，則變數範圍僅在工作表內。活頁簿變數宣告的語法如下：

語法

Public 變數名稱 As 資料型別

Sub 巨集程序名稱()
　　　:
End Sub

📥 **範例**：3-7 WorkBook.xlsm

　　設計一個金融試算程式，在「工作表 1」輸入美金匯率和年利率，按
　[設定] 鈕會將兩輸入值儲存成活頁簿變數。在「工作表 2」輸入台幣金
額和定存年數後，按 [兌換美金] 鈕會顯示出可兌換的美金金額，按 [本利和]
鈕會顯示出本利和的金額。

提示：本利和(複利) ＝ 本金 × (1 ＋ 年利率)^{年數}

[執行結果]

	A	B	C	D
1	美金匯率：	27.82		
2			設定	
3	年利率：	1.50%		
4				

工作表1　工作表2　⊕

	A	B	C	D
1	台幣金額：	1000000	兌換美金	
2				
3	定存年數：	3	本利和	
4				
5		可兌美金 35945 元		
6		本利和(複利)等於 1037971 元		

工作表1　工作表2　⊕

上機操作

Step 01 新增一個空白活頁簿,並以「3-7 WorkBook.xlsm」檔名儲存。

Step 02 建立輸出入介面

① 在「工作表 1」工作表上建立如下表格和按鈕控制項:

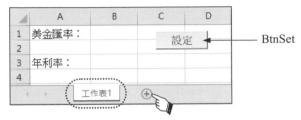

② 點按 ⊕ 圖示鈕新增「工作表 2」工作表,建立如下表格和控制項:

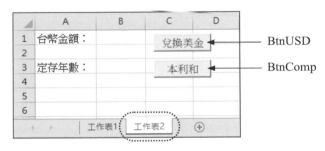

Step 03 宣告活頁簿範圍變數

① 點選「開發人員」索引標籤,點按「Visual Basic」圖示鈕。

② 在 VBA 編輯視窗中,執行功能表 [插入 / 模組] 指令新增 「模組」資料夾,並建立一個「Module1」模組。

③ 在 Module1 模組的宣告區,用 Public 宣告 usRate 和 rate 為全域整 數變數,變數範圍為整個活頁簿。

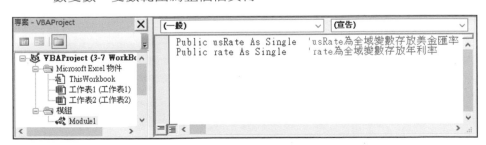

Step 04 編輯「工作表 1」的 BtnSet_Click() 事件程序

① 點按工具列 ☒ 圖示鈕，返回 Excel 作業環境。

② 選取「工作表 1」標籤使「工作表 1」為目前工作表。

③ 選取 　設定　 按鈕控制項，到功能區點選「開發人員」索引標籤，
點按 ☐ 檢視程式碼 圖示鈕，出現程式碼編輯窗格。

④ 撰寫 BtnSet_Click() 事件程序程式碼，如下圖：

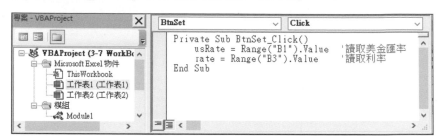

使用全域變數 usRate 讀取輸入在 B1 儲存格內的美金匯率資料，及
使用全域變數 rate 讀取輸入在 B3 儲存格內的年利率資料。

Step 05 編輯「工作表 2」的程式碼

① 返回 Excel 作業環境，使「工作表 2」為目前工作表。

② 在宣告區使用 Private 宣告工作表模組範圍的長整數變數 ntD。

③ 撰寫 BtnUSD_Click() 事件程序程式碼。

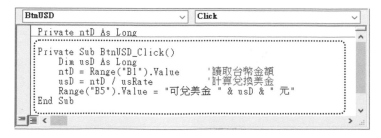

宣告 usD 為一般長整數變數。用模組變數 ntD 來讀取輸入在 B1 儲
存格內的台幣金額,用一般變數 usD 來存放兌換美金的金額。再將
結果指定給 B5 儲存格顯示。

④ 撰寫 BtnComp_Click() 事件程序程式碼。

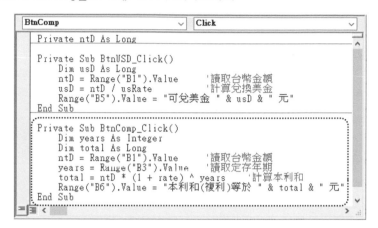

```
BtnComp                    ▾   Click                      ▾
Private ntD As Long

Private Sub BtnUSD_Click()
    Dim usD As Long
    ntD = Range("B1").Value          '讀取台幣金額
    usD = ntD / usRate               '計算兌換美金
    Range("B5").Value = "可兌美金 " & usD & " 元"
End Sub
Private Sub BtnComp_Click()
    Dim years As Integer
    Dim total As Long
    ntD = Range("B1").Value          '讀取台幣金額
    years = Range("B3").Value        '讀取定存年期
    total = ntD * (1 + rate) ^ years '計算本利和
    Range("B6").Value = "本利和(複利)等於 " & total & " 元"
End Sub
```

宣告 years、total 為一般變數。用模組變數 ntD 來讀取輸入在 B1 儲
存格內的台幣金額,用一般變數 years 來讀取輸入在 B3 儲存格內的
定存年期,用一般變數 total 存放計算完的本利和。再將結果指定給
B6 儲存格顯示。

完整程式碼

【 Module1 程式碼 】

```
01 Public usRate As Single    'usRate 為全域變數存放美金匯率
02 Public rate As Single      'rate 為全域變數存放年利率
```

【 工作表 1 程式碼 】

```
03 Private Sub BtnSet_Click()
04     usRate = Range("B1").Value    '讀取美金匯率
05     rate = Range("B3").Value      '讀取利率
06 End Sub
```

【 工作表 2 程式碼 】

```
07 Private ntD As Long
08
```

```
09 Private Sub BtnUSD_Click()
10     Dim usD As Long
11     ntD = Range("B1").Value        '讀取台幣金額
12     usD = ntD / usRate             '計算兌換美金
13     Range("B5").Value = "可兌美金 " & usD & " 元"
14 End Sub
15
16 Private Sub BtnComp_Click()
17     Dim years As Integer
18     Dim total As Long
19     ntD = Range("B1").Value        '讀取台幣金額
20     years = Range("B3").Value      '讀取定存年期
21     total = ntD * (1 + rate) ^ years      '計算本利和
22     Range("B6").Value = "本利和(複利)等於 " & total & " 元"
23 End Sub
```

説明

1. 本範例程式所有宣告的變數及有效使用範圍，如下圖所示：

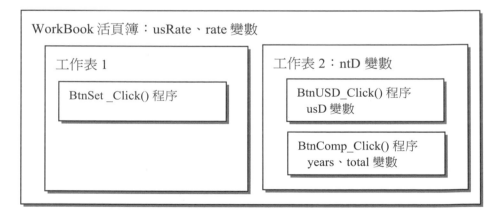

選擇結構

選擇結構就是用程式來設計條件的分歧，當條件式與資料比對後，「成立」或「不成立」的結果分別執行不同的程式流程。選擇結構一般可分為單向選擇、雙向選擇、巢狀選擇、多重選擇 … 等。而「條件式」需要使用「關係運算子」或「邏輯運算子」來組成「關係運算式」和「邏輯運算式」，用來表示一個狀態或條件成立與否。這兩種流程控制的運算式(或稱條件式)經過運算後會產生布林值，當條件成立時，其布林值為 True (真)；條件不成立時，則布林值為 False (假)。當程式中遇到選擇結構或重複結構時，就必須使用此種條件式來比對當時的資料，供我們決定程式執行流程之參考。

4.1 條件式

4.1.1 關係運算子

簡單的關係運算式，是兩個運算元使用關係運算子來做比較，然後將運算後的結果(布林值)傳回。其語法如下：

語法

結果 = 運算元 1 關係運算子 運算元 2

說明

1. 關係運算子的種類以及關係運算式的用法如下表：

關係運算子	意義	關係運算式	簡例	結果
=	相等	X = Y	8 = (5 + 3)	True
<>	不等於	X <> Y	"abc" <> "123"	True
<	小於	X < Y	"a" < "A"	False
>	大於	X > Y	#12/31/2020# > #1/1/2021#	False
<=	小於或等於	X <= Y	7＋3 <= 9 - 5	False
>=	大於或等於	X >= Y	"ABC" >= "ABB"	True

2. 比較兩個字串時，若第一個字元的 ASCII 碼相同，則再比第二個字元的 ASCII 碼大小，依此類推。ASCII 碼的數字字元 ASCII 碼最小，接著是大寫字母，然後是小寫字母，最後是中文字。(ASCII 碼請參閱附錄 C)

3. 當兩個日期做比較時，晚出現的日期會大於早出現的日期，所以 #12/31/2021# 會小於 #1/1/2022#。

4. 算術運算子的優先次序較關係運算子高。所以 7 + 3 <= 9 - 5，會先做加法和減法運算，兩者再做比較 10 <= 4，所以結果為 False。

4.1.2 邏輯運算子

「邏輯運算式」是用來測試較複雜的條件式，邏輯運算式的結果可以為 True (真) 或 False (假)。當一個運算式中有兩個以上的關係運算子就必須透過邏輯運算子來連接，邏輯運算子的種類以及邏輯運算式的用法如下表：

優先	邏輯運算子	意義	邏輯運算式	說明
1	Not	非	Not A	若 A 為 True，結果為 False；若 A 為 False，結果為 True。
2	And	且	A And B	當 A、B 皆為 True 時，結果才為 True。
3	Or	或	A Or B	A、B 中只要有一個為 True，結果就為 True。
4	Xor	互斥或	A Xor B	A、B 中一個為 True 且另一個為 False，結果才為真。

各種邏輯運算式經過運算後，所有可能的結果如下表：

A	B	Not A	A And B	A Or B	A Xor B
True	True	False	True	True	False
True	False	False	False	True	True
False	True	True	False	True	True
False	False	True	False	False	False

【例 1】 ① (4 > 3) And ("a" = "b")　⇨　(真) And (假)　⇨　False(假)

　　　　 ② (4 > 3) Or ("a" = "b")　　⇨　(真) Or (假)　　⇨　True(真)

　　　　 ③ Not (4 > 3)　⇨　Not (真)　⇨　False(假)

【例 2】 年齡介於 20 ≦ age < 60 之間的條件式：

　　　　 (age >= 20) And (age < 60)

【例 3】 score 不為零的條件式：

　　　　 score <> 0

4.1.3 Like 運算子

在程式中可以使用 Like 運算子來比較兩個字串，其用法比關係運算子更有彈性，其語法如下：

語法

　　結果 = 字串 Like 模式

說明

1. 運算結果為布林值 True 或 False。

2. 模式比對功能可使用萬用字元、字元清單或任何組合的字元範圍，以符合字串。下表為模式中所允許的字元及其相符專案：

模式中的字元	符合字串的專案
?	任何一個字元
*	零或多個字元的字串
#	任何一個數字字元(0~9)
[字串]	字串中的任何單一字元
[!字串]	不在字串中的任何單一字元

模式的 [] 中括號內的字串可以是逐一列舉，或用連接號（-）來指定範圍。例如 [a-z] 代表 a~z 共 26 個小寫字母。但是指定字元範圍時，必須由小而大才有效，例如 [z-a] 是無效的。

【簡例】觀察 Like 運算子比對兩個字串的情形。(檔名: 4-1 like.xlsm)

```
01 Sub tryLike()
02    Dim bool As Boolean          ' 宣告 bool 為布林型別變數
03    bool = "VBA" Like "vba"      ' False (字母大小寫不一樣)
04    MsgBox (bool)                ' 驗證 bool 變數值
05 End Sub
```

第 3 行可依序使用下列敘述來取代，再用第 4 行來各別驗證 bool 值。

```
01    bool = "VBA" Like "VBA"            ' True (兩字串一樣)
02    bool = "Excel" Like "E???l"        ' True (???為任意三個字元)
03    bool = "Excel" Like "E*l"          ' True (*為任意多個字元)
04    bool = "趙子龍" Like "趙*"          ' True (查名字是否姓趙)
05    bool = "N95" Like "N##"            ' True (##為二個任意數字字元)
06    bool = "B" Like "VBA"              ' False (兩字串不同)
07    bool = "B" Like "[VBA]"            ' True (B 為[VBA]內任一字元)
08    bool = "B" Like "[A-Z]"            ' True (B 為 A~Z 中任一字元)
09    bool = "B" Like "[!A-Z]"           ' False (B 不為 A~Z 中任一字元)
10    bool = "haw432" Like "[hk]*##2"    ' True  (查首字元及末數字)
11    bool = "04888999" Like "09#######" ' False (是否為手機門號)
```

4.2 選擇結構

4.2.1 單向選擇 If … Then

單向選擇是當判斷條件式成立時，才會去執行指定的敘述或敘述區段；若條件式不成立，該指定的敘述或敘述區段就不會被執行。

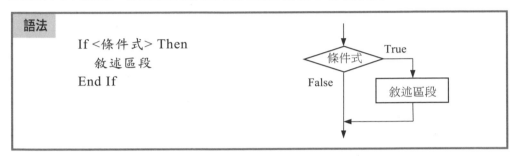

語法

```
If <條件式> Then
    敘述區段
End If
```

【簡例】(檔名: 4-2 If.xlsm)

```
01 Sub tryIf()
02    If Range("A1").Value < 50 Then
03        Range("A3").Value = 100
04    End If
05 End Sub
```

第 2 行的 Range("A1").Value < 50 為條件運算式，其運算結果為布林值。若結果為 True(真)，則會執行第 3 行使 A3 儲存格的值為 100；若結果為 False(假)，則跳到第 4 行 End If 之後的敘述執行，而 A3 儲存格的內容維持原樣沒有改變。

若敘述區段為單一行敘述，則程式可簡化成一行，如下：

```
If Range("A1").Value < 50 Then Range("A3").Value = 100
```

4.2.2 雙向選擇 If … Then … Else

雙向選擇是當判斷條件式成立時，程式的流程會去執行指定的敘述區段；若條件式不成立，則程式的流程會去執行另一個指定的敘述區段。

語法

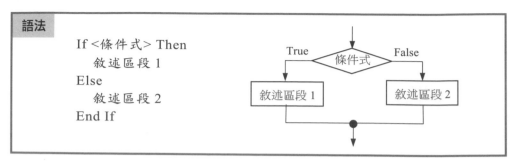

```
If <條件式> Then
    敘述區段 1
Else
    敘述區段 2
End If
```

【簡例】(檔名: 4-2 Else.xlsm)

```
01 Sub tryElse()
02    If Range("A1").Value Mod 2 = 0 Then
03        Range("A3").Value = "偶數"
04    Else
05        Range("A3").Value = "奇數"
06    End If
07 End Sub
```

第 2 行的 Range("A1").Value Mod 2 = 0 為條件運算式,若結果為
True,則程式流程執行第 3 行;否則執行第 5 行。

範例:4-2 IfElse.xlsm

先用 InputBox 輸入框來輸入學期成績,再判斷分數是否及格,最後用
MsgBox 函數來顯示及格或未及格的相關訊息。

執行結果

程式碼

```
01 Sub pass()
02    Dim score As Double
03    score = InputBox("輸入學期成績", "輸入")
04    If score >= 60 Then
```

05		MsgBox "恭喜過關,請繼續努力!"
06	Else	
07		MsgBox "請不要難過,明年再見!"
08	End If	
09	End Sub	

4.2.3 巢狀選擇結構

如果在選擇結構中又有其它的選擇結構,就形成了巢狀選擇結構。當條件式中有超過三個選擇項時,可以使用巢狀選擇結構。

語法

```
If <主條件> Then
    If <次條件 1> Then
        敘述區段 A
    Else
        敘述區段 B
    End If
Else
    If <次條件 2> Then
        敘述區段 C
    Else
        敘述區段 D
    End If
End If
```

說明

1. 當<主條件>成立時,則判斷<次條件 1>,若<次條件 1>成立時執行「敘述區段 A」;不成立則執行「敘述區段 B」。

2. 若<主條件>不成立,則判斷<次條件 2>,若<次條件 2>成立時會執行「敘述區段 C」,不成立則執行「敘述區段 D」。

範例:4-2 巢狀選擇.xlsm

在 A2 儲存格輸入英文科成績、在 B2 儲存格輸入電腦科成績,按 計算 鈕計算平均分數並顯示在 C2 儲存格。若平均分數及格則錄取,不及格則不錄取。平均分數及格且電腦成績大於 80 分,則保送資訊系。

執行結果

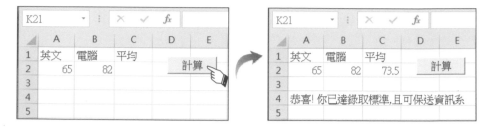

上機操作

Step 01 在工作表中建立如下儲存格資料，及建立 計算 按鈕控制項。

BtnCal

Step 02 撰寫程式碼：

```
01 Private Sub BtnCal_Click()
02     Dim eng As Integer, com As Integer
03     Dim avg As Single
04     eng = Range("A2").Value
05     com = Range("B2").Value
06     avg = (eng + com) / 2
07     Range("C2").Value = avg
08     If avg >= 60 Then
09         If com >= 80 Then
10             Range("A4").Value = "恭喜! 你已達錄取標準,且可保送資訊系"
11         Else
12             Range("A4").Value = "恭喜! 你達錄取標準"
13         End If
14     Else
15         Range("A4").Value = "抱歉,你未達錄取標準!"
16     End If
17 End Sub
```

説明

1. 第 4~6 行：將輸入在 A2 及 B2 儲存格的英文與電腦分數，分別存放到 eng 與 com 變數內。計算 eng 與 com 變數值的平均分數，存放於 avg 變數內。

2. 第 7 行：將 avg 變數值指定給 C2 儲存格。故 C2 儲存格顯示平均分數。

3. 第 8 行：若 avg >= 60 成立，則執行第 10~13 行敘述，否則執行第 15 行。

4. 第 9 行：若 avg >= 60 且 com >= 80 皆成立，則 A4 儲存格顯示"恭喜! 你已達錄取標準,且可保送資訊系"文字。

5. 第 12 行：若 avg >= 60 成立但 computer >= 80 不成立，則 A4 儲存格顯示"恭喜! 你達錄取標準"文字。

6. 第 15 行：若 avg >= 60 不成立，則 A4 儲存格顯示"抱歉,你未達錄取標準! "。

4.2.4 多重選擇 If … ElseIf … Else

當選擇的項目超過兩個時，除了可以用巢狀選擇結構來解決外，在特殊情況下，可簡化使用 ElseIf 多重選擇結構來處理。

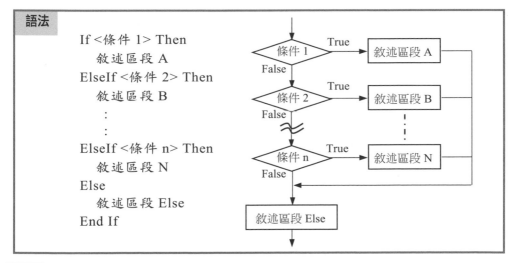

説明

1. 多重選擇結構可從許多不同的狀況下，找出符合條件的敘述區段執行。

2. 若<條件 1>成立，執行「敘述區段 A」；若<條件 2>成立，執行「敘述區段 B」…；以此類推。其餘的情況執行「敘述區段 Else」。

【簡例】(檔名: 4-2 多重選擇.xlsm)

```
01 Sub tryElseIf()
02     Dim score As Integer, grade As String
03     score = 81
04     If score >= 90 Then
05         grade = "成績優異"
06     ElseIf score >= 80 Then
07         grade = "成績很好"
08     ElseIf score >= 60 Then
09         grade = "成績尚可"
10     Else
11         grade = "成績有待加強"
12     End If
13     MsgBox (grade)
14 End Sub
```

因第 3 行的 score 變數值為 81，所以 grade 變數值會是"成績很好"。

4.3 Select Case 多重選擇

當選擇的項目多個時，除了使用 ElseIf 多重選擇結構外，還可以使用 Select Case 多重選擇。但如果條件資料型別一樣時，可以改用 Select Case 選擇結構，程式敘述會比較簡潔易讀。

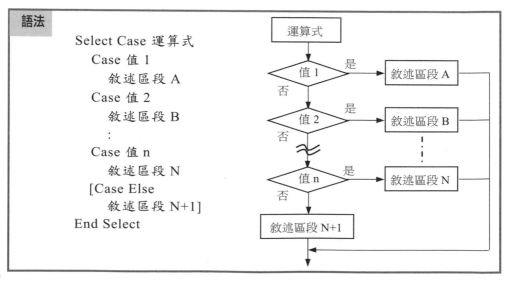

說明

1. 運算式可以為變數。

2. 執行 Select Case 多重選擇結構時，會根據 Select Case 後面運算式的結果，由上而下比較 Case 的值，若符合運算式結果就會執行該敘述區段，然後跳到接在 End Select 後面的敘述。

3. Case 值 1、值 2 … 的資料型別必須和運算式相同。呈現的情形如下：

　① Case 57　　　　　　　→ 值為數值 57
　② Case -6, 0, 12　　　　→ 值為數值 -6、0 或 12
　③ Case 80 To 100　　　　→ 值為數值 80~100
　④ Case Is < 60　　　　　→ 值為小於 60 的數值
　⑤ Case "Yes", "yes"　　　→ 值為字串 "Yes" 或 "yes"
　⑥ Case "A" To "Z"　　　→ 值為大寫英文字母

4. 當所有 Case 的值都不符合運算式結果時，則執行 Case Else 的敘述區段。

5. Case Else 敘述可以省略，但 Case Else 可以用來處理所有 Case 值都不符合時的敘述。

範例：4-3 Select.xlsm

在 A2 儲存格輸入月份(1~12)，按 ｜ 確定 ｜ 鈕後，在 B2 儲存格顯示該月份的季節詞彙。

執行結果

上機操作

Step 01　在工作表中建立如下儲存格資料，及建立 ｜ 確定 ｜ 按鈕控制項。

	A	B	C	D
1	月份	季節詞彙	確定	
2				

Step 02 撰寫程式碼：

```vba
01 Private Sub CommandButton1_Click()
02     Select Case Range("A2").Value
03         Case 3 To 5
04             Range("B2").Value = "春暖花開"
05         Case 6, 7, 8
06             Range("B2").Value = "夏雨雨人"
07         Case 9 To 10, 11
08             Range("B2").Value = "秋高氣爽"
09         Case Else
10             Range("B2").Value = "冬日可愛"
11     End Select
12 End Sub
```

4.4 IIf、Choose 與 Switch

4.4.1 IIf 函數

雙向選擇也可以使用 IIf 函數來完成。其語法如下：

> **語法**
>
> IIf(<條件式>, V1, V2)

說明

1. 若<條件式>成立，則傳回 V1；若<條件式>不成立，則傳回 V2 值。

2. V1、V2 可以為數值、字串或運算式。

【例 1】若 A2 儲存格的性別為 "女"，則 B2 儲存格顯示 "小姐"，否則 B2 儲存格顯示 "先生"。

> Range("B2").Value = IIf(Range("A2").Value = "女", "小姐", "先生")

【例 2】將數值變數 n 的絕對值，指定給 absN 變數。

> absN = IIf(n < 0, -n, n)

【例 3】IIf 函數巢狀結構使用：

　　① 若 score >= 60，就指定 res 字串變數為 "及格"。

　　② 若 50 <= score < 60，就指定 res 字串變數為 "補考"。

　　③ 若 score < 50，就指定 res 字串變數為 "死當"。

> res = IIf(score >= 60, "及格", IIf(score < 50, "死當", "補考"))

範例：4-4 IIf.xlsm

　　分別在 B3 和 B4 儲存格輸入整數，按 比較 鈕後，在 A6 儲存格顯示比較結果。

執行結果

上機操作

Step 01　在工作表中建立如下儲存格資料，及建立 比較 按鈕控制項。

Step 02　撰寫程式碼：

```
01 Private Sub CommandButton1_Click()
02     Dim V1 As Integer, V2 As Integer
03     Dim res As String
04     V1 = Range("B3").Value
05     V2 = Range("B4").Value
06     res = IIf(V1 = V2, "兩數相等", IIf(V1 > V2, "整數 A 比較大", _
           "整數 B 比較大"))
07     Range("A6").Value = res
08 End Sub
```

4.4.2 Choose 函數

多重選擇也可以使用 Choose 函數來完成。其語法如下：

語法

Choose(index, V1[, V2, … [,Vn]])

說明

1. 依 index 的整數值，傳回相對的引數值。

   若 index =1 時，傳回值為 V1；index = 2 傳回 V2 值…，以此類推。

   若 index 的值小於 1 或大於 n 時，傳回值為 Null(無對應值)。

2. V1、V2、…、Vn 可以為不同資料型別。

【簡例】依不同的正整數，傳回不同的英文單字。(檔名: 4-4 Choose.xlsm)

```
01 Sub tryChoose()
02     Dim index As Integer, res As Integer
03     index = 3
04     res = Choose(index, "one", "two", "three", "four", "five", "six")
05     MsgBox (res)
06 End Sub
```

結果在第 5 行用訊息框顯示 "three" 字串。

4.4.3 Switch 函數

Switch 函數也算是多重選擇結構。其語法如下：

語法

Switch(<條件式 1>, V1[, <條件式 2>, V2, … [,<條件式 n>, Vn]])

說明

1. 先判斷 <條件式 1> 是否為真，若為真就傳回 V1；否則再判斷 <條件式 2>，若為真就傳回 V2；依此類推。若所有<條件式>皆為假，則傳回 Null。

2. V1、V2、…、Vn 可以為不同資料型別。

【簡例】依不同的正整數，傳回不同的英文單字。(檔名: 4-4 Switch.xlsm)

```
01 Sub trySwitch()
02    Dim code As String, bank As String
03    code = "003"
04    bank = Switch(code = "001", "中央信託", code = "003", "交通銀行", _
                    code = "004", "台灣銀行", code = "006", "合庫商銀")
05    Range("A2").Value = bank
06 End Sub
```

執行到第 5 行，A2 儲存格顯示 "交通銀行" 字串。

4.5 GoTo 敘述

GoTo 是強制改變程式流程的敘述。其語法如下：

語法

```
        GoTo 標記
          ⋮
        標記名稱:
          敘述區段
```

說明

1. 當程式流程遇到 GoTo 敘述時，會跳到指定標記名稱後面的敘述繼續執行。

2. 標記名稱

    ① 標記名稱須符合變數命名規則，不可以和同程序內的變數名稱重複。

    ② 標記名稱必須放在該行程式碼最左邊，以冒號(：)做結尾。

    ③ GoTo 敘述只能在同一程序內使用，不能跳到其他程序。

📥 **範例**：4-5 GoTo.xlsm

在 B1 儲存格輸入密碼，按 確定 鈕後，在 A3 儲存格顯示密碼輸入正確與否？若 B1 儲存格為空白，則使用 GoTo 敘述，使在 A3 儲存格顯示 "密碼還沒有輸入 !!!"。

執行結果

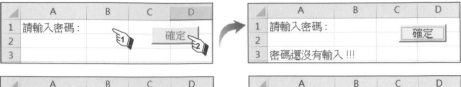

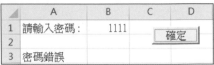

上機操作

Step 01　在工作表中建立如下儲存格資料，及建立 確定 按鈕控制項。

BtnOK

Step 02　撰寫程式碼：

```
01  Private Sub BtnOK_Click()
02      Dim pw As Integer
03      pw = 1314
04      If Range("B1").Value = "" Then
05          GoTo error
06      End If
07      If Range("B1").Value = pw Then
08          Range("A3").Value = "密碼正確"
09      Else
10          Range("A3").Value = "密碼錯誤"
11      End If
12      Exit Sub
13
14  error:
15      Range("A3").Value = "密碼還沒有輸入 !!!"
16  End Sub
```

説明

1. 第 5 行：流程碰到 GoTo error 時，會跳至第 14 行往下執行。
2. 第 12 行：Exit Sub 是用來跳離目前程序的敘述，此種情形況第 13 行以下的敘述是不會被執行的。

4.6 執行時期錯誤的處理

4.6.1 錯誤種類

　　編譯程式碼或執行程式時常會遇到錯誤的發生，導至程式無法正常運作。而研發軟體會遇到的錯誤有三類：語法錯誤、執行時期錯誤、邏輯錯誤。

1. 語法錯誤

　　語法錯誤是初學者最容易犯的錯誤。在編譯過程中，系統能立即指出此種錯誤的所在，並要求程式設計者修正後才能執行。這樣錯誤最容易解決，只要熟悉語法多多練習就可以減少錯誤產生。

2. 執行時期錯誤

　　程式在執行時，有時候會因下列情況而使得程式執行中斷，如：輸入資料不符合要求、在除法運算過程分母為 0、讀存檔時找不到指定檔案存在路徑、陣列的索引值超出陣列宣告範圍…等。這種錯誤在程式編譯階段時不會發現。

3. 邏輯錯誤

　　邏輯錯誤是最難找出的，尤其在大型應用程式最為明顯。程式在編譯階段及執行過程並沒有出現錯誤，也會有執行結果。碰到這類型錯誤，需要是有經驗的程式設計者才能處理。

4.6.2 捕捉執行時期錯誤

　　程式在執行時，經常會因執行期間錯誤而發生程式中斷的情形。常見的執行時期錯誤如下：

一、數值溢位錯誤

以最常見的 Integer(整數)資料為例,它的有效範圍是 -32768~32767 的整數常值。程式碼中若有指定給整數變數的常值超出這個範圍的敘述,就會產生執行時期錯誤而造成程式執行中斷。

【簡例】 (檔名: 4-6 Error_1.xlsm)

```
01 Sub error1()
02    Dim v As Integer
03    v = 999999
04    Range("A1").Value = v
05 End Sub
```

結果在第 3 行產生執行時期錯誤,並出現錯誤號碼為 6、錯誤內容為 "溢位"的訊息(如下圖),此時程式執行中斷。

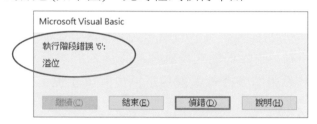

二、資料運算錯誤

程式碼中若有不同的資料型別間做不合適的轉換運算時,程式執行時會產生執行時期錯誤而造成程式執行中斷。

【簡例】 (檔名: 4-6 Error_2.xlsm)

```
01 Sub error2()
02    Dim V As Integer
03    V = "Excel VBA"
04    Range("A1").Value = V
05 End Sub
```

在第 3 行產生執行時期錯誤,並出現錯誤號碼為 13、錯誤內容為 "型態不符合"的訊息(如下圖),程式中斷。

三、陣列範圍錯誤

　　程式碼中有指定資料給陣列元素時，若元素索引超出陣列宣告的範圍時，執行會產生執行時期錯誤而造成程式執行中斷。有關「陣列」的詳細內容，將在第六章介紹。

【簡例】 (檔名: 4-6 Error_3.xlsm)

```
01 Sub error3()
02    Dim V(1 To 3) As Integer
03    V(5) = 124
04    Range("A1").Value = V(5)
05 End Sub
```

　　第 2 行宣告 V 陣列的索引範圍 1~3，所以在第 3 行 V(5)元素的索引值為 5 就超出索引範圍，故會發生執行時期錯誤，出現錯誤號碼為 9、錯誤內容為"陣列索引超出範圍"的訊息(如下圖)，程式中斷。

四、除以零錯誤

　　在除法數學運算時，有被除數與除數兩個運算元。當除數的值為 0 時(即分母為 0)，會產生執行時期錯誤。

【簡例】 (檔名: 4-6 Error_4.xlsm)

```
01 Sub error4()
02    Dim A As Integer, B As Integer
03    A = 25
04    B = 0
05    Range("A1").Value = A / B
06 End Sub
```

因第 4 行 B 變數值為 0，執行到第 5 行的 A/B 時，會發生執行時期錯誤，出現錯誤號碼為 11、錯誤內容為"除以零"的訊息(如下圖)，程式中斷。

4.6.3 Err 物件

VBA 系統內有一個 Err 物件，該物件有兩個屬性與執行時期錯誤訊息有關。如下：

1. Err.Number：存放錯誤號碼

2. Err.Description：存放錯誤內容

程式正常執行沒有錯誤時，Err.Number = 0、Err.Description = "" (空字串)。一旦發生執行時期錯誤，Err.Number 屬性會記錄錯誤訊息的號碼、Err.Description 屬性會記錄錯誤訊息的內容。

【簡例】 (檔名: 4-6 Error_5.xlsm)

```
01 Sub error5()
02    Dim V1 As Integer
03    V1 = 124
04    Range("A1").Vaer = V1
05 End Sub
```

因第 4 行 Range("A1") 物件的屬性名稱不正確，該屬性名稱應該是 Value 而誤打為 Vaer，因此發生執行時期錯誤，訊息如下圖。此時 Err.Number = 438、Err.Description = "物件不支援此屬性或方法"。

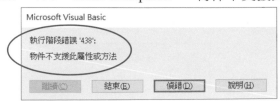

4.6.4 錯誤處理敘述

當程式執行時期錯誤會造成程式中斷，如能事先做適當的處理可避免中斷的發生。VBA 提供 On Error 錯誤處理敘述來處理程式的錯誤，相關的語法如下：

語法

> On Error GoTo 標記名稱
> On Error Resume Next
> On Error GoTo 0

說明

1. On Error GoTo 標記名稱：當錯誤發生時，就跳到指定的標記位置，並在該標記處編寫處理錯誤的敘述。
2. On Error Resume Next：當錯誤發生時忽略錯誤，繼續執行下一行敘述。
3. On Error GoTo 0：停止目前程序內任何已啟動的錯誤處理敘述之設定。

【簡例】(檔名: 4-6 OnError_1.xlsm)

```
01 Sub tryResume()
02     Dim V1 As Integer, V2 As Integer
03     On Error Resume Next
04     V1 = 36000000
05     V2 = 25
06     On Error GoTo 0
07     Range("A1").Value = V1
08     Range("A2").Value = V2
09 End Sub
```

第 4 行的 V1=36000000 敘述，超出 -32768~32767 的整數有效範圍，
會發生"溢位"的錯誤。但第 3 行的 On Error Resume Next 敘述會忽
略第 4 行的錯誤，即第 4 行沒有被執行，而繼續執行第 5 行以下的
敘述。故第 7 行 A1 儲存格顯示 0，是 V1 變數的預設值 0。如下圖：

	A	B	C	D
1	0			
2	25			
3				

範例：4-6 OnError_2.xlsm

分別在 B3 和 B4 儲存格輸入整數，按 [相除] 鈕後，在 B5 儲存格顯示運
算結果。為避免程式發生執行時期錯誤使執行中斷，使用 On Error GoTo
標記 來處理可能會產生錯誤情況。

執行結果

① 若兩儲存格皆正常輸入整數後，按 [相除] 鈕後的結果如下圖：

	A	B	C	D
1	請輸入兩個整數進行除法運算：			
2				
3	被除數	60	相除	
4	除數	12		
5	結果	5		

② 若 B3 儲存格輸入整數後，B4 儲存格輸入 0 或空白，按 [相除] 鈕後，出
現『除數不能為 0』的提示對話方塊。

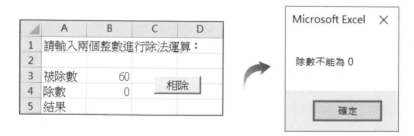

③ 若 B3 或 B4 儲存格輸入的資料非整數型別，按 [相除] 鈕後，出現『請
輸入整數』的提示對話方塊。

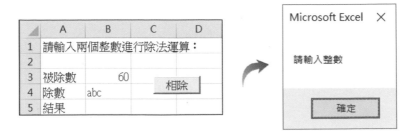

④ 若 B3 和 B4 儲存格皆輸入 0 或空白，按 相除 鈕後，出現『請在儲存格輸入正確整數資料』的提示對話方塊。

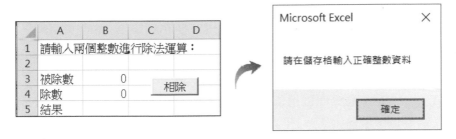

上機操作

Step 01 在工作表中建立如下儲存格資料，及建立 相除 按鈕控制項。

Step 02 撰寫程式碼：

```
01 Private Sub BtnDiv_Click()
02     Dim V1 As Integer, V2 As Integer
03     On Error GoTo ErrorHandling
04     V1 = Range("B3").Value
05     V2 = Range("B4").Value
06     Range("B5").Value = V1 / V2
07     On Error GoTo 0
08     Exit Sub
09 ErrorHandling:
10     If Err.Number = 11 Then
```

11	MsgBox ("除數不能為 0")
12	ElseIf Err.Number = 13 Then
13	MsgBox ("請輸入整數")
14	ElseIf Err.Number = 6 Then
15	MsgBox ("請在儲存格輸入正確整數資料")
16	End If
17	**End Sub**

説明

1. 本程序執行時，在第 3 行使用 On Error GoTo ErrorHandling 敘述設定，若在第 6 行執行 V1/V2 運算時發生了錯誤，便跳到第 9~16 行來處理。處理之後再跳回第 7 行繼續執行。執行第 7 行使用 On Error GoTo 0 敘述來停止第 3 行的設定。執行第 8 行的 Exit Sub 敘述，跳離本程序而結束本程序執行。

2. 第 14~15 行：是處理數值溢位錯誤。若 B3 和 B4 儲存格皆輸入 0 或空白，0/0 的結果是數值無限大，所以會產生數值溢位錯誤。

重複結構

「重複結構」也可稱為「迴圈」(Loop)，指的是程式中有一部分敘述區段需要反覆執行多次，這種情況就需要撰寫成重複結構來完成。程式流程進入到重複結構之內，會一再地執行特定敘述區段，並且測試條件式，當條件式符合特定狀態時，才會脫離重複結構；反之，則程式流程會回到重複結構開端，再進行一次上述流程。由以上的說明可得知，重複結構是由最外層的迴圈敘述當作骨架，包裹著條件式和敘述區段。VBA 常用的重複結構有 For … Next 和 Do … Loop 這兩種迴圈。

5.1 For … Next 迴圈

5.1.1 For … Next 迴圈

For … Next 迴圈也可以稱之為「計數迴圈」，程式中若有某個敘述區段需要反覆執行指定次數時，就可以使用 For … Next 迴圈來建構重複結構。For … Next 迴圈是由計數變數、初值、終值及增值所組合而成的。語法如下：

```
語法
     For 計數變數 = 初值 To 終值 [Step 增值]
          敘述區段
          [Exit For]
     Next
```

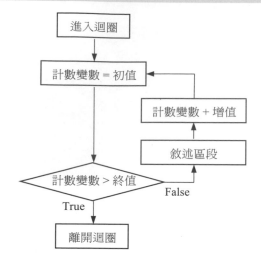

說明

1. 計數變數必須是數值資料型別的變數，而初值、終值和增值則可以為數值變數、數值常值或數值運算式。增值不得為零，若省略該部分則預設增值為 1。

2. For…Next 迴圈中，若初值小於終值，增值必須是正值，當計數變數大於終值時離開迴圈；反之，若初值大於終值時，則增值必須是負值，計數變數在小於終值時離開迴圈。

3. 若有提前離開 For…Next 迴圈的情況，則可以使用 Exit For 敘述配合 If 條件式來判斷是否提前離開 For…Next 迴圈。

4. For …Next 迴圈內的敘述區段，應向內縮排以提高程式可讀性。

【例 1】使用 For …Next 迴圈由 1 累加到 10，計算的結果顯示在 B2 儲存格。(檔名: 5-1 For 迴圈 1.xlsm)

```
01 Sub For1()
02    Dim i As Integer, sum As Integer
03    sum = 0
04    For i = 1 To 10
05       sum = sum + i
06    Next
07    Range("B2").Value = sum            ' 結果為 55
08 End Sub
```

【例 2】 使用 For …Next 迴圈由 10 執行到 -10，每次遞減 2。迴圈內敘述區
段除了累加計數變數，還要判斷計數變數如果為 0 時，就結束迴圈，
並將計算的結果顯示在 B2 儲存格。(檔名: 5-1 For 迴圈 2.xlsm)

```
01 Public Sub For2()
02    Dim i As Integer, sum As Integer
03    sum = 0
04    For i = 10 To -10 Step -2
05       sum = sum + i
06       If i = 0 Then Exit For
07    Next
08    Range("B2").Value = sum              ' 結果為 30
09 End Sub
```

第 4 行的 i 變數值會依序為 10、8、6、4、2。當 i = 0 時，第 6 行會
執行 Exit For 敘述而離開 For 迴圈跳到第 8 行繼續執行。所以 sum = 10
+ 8 + 6 + 4 + 2 = 30。

5.1.2　取得資料表格的最下列和最右欄

在處理 Excel 工作表中的資料的過程中，有一種資訊是需要掌握的，那
就是資料表格最後一列的列編號，以及最右一欄的欄編號，即取得表格最右
下角的儲存格位置，才能設定 For … Next 迴圈的終值。此時可以使用儲存格
的 End 屬性，可以由 A1 儲存格開始沿 xlDown 方向找到表格的最下一列，
再配合 Row 屬性取得列編號。沿 xlToRight 方向找到表格的最右一欄，再使
用 Column 屬性取得欄編號。

【簡例】取得工作表最下一列的列編號，和最右一欄的欄編號。

```
r = Range("A1").End(xlDown).Row
c = Range("A1").End(xlToRight).Column
```

由上而下搜尋會遭遇一個問題，就是如果表格中有儲存格空白資料時，
會中斷搜尋，無法取得正確列數。若儲存格有此種狀況，可改由從工作表的
最底下列數向上搜尋，程式寫法如下：

```
r = Range("A1048576").End(xlUp).Row
c = Range("A1").End(xlToRight).Column
```

工作表每一欄的最大列編號為 1048576，而搜尋方向改成向上(xlUp)。

📥 **範例**：5-1 For_Next.xlsm

試設計一個將工作表所有儲存格記錄的每小時雨量加總起來的事件程序。程式要求：工作表中儲存格列數不固定，請自行判斷列數；若該小時無下雨，則該儲存格為空白，請以 For … Next 迴圈計算出總雨量。

執行結果

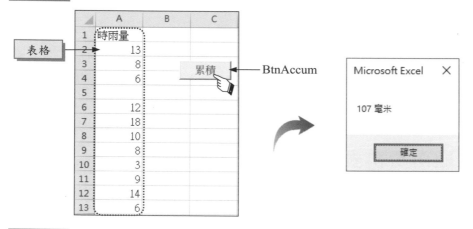

上機操作

Step 01 新增活頁簿，在工作表中建立表格及 ［累積］ 按鈕控制項。

Step 02 撰寫程式碼

```
01 Private Sub BtnAccum_Click()
02     Dim i As Integer, r As Integer, sum As Integer
03     r = Range("A1048576").End(xlUp).Row    '由下往上搜尋
04     sum = 0
05     For i = 2 To r
06         sum = sum + Cells(i, 1).Value        '取得儲存格資料並累加
07     Next
08     MsgBox (sum & " 毫米")
09 End Sub
```

說明

1. 第 3 行；因為表格中有空白資料的情況，所以從工作表的最底下列編號往上搜尋。當搜尋有資料時，則將資料所在的儲存格列編號(即表格的最大列編號)指定給 r 變數。

2. 第 5~7 行：使用 For … Next 迴圈，因為第 1 列為標題，所以初值由 2 開始，終值為 r 變數值(表格的最大列編號)。

3. 第 6 行：累加取得的儲存格資料，指定給 sum 變數存放。

4. 第 8 行：將累加的統計結果加上測量單位，以 MsgBox 訊息框顯示。

5.2　Do … Loop 迴圈

　　Do … Loop 迴圈也可以稱為「條件迴圈」，Do…Loop 迴圈沒有計數變數，是以條件式來決定是否脫離迴圈。所以如果敘述區段執行的次數不固定時，就可以使用 Do…Loop 迴圈來撰寫程式。

　　如果 Do…Loop 迴圈的條件式，置於迴圈的第一行就稱為「前測式迴圈」；如果將條件式放在迴圈的最後一行，就稱為「後測式迴圈」。「前測式迴圈」要先判斷條件式是否成立？如果成立才執行迴圈內的敘述區段。如果條件式一開始便不成立，則迴圈內的敘述不會被執行。「後測式迴圈」是先執行迴圈內的敘述區段，之後才判斷條件式，所以迴圈內的敘述至少會被執行一次。

　　無論是使用前測式或是後測式條件式迴圈，在迴圈內必須有能夠使條件式結果變成成立的敘述，如此才能離開迴圈，繼續執行迴圈之後的敘述。反之，若條件式判斷結果永遠是不成立，就會一直反覆執行迴圈內敘述，而形成「無窮迴圈」無法離開迴圈。

5.2.1 Do While 迴圈

Do While 迴圈的運作流程是，當 <條件式> 的運算結果為成立時，才會執行迴圈內的敘述區段。根據 <條件式> 的位置可分為「前測式迴圈」和「後測式迴圈」。

一、前測式 Do While 迴圈

Do While <條件式> …Loop 迴圈，<條件式> 位於迴圈的第一行，所以是屬於「前測式迴圈」。當 While 後面的 <條件式> 為 True 時，會如下圖所示將迴圈內的敘述區段執行一次，然後再回到迴圈的起點，再重新判斷 <條件式> 一次，一直到 <條件式> 為 False 時才結束迴圈。若要中途離開 Do 迴圈，可以使用 Exit Do 敘述。其語法如下：

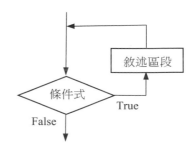

```
語法
    Do While <條件式>
        敘述區段
        [Exit Do]
    Loop
```

二、後測式 Do While 迴圈

Do … Loop While <條件式> 迴圈，是將 <條件式> 放置在迴圈的最後一行，所以是屬於「後測式迴圈」。程式流程是先執行迴圈內的敘述區段一次，再判斷 <條件式> 是否成立。若 <條件式> 判斷為 True，會回到迴圈起始點，再次執行迴圈內的敘述區段一次，直到 <條件式> 被判斷為 False 才結束迴圈。其語法如下：

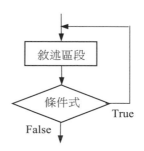

```
語法
    Do
        敘述區段
        [Exit Do]
    Loop While <條件式>
```

5.2.2 Do Until 迴圈

Do Until 迴圈和 Do While 迴圈相反，Do Until 迴圈是 <條件式> 不成立時，會執行迴圈內的敘述區段。根據 <條件式> 的位置，同樣可分成「前測式迴圈」和「後測式迴圈」。

一、前測式 Do Until 迴圈

Do Until…Loop 是「前測式迴圈」，程式流程會先檢查 <條件式>。因 Do Until…Loop 是以否定的方式來做判斷，故當 <條件式> 不成立時，會執行迴圈內的敘述區段；反之，當 <條件式> 成立時離開迴圈。其語法如下：

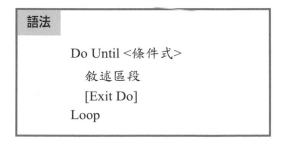

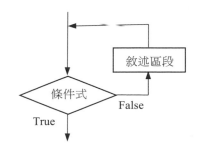

二、後測式 Do Until 迴圈

Do … Loop Until 是「後測式迴圈」，程式流程會先執行迴圈內的敘述區段一遍，再來檢查 <條件式>。當 <條件式> 不成立時，會重新執行敘述區段；反之，當 <條件式> 成立時離開迴圈。其語法如下：

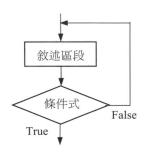

5.2.3 While … Wend 迴圈

　　While…Wend 迴圈是屬於「前測式迴圈」。當 <條件式> 結果為 True 時，會執行迴圈內的敘述區段一次，然後再回到迴圈的起點，進行條件式判斷，重複上述流程直到條件式判斷結果為 False 時，才離開迴圈。要特別注意的是 While…Wend 迴圈沒有中途離開迴圈的敘述，所以如果有可能會中途結束迴圈，請使用其他的迴圈敘述來撰寫。其語法如下：

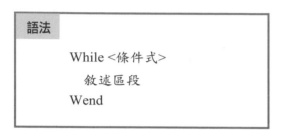

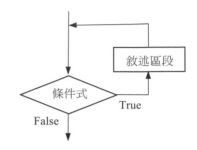

語法

```
While <條件式>
    敘述區段
Wend
```

【例 1】使用 Do While … Loop 迴圈撰寫由 1 累加到 100 的巨集程序。
(檔名: 5-2 Do 迴圈 1.xlsm)

```
01 Sub DoWhile1()
02    Dim i As Integer, sum As Integer
03    i = 0: sum = 0
04    Do While i < 100
05       i = i + 1
06       sum = sum + i
07    Loop
08    Range("B2").Value = sum          ' 結果為 5050
09 End Sub
```

【例 2】使用 Do … Loop While 迴圈撰寫由 1 累加到 100 的巨集程序。
(檔名: 5-2 Do 迴圈 2.xlsm)

```
01 Sub DoWhile2()
02    Dim i As Integer, sum As Integer
03    i = 0: Sum = 0
04    Do
05       i = i + 1
06       Sum = Sum + i
```

```
07    Loop While i < 100
08    Range("B2").Value = Sum              ' 結果為 5050
09 End Sub
```

【例 3】使用 Do Until … Loop 迴圈撰寫由 1 累加到 100 的巨集程序。

(檔名: 5-2 Do 迴圈 3.xlsm)

```
01 Sub DoWhile3()
02    Dim i As Integer, sum As Integer
03    i = 0: sum = 0
04    Do Until i >= 100
05     i = i + 1
06     sum = sum + i
07    Loop
08    Range("B2").Value = sum              ' 結果為 5050
09 End Sub
```

【例 4】使用 Do … Loop Until 迴圈撰寫由 1 累加到 100 的巨集程序。

(檔名: 5-2 Do 迴圈 4.xlsm)

```
01 Sub DoWhile4()
02    Dim i As Integer, sum As Integer
03    i = 0: sum = 0
04    Do
05     i = i + 1
06     sum = sum + i
07    Loop Until i >= 100
08    Range("B2").Value = sum              ' 結果為 5050
09 End Sub
```

【例 5】使用 While … Wend 迴圈撰寫由 1 累加到 100 的巨集程序。

(檔名: 5-2 While 迴圈.xlsm)

```
01 Sub WhileWent()
02    Dim i As Integer, sum As Integer
03    i = 0: sum = 0
04    While i < 100
05     i = i + 1
06     sum = sum + i
07    Wend
```

```
08    Range("B2").Value = sum              ' 結果為 5050
09 End Sub
```

📥 **範例**：5-2 PassWord.xlsm

試設計一個接受操作者輸入帳號、密碼的巨集程序。假設操作者的帳號是"boss"，密碼是 "168"，操作者最多有三次的輸入機會。

執行結果

輸入帳號對話框

輸入密碼對話框

帳號密碼錯誤訊息

帳號密碼正確訊息

程式碼

```
01 Sub pw()
02     Dim i As Integer              '記錄輸入次數的變數
03     Dim flag As Boolean           '記錄帳密檢查結果的變數
04     Dim id As String, pw As String    '儲存帳密的變數
05     i = 1                         '輸入次數由 1 開始算
06     flag = False
07     Do
08         id = Application.InputBox("請輸入帳號", Title:="登入次數：" & i)
09         pw = Application.InputBox("請輸入密碼", Title:="登入次數：" & i)
10         If id = "boss" And pw = "168" Then flag = True    '帳號密碼檢查
11         If flag = True Then Exit Do
```

12	MsgBox ("帳號密碼錯誤，尚可輸入" & 3 - i & "次")	
13	i = i + 1	'更新輸入次數
14	Loop Until i > 3	'重覆迴圈直到輸入次數大於 3
15	If flag = True Then MsgBox ("登入成功")	
16	**End Sub**	

說明

1. 第 7~14 行：為後測式迴圈，迴圈內敘述區段至少會執行一遍。

2. 第 8、9 行：使用輸入框對話方塊接受使用者輸入資料。

3. 第 10、11 行：若輸入的帳密與程式內預設的帳密一致，則跳離迴圈。

4. 第 13、14 行：若帳號密碼輸入 3 次皆錯誤，則結束迴圈。

5.2.4 無窮迴圈

　　如果撰寫 Do … Loop 迴圈時，沒有使用 Until 或 While 下達何任條件式，這種迴圈就稱為「無窮迴圈」。這種迴圈因為前後皆無條件式可供判斷，所以會不斷執行迴圈內敘述。因此必須在迴圈內敘述區段中使用 Exit Do 敘述來離開迴圈。其語法如下：

語法
```
Do
    敘述區段
    If <條件式> Then Exit Do
Loop
```

　　有時在撰寫迴圈敘述時，雖然使用了 Until 或 While 設定條件式，但是再進行迴圈執行的條件一直成立著，這樣的情形也會造成無窮迴圈。所以當程序出現執行時間過長，而無回應狀況時，就有可能陷入無窮迴圈，此時可以按 Ctrl + Break 鍵來中止程式的執行，然後進行程式的除錯。

5.3 巢狀迴圈

　　所謂「巢狀迴圈」也可以稱為「多重迴圈」，指的就是在迴圈內的敘述區段之中，還有其他的迴圈敘述。程式流程遇到巢狀迴圈時，會先進入外迴圈內將內迴圈的敘述區段執行一次，再回到外迴圈的起始點比較計數變數和終值是否超出範圍？若未超出範圍則再次進入外迴圈內，將內迴圈敘述區段的敘述再執行一次，如此反覆執行到超出範圍才離開外迴圈。使用巢狀迴圈時，區段的敘述要互相對應，迴圈彼此之間是不允許相互交錯，所以編寫同階層的敘述要使用相同長度的縮排，以提高程式的可讀性。

　　巢狀迴圈可以使用 For…Next 迴圈或 Do…Loop 迴圈來組成，在程式實作時，可依據實際條件，挑選最合適的迴圈敘述。只是每一階層的迴圈都必須使用自己的計數變數，不可以重複使用。

🔽 **範例**：5-3 巢狀迴圈.xlsm

　　用兩個 For…Next 迴圈組成巢狀迴圈。設計當點按 執行 按鈕時，可以在工作表逐列顯示由 1 個至 6 個的星號。

執行結果

	A	B	C	D	E	F	G
1	*						
2	*	*					
3	*	*	*			執行	
4	*	*	*	*			
5	*	*	*	*	*		
6	*	*	*	*	*	*	

BtnRun

上機操作

Step 01 新增活頁簿，在工作表中建立 [執行] 按鈕控制項。

Step 02 撰寫程式碼

```
01 Private Sub BtnRun_Click()
02     Dim r As Integer
03     Dim c As Integer
04     For r = 1 To 6
05         For c = 1 To r
06             Cells(r, c).Value = "*"
07         Next
08     Next
09 End Sub
```

説明

1. 第 4~8 行：外迴圈的計數變數是 r，控制的是水平列，初值是 1，終值是 6，總共執行 6 次。

2. 第 5~7 行：內迴圈的計數變數是 c，控制的是垂直欄，初值是 1，終值是 r，會隨列數增多，而增加執行次數。

3. 第 6 行：Cells() 第一個參數指定的是列數，第二個參數指定的是欄數。
   例：Cells(5, 3)就是 C5 儲存格。

4. 流程圖

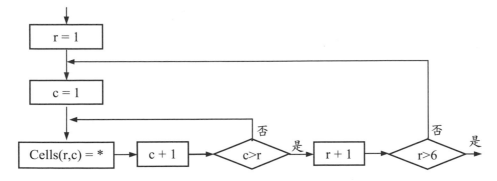

5.4 儲存格寫入公式和函數

Excel 有個很便利的功能，就是可以在儲存格中寫入公式和函數。如此一來就算是參考資料有所異動，工作表亦可即時試算出運算結果，呈現出最新、最正確的資訊。

在 VBA 環境中也可以將公式和函數填寫於儲存格中，而且可以利用變數及重複結構。其語法如下：

語法
> Range("儲存格").Value/Formula = "公式字串"

說明

1. 可以使用 Formula 或 Value 屬性。
2. 屬性值要將公式和函數改為字串資料型別。

【例 1】在 D2 儲存格寫入公式，公式 = (B2 儲存格 + C2 儲存格) / 2。

```
Range("D2").Value = "=(B2+C2)/2"
Range("D2").Formula = "=(B2+C2)/2"
```

【例 2】在 E2 儲存格寫入公式，使用 Average()函數計算儲存格範圍 A2:D2 的平均值。

```
Range("E2").Value = "=Average(A2:D2)"
Range("E2").Formula = "=Average(A2:D2)"
```

【例 3】在上兩例中，將列號使用變數取代。

```
Dim r As Integer
r = 2
Range("D" & r).Value = "=(B" & r & "+C" & r & ")/2"
Range("E" & r).Formula = "=Average(A" & r & ":D" & r & ")"
```

若列號使用變數取代，則配合重複結構就可以大量的寫入公式。

5.4.1 [R1C1]欄名列號表示法

若公式中的儲存格位置想要任意指定欄名和列號，就要改用 [R1C1]欄名列號表示法。這種表示法要使用儲存格的 FormulaR1C1 或 Value 屬性來指定公式或函數。[R1C1]欄名列號表示法是以 R 後面數字代表是儲存格所在的水平列號，C 後面數字代表第幾垂直欄(欄號)。例如：B3 儲存格就是以 R3C2 來表示，即為水平列第 3 列，垂直欄第 2 欄。

5.4.2 絕對參照

使用[R1C1]欄名列號表示法，如果明確指定欄名和列號，就稱為「絕對參照」。C1 儲存格為[R1C3]，在 Excel 中就會以C1 來表示。絕對參照使用於公式中固定不變的儲存格欄名或列號。

【例 1】在 C2 儲存格寫入 A2 儲存格乘於 B2 儲存格的公式。

(檔名: 5-4 絕對參照 1.xlsm)

```
01 Sub refer1()
02    Range("A2").Value = 10
03    Range("B2").Value = 5
04    Range("C2").FormulaR1C1 = "=R2C1*R2C2"
05 End Sub
```

結果 C2 儲存格顯示數值 50。

【例 2】在上例程式碼使用變數處理。(檔名: 5-4 絕對參照 2.xlsm)

```
01 Sub refer2()
02    Range("A2").Value = 10
03    Range("B2").Value = 5
04    '使用變數
05    Dim y As Integer, x As Integer
06    y = 2: x = 3
07    Cells(y, x).FormulaR1C1 = "=R" & y & "C" & x - 2 & _
                               "*R" & y & "C" & x - 1
08 End Sub
```

第 5~7 行是使用變數處理，其結果和【例 1】第 4 行相同。

5.4.3 混合參照

使用[R1C1]欄名列號表示法，如果只指定欄名或列號時，就稱為「混合參照」。若要指定同一列或同一欄的儲存格，使用混合參照的寫法較為簡潔。例如：B5 儲存格存入 B2 到 B4 儲存格範圍的數值總合，其寫法如下：

```
' B5 儲存格的公式 =SUM(B$2:B$4)
Range("B5").FormulaR1C1 = "=Sum(R2C:R4C)"
```

5.4.4 相對參照

使用[R1C1]欄名列號表示法，可以用位移值來指定儲存格，這樣的表示法就稱為「相對參照」。使用相對參照時位移值要用中括弧 [ ] 框住，相對參照是以目前儲存格所在為原點，R 的位移值為正表示向下移動、為負表示向上； C 的位移值為正表示向右、為負表示向左。例如：B5 儲存格存入 B2 到 B4 儲存格值的總合，其寫法如下：

```
' B5 儲存格的公式 =SUM(B2:B4)
Range("B5").FormulaR1C1 = "=Sum(R[-3]C:R[-1]C)"
```

🔽 **範例**：5-4 售價.xlsm

設計一個計算商品售價的試算表。點按 計算 鈕之後會從第二列開始檢查商品有無進價資料，若有資料就計算出商品的售價，售價計算方式為進價加上兩成，售價公式填在 C 欄。再計算含稅價，其計算方式為售價再加上 5% 的營業稅，若計算結果含小數點，則採四捨五入取整數部分，含稅金額的公式填在 D 欄。重複上述動作至無資料為止。

執行結果

	A	B	C	D	E	F
1	品名	進價	售價	含稅價		
2	香皂	30	36	38	計算	
3	洗衣精	50	60	63		
4	洗衣皂	20	24	25		
5	手洗精	45	54	57		

上機操作

| Step 01 | 新增活頁簿，在工作表中建立輸出入介面及 | 計算 | 按鈕控制項。

▲	A	B	C	D	E	F
1	品名	進價	售價	含稅價		
2	香皂	30				
3	洗衣精	50		計算		
4	洗衣皂	20				
5	手洗精	45				

→ BtnCalcul

| Step 02 | 撰寫程式碼

```
01 Private Sub BtnCalcul_Click()
02     Dim r As Integer
03     r = 2                                    '由第 2 列開始
04     Do While Cells(r, 1) <> ""               '品名欄無資料就結束迴圈
05         Cells(r, 3).Formula = "=B" & r & "*1.2"
06         Cells(r, 4).Formula = "=Round(C" & r & "*1.05,0)"  '結果四捨五入
07         r = r + 1                            '列號加 1，即指向下一列
08     Loop
09 End Sub
```

說明

1. 第 4~8 行：因在程式設計階段無法預測有多少筆資料，所以採用 Do … Loop 前測式迴圈。若品名欄位有資料，就在 C 欄填入計算售價的公式，在 D 欄填入計算含稅價的公式。

2. 第 5,6 行：若在儲存格寫入 Excel 公式及函數，公式可由變數、運算元以 & 運算子連接。

3. 第 4 行：因為是前測式迴圈，當測得儲存格內容是空白時，就會離開迴圈。

陣 列

　　「陣列」和「變數」一樣都是用來存放資料的，兩者之間最主要的差異就是，變數只能存放一筆資料，而陣列是多個變數的集合體可以連續儲存大量資料。舉例來說，假設要設計一個能處理 5 位同學計概成績的程式，若使用變數來存放計概成績，便需要逐一為這 5 個變數命名。其寫法如下：

```
Dim student1 As Integer, student2 As Integer
Dim student3 As Integer, student4 As Integer
Dim student5 As Integer
Dim iSum As Integer
student1 = 75: student2 = 95: student3 = 65
student4 = 82: student5 = 68
iSum = student1 + student2 + student3 + student4 + student5
```

　　由此可知，處理大量數據時，如果使用變數方式撰寫程式，不但要為變數命名傷腦筋，其變數的宣告及運算式皆占據大量篇幅，造成程式碼冗長且不易維護。

　　由於計概成績皆是整數資料型別，此時就可使用陣列來解決此問題。陣列是多個元素的集合，而一個元素相當於一個變數。陣列是程式語言中最常被使用的資料結構，陣列的名稱即代表所有陣列元素，要存取各別陣列元素時就用陣列名稱加上該元素的索引值，即可區別每一個陣列元素。換言之，若將多個同性質的變數改成陣列來放資料，可使得程式碼及運算式的撰寫更為簡潔，程式的可讀性和維護性都會提昇。

6.1 陣列的宣告及存取

6.1.1 陣列的宣告

陣列在使用之前必須先宣告,宣告的目的有三:

1. 設定陣列的名稱及該陣列所存放的資料屬於哪種資料型別。

2. 決定記憶體應配置多少連續位址給該陣列使用。

3. 該陣列存放多少個資料。

宣告陣列的語法如下:

> **語法**
>
> Dim 陣列名稱 (索引 1[, 索引 2[⋯]]) [As 資料型別]

說明

1. 陣列名稱必須依照變數命名規則來命名。

2. 索引(註標)代表陣列的「上界」,該引數為整數資料。如無特別設定時,陣列的「下界」預設為 0。

3. 只有一個索引的陣列,稱為「一維陣列」;有兩個索引的陣列,稱為「二維陣列」,以此類推。

4. 宣告陣列時,如果未以 As 指定陣列的資料型別,系統會預設為 Variant 自由資料型別,此時陣列元素允許存放不同資料型別的資料。

【簡例】宣告一個含有 5 個陣列元素 myAry(0) ~ myAry(4) 的整數陣列。

> Dim myAry(4) As Integer

myAry 陣列宣告時索引有一個,代表 myAry 陣列為一維陣列。因陣列設定上界為 4,而下界預設 0,所以 myAry 陣列元素依序為 myAry(0)、myAry(1)、myAry(2)、myAry(3)、myAry(4),共有 5 個。每一個陣列元素所存放的資料型別皆為整數。

在程式宣告區可以使用 Option Base 陳述式宣告陣列的下界，該陳述式可使用的引數只有 0 (預設值)和 1。當 Option Base 1 宣告時，陣列的下界就由 1 開始。

【簡例】宣告一個含有 5 個陣列元素 myAry(1) ~ myAry(5) 的整數陣列。

```
Option Base 1          ◀─────────────  宣告區
          :
          :
Dim myAry(5) As Integer
```

　　使用 To 子句，可以更靈活的來控制陣列的下界和上界，同時亦能明確指出陣列索引範圍，提高程式可讀性。

【簡例】宣告一個含有 5 個陣列元素 myAry(2) ~ myAry(6) 的整數陣列。

```
Dim myAry(2 To 6) As Integer
```

6.1.2 存取陣列的內容

　　陣列經宣告之後，編譯器會指定連續的記憶體空間供陣列使用，同時還會將每一個陣列元素填上預設的初值。數值陣列元素的初值為 0，字串陣列元素的初值是空字串，物件陣列元素的初值是 Nothing。

一、個別存取陣列元素的內容

　　陣列經過宣告之後，可以使用指定運算子「=」來存取陣列元素的內容。

【例 1】宣告一個名稱為 myAry 的字串陣列，並存取陣列元素內容。

```
Dim myAry(3) As String
myAry(0) = "基隆市": myAry(1) = "台北市"        '設定陣列元素內容
myAry(2) = "新北市": myAry(3) = "桃園市"
Range("B2").Value = myAry(0)                    '讀取陣列元素內容
```

【例 2】宣告一個名稱為 myVariant 的陣列，不指定資料型別，陣列元素分別儲存姓名、身高、體重及婚姻狀態。

```
Dim myVariant(3)
myVariant(0) = "張三": myVariant(1) = 183
myVariant(2) = 75.5: myVariant(3) = True
```

因為未使用 As 來宣告陣列的資料型別，此時 myVariant 陣列的資料屬於 Variant 自由型別，陣列元素可存放不同資料型別的資料。

二、使用 For … Next 迴圈存取陣列元素的內容

因為陣列的索引值可以使用整數的常值、變數或運算式。所以可以在迴圈內更換陣列索引值，來存取陣列元素的內容。

【簡例】宣告一個名稱為 myAry 的整數陣列，陣列下界為 1，上界為 10，以 For … Next 迴圈設定陣列元素內容為陣列索引值。

```
Dim myAry(1 To 10) As Integer
For i = 1 To 10
    myAry(i) = i
Next
```

以本例來說，若要擴充為 50 個陣列元素，只要將陣列上界及迴圈終值改成 50，其他程式碼皆無需更動。這是另一個使用陣列的好處，可以讓程式碼簡潔易讀，又可提高程式的維護性。

三、使用 For Each … Next 迴圈存取陣列元素的內容

有時候若是要對整個陣列從頭到尾巡覽一遍，此時使用 For Each … Next 迴圈來撰寫會比較簡潔。For Each … Next 迴圈和 For … Next 迴圈功能相似，兩者差異在於使用 For Each … Next 迴圈不用設定陣列索引的起始值及終值。執行 For Each … Next 迴圈時可逐一取出陣列元素，指定給「迭代變數」來進行運算，一直到所有陣列元素皆被指定過為止，才結束 For Each 迴圈，繼續執行 Next 之後的程式碼。其語法如下：

語法

```
For Each 迭代變數 In 陣列名稱
      敘述區段
      [Exit For]
Next
```

說明

1. 陣列名稱必須是已宣告且有指定元素內容的陣列。

2. 迭代變數的資料型別必須和陣列或集合的資料型別一致。

3. 若要提前結束迴圈，可在欲離開處使用 Exit For 敘述。

【簡例】從上例所建立的 myAry 整數陣列，使用 For Each … Next 迴圈將陣
列元素內容的數值進行累加，並將累加的結果存放在變數 iSum 中。
(檔名: 6-1 ForEach.xlsm)

```
Dim iSum As Integer
iSum = 0
For Each x In myAry
    iSum = iSum + x
Next
MsgBox iSum                    ' 顯示 55
```

6.1.3 動態陣列

程式設計時若不確定陣列的大小時，可以將陣列宣告為動態陣列
(Dynamic Array)。宣告動態陣列的語法如下：

語法

Dim 陣列名稱() [As 資料型別]

已經宣告的動態陣列，可再用 ReDim 敘述來指定陣列的大小。語法如下：

語法

ReDim [Preserve] 陣列名稱(索引 1[,索引 2[…]])

說明

1. ReDim 敘述不可改變原陣列的資料型別。

2. ReDim 敘述可以多次使用。當動態陣列的大小變動後，原先存放在陣列元
素的內容會被預設值取代。

3. 若要保留原陣列元素內容，用 ReDim 宣告時可以加上 Preserve 修飾詞。

4. ReDim 的陣列大小如果小於原陣列，原陣列超出的部分陣列元素會被清除；如果大於原陣列，則新增陣列元素內容會填入預設值。

【簡例】宣告一個動態陣列，資料型別為整數，陣列名稱為 newAry，然後再設定該陣列的上界為 8。

```
Dim newAry() As Integer
     :
ReDim newAry(8)
```

6.1.4 Erase 敘述

程式執行階段若陣列不再使用，可使用 Erase 敘述清空或釋放在記憶體中所占據的位址空間。語法如下：

語法

> Erase 陣列名稱 [, 陣列名稱...]

說明

1. 如果陣列是動態陣列，執行該敘述會釋放動態陣列占據的記憶體空間。
2. 如果陣列是固定陣列，執行該敘述會將陣列所有的元素內容改為預設值。

6.1.5 IsArray 函數

IsArray 函數可以判斷某一變數是否為陣列，假如傳回值為 True 表示是陣列 。否則，它會傳回 False 表示不是陣列。語法如下：

語法

> 傳回值 = IsArray (變數名稱)

【簡例】判斷變數 myAry 及 iT 是否是陣列。

```
Dim myAry(10) As Integer
Dim iT As Integer
Dim b1 As Boolean, b2 As Boolean
```

```
b1 = IsArray(newAry)          ' 傳回值為 TRUE
b2 = IsArray(iT)              ' 傳回值為 FALSE
```

範例：6-1 tapmc.xlsm

　　試設計一個統計本日青江菜到貨量的事件程序。程式要求：按 [執行] 鈕後會詢問今日供應商數量，再逐一輸入每一個供應商的青江菜到貨量，最後計算出總重量。如果供應商數量輸入負值，會要求重新執行一遍。

執行結果

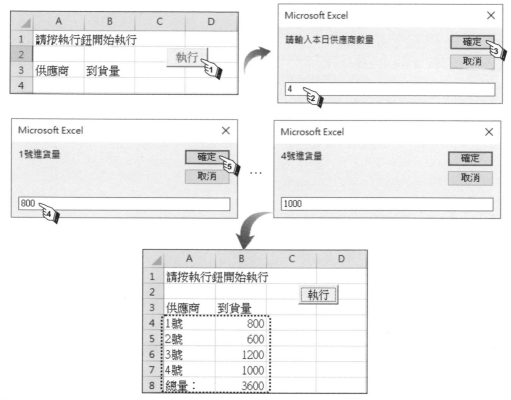

上機操作

Step 01　新增活頁簿，在工作表中建立如下表格及 [執行] 按鈕控制項。

6-7

Step 02 撰寫程式碼

```
01 Option Base 1                    '設定陣列下界為 1
02
03 Private Sub BtnRun_Click()
04     Dim num As Integer           '供應商數量
05     Dim income() As Integer      '青江菜到貨量
06     num = InputBox("請輸入本日供應商數量")
07     If num > 0 Then              '判斷輸入值是否大小 0
08         ReDim income(num)        '重新宣告陣列大小
09         For i = 1 To num
10             income(i) = InputBox(i & "號進貨量")
11             Cells(3 + i, 1) = i & "號"
12             Cells(3 + i, 2) = income(i)
13         Next
14         Dim iSum As Integer
15         iSum = 0
16         For i = 1 To num
17             iSum = iSum + income(i)
18         Next
19         Cells(num + 4, 1) = "總量："
20         Cells(num + 4, 2) = iSum
21     Else
22         MsgBox "請按<執行>鈕重新開始"
23     End If
24 End Sub
```

説明

1. 第 5 行：程式設計階段時無法預料 income 陣列的大小，所以將 income 陣列宣告成動態整數陣列。

2. 第 6 行：使用 InputBox 方法來顯示對話框，接受使用者輸入資料。

3. 第 9~13 行：使用 For ... Next 迴圈，依序接受 InputBox 方法輸入本日進貨量，儲存至 income 陣列元素中，並且顯示在工作表儲存格上。

4. 第 16~18 行：同樣以 For ... Next 迴圈，逐一讀取陣列元素內容，並且加總起來，求得本日到貨總量。

6.2 多維陣列

6.2.1 陣列的維度

宣告陣列時，如果只設定一個索引，則該陣列的維度為 1，稱之為「一維陣列」。如果設定兩個索引，則該陣列的維度為 2，稱之為「二維陣列」。二維陣列的使用相當廣泛，舉凡電影院的座位表、教室的課表，皆是將資料以二維陣列的方式來表示。以此類推，設定少個索引值，就是多少維陣列，多維陣列適合表現複雜的資料，例如全校各學年的班級期中考成績，全國各鄉鎮的預防針注射名冊等。

我們可以將「二維陣列」視為由列(Row)和行(Column)組合而成的資料清單(Data Table)，如下圖所示，代表某個公司北、中、南三個分公司每個營業處的銷售金額表，其中第 2 列第 3 行的資料「2300」，即為台中分公司第三營業處的業績。

	第一處	第二處	第三處	第四處	
台北分公司	1100	1200	1300	1400	← 第 1 列
台中分公司	2100	2200	**2300**	2400	← 第 2 列
高雄分公司	3100	3200	3300	3400	← 第 3 列
	↑ 第 1 行	↑ 第 2 行	↑ 第 3 行	↑ 第 4 行	

【簡例】上圖各分公司各營業處的資料，宣告使用 amt 二維陣列來存放。

```
Option Base 1
Dim amt(3,4) As Integer
```

使用 Option Base 1 設定陣列的索引值由 1 開始，宣告 amt 為二維整數陣列，因此它具有 3 * 4 = 12 個陣列元素。陣列元素的對應索引值如下圖所示：

	第一處	第二處	第三處	第四處
台北分公司	amt(1,1)	amt(1,2)	amt(1,3)	amt(1,4)
台中分公司	amt(2,1)	amt(2,2)	amt(2,3)	amt(2,4)
高雄分公司	amt(3,1)	amt(3,2)	amt(3,3)	amt(3,4)

其中陣列元素 amt(2, 3) 的內容表示台中分公司第三營業處的銷售金額，即 amt(2, 3) = 2300。

6.2.2 陣列的上界、下界

程式執行階段如果要取得陣列的上、下界值，可以用 LBound、UBound 函數。其語法如下：

語法
下界值 = LBound (陣列名稱 [, 維度])
上界值 = UBound (陣列名稱 [, 維度])

説明

1. 查詢時可指定要查詢的是哪一個維度，如果省略該參數，代表查詢的是第一維度。

【簡例】求 myAry 陣列的上、下界。

```
Dim myAry (10 , 3 To 6)
Cells(1, 1).Value = LBound(myAry, 2)        ' 輸出 3
Cells(2, 1).Value = UBound(myAry)           ' 輸出 10
```

⬇ **範例**：6-2 outlay.xlsm

下表是一年級各班三月到六月冷氣用電度數，請使用二維陣列宣告並設定元素值。再計算出各班的總用電量，然後以每度電 3.5 元計價，求出各班應繳納的電費，最後在 Excel 工作表中顯示。

	三月	四月	五月	六月
一班	12	22	86	122
二班	8	17	93	110
三班	20	25	90	102

執行結果

◢	A	B	C	D	E	F	G
1		三月	四月	五月	六月	總度數	電費
2	一班	12	22	86	122	242	847
3	二班	8	17	93	110	228	798
4	三班	20	25	90	102	237	829.5
5				統計			
6							

上機操作

Step 01 新增活頁簿，在工作表中建立如下表格及 [統計] 按鈕控制項。

◢	A	B	C	D	E	F	G
1		三月	四月	五月	六月	總度數	電費
2	一班	12	22	86	122		
3	二班	8	17	93	110		
4	三班	20	25	90	102		
5				統計			
6							

←——— BtnStatis

Step 02 撰寫程式碼

```
01 Private Sub BtnStatis_Click()
02     Dim ary(1 To 4, 1 To 5) As Variant
03     ary(1, 1) = "": ary(1, 2) = "三月": ary(1, 3) = "四月"
04     ary(1, 4) = "五月": ary(1, 5) = "六月"
05     ary(2, 1) = "一班": ary(2, 2) = 12: ary(2, 3) = 22
06     ary(2, 4) = 86: ary(2, 5) = 122
```

```
07    ary(3, 1) = "二班": ary(3, 2) = 8: ary(3, 3) = 17
08    ary(3, 4) = 93: ary(3, 5) = 110
09    ary(4, 1) = "三班": ary(4, 2) = 20: ary(4, 3) = 25
10    ary(4, 4) = 90: ary(4, 5) = 102
11    For i = 1 To UBound(ary, 1)
12        For j = 1 To UBound(ary, 2)
13            Cells(i, j).Value = ary(i, j)
14        Next
15    Next
16
17    Dim iSum As Integer
18    For i = 2 To UBound(ary, 1)
19        iSum = 0
20        For j = 2 To UBound(ary, 2)
21            iSum = iSum + Cells(i, j).Value
22        Next
23        Cells(i, 6).Value = iSum
24    Next
25
26    For i = 2 To UBound(ary, 1)
27        Cells(i, 7).Value = Cells(i, 6).Value * 3.5
28    Next
29 End Sub
```

説明

1. 第 2 行：因為儲存的資料有字串及整數，所以宣告陣列 ary 的資料型別為 Variant。

2. 第 11~15 行：使用 UBound(ary, 1)取得列數，UBound(ary, 2)取得欄數，配合 For … Next 巢狀迴圈，逐一將二維陣列的元素內容填入儲存格。

6.3 Array 函數

使用 Array 函數可以回傳一個資料型別為 Variant 的陣列，並同時指派陣列元素的初始值，其語法如下：

語法

> Array (引數串列)

說明

1. 因為資料型別是自由型別，所以引數可以包含任何資料型別，引數與引數之間用逗點作分隔。

2. 如未傳遞引數，則會建立一個長度為零的陣列。

一、以 Array 函數設定一維陣列

因為 Array 函數會回傳已填入初始值指定給陣列，所以利用 Array 函數會比逐一設定陣列元素內容來得簡易。Array 函數建立的是 Variant 的陣列元素內容，所以要宣告 Variant 自由型別的陣列來接收 Array 函數的回傳值。

【簡例】宣告一個 stuAry 陣列，設定姓名、計概和工程數學成績分數，指定給 stuAry 陣列。

```
Dim stuAry() As Variant
stuAry = Array("張三", 82, 65)
```

二、以 Array 函數設定多維陣列

Array 函數也可以用巢狀結構，為多維陣列設定元素內容，以二維陣列為例，即是在一個 Array 函數之中，置入若干個 Array 函數當作第二層陣列。

【例 1】宣告一個 stuAry 陣列，以 Array 函數設定成二維陣列的元素內容。

```
Dim stuAry() As Variant
stuAry = Array(Array("張三", 82, 65, 80), Array("李四", 72, 66, 75))
```

以此種方式建立的多維陣列，在使用時要採用「不規則陣列」(Jagged Array) 的存取方式來操作。不規則陣列將原本的 stuAry (0,0) 改為 stuAry(0)(0)；將 stuAry(2,4) 改成 stuAry(2)(4)。所以 atuAry 陣列內容分別為；stuAry(0)(0)="張三"、stuAry(0)(1)=82、stuAry(0)(2)=65、stuAry(0)(3)=80。stuAry(1)(0)="李四"、stuAry(1)(1)=72、stuAry(1)(2)=66、stuAry(1)(3)=75。

【例 2】 將上例 stuAry(1)(0) 元素內容的 "李四" 更改為 "王五"，並於儲存格
範圍 A3:D3 內顯示該陣列的元素內容。(檔名: 6-3 Array.xlsm)

```
stuAry(1)(0) = "王五"
For i = 0 To 3
        Cells(3, i + 1).value = stuAry(1)(i)
Next
```

結果

◢	A	B	C	D	E
1					
2					
3	王五	72	66	75	
4					

6.4 陣列與儲存格

一、陣列元素內容指定給儲存格

前面章節已經學習了使用迴圈，將陣列元素內容逐一指定給 Excel 工作
表的儲存格，但是有比利用迴圈更簡潔的寫法。就是使用 Range 物件的
FormulaArray 屬性，直接將陣列元素內容指定給儲存格範圍存放顯示。語法
如下：

> **語法**
>
> Range("儲存格範圍").FormulaArray = 陣列名稱

說明

1. 儲存格範圍必須與陣列的大小相等，也就是列數和欄數要和陣列的維度和
元素數量相等。

2. 如果陣列大小大於儲存格範圍，超出範圍的資料會被刪除。

3. 儲存格範圍大於陣列大小時，沒有對應陣列元素的儲存格會被填入「#N/A」
(無法使用的值)。

【例 1】宣告一個 myAry 陣列，並將陣列元素內容填入水平儲存格。

(檔名: 6-4 FormulaArray1.xlsm)

```
Dim myAry(1) As Integer
myAry(0) = 10: myAry(1) = 20
Range("A1:C1").FormulaArray = myAry
```

結果

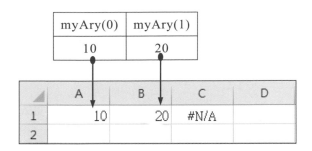

【例 2】宣告一個 myAry 陣列，並將陣列元素內容填入垂直儲存格。

(檔名: 6-4 FormulaArray2.xlsm)

```
Dim myAry(3, 0) As Integer
myAry(0, 0) = 10: myAry(1, 0) = 20: myAry(2, 0) = 30: myAry(3, 0) = 40
Range("A1:A4").FormulaArray = myAry
```

要將陣列資料指定給垂直儲存格範圍，可以如上述的寫法，以二維陣列
完成。或者利用 Excel 的 Transpose 函數將陣列由水平轉成垂直，再指
定給儲存格。寫法如下：(檔名: 6-4 Transpose.xlsm)

```
Dim myAry(3) As Integer
myAry(0) = 10: myAry(1) = 20: myAry(2) = 30: myAry(3) = 40
Range("A1:A4").FormulaArray = WorksheetFunction.Transpose(myAry)
```

結果

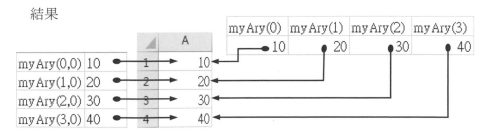

二、儲存格資料指定給二維陣列

儲存格範圍內的資料，亦可設定為陣列的元素內容。語法如下：

語法

> Dim 動態陣列名稱() As Variant
>
> 動態陣列名稱 = Range("儲存格範圍").Value

說明

1. 動態陣列的資料型別要宣告成 Variant 自由型別。

2. 該陣列的下界為 1。

3. 即使是只讀取 1 欄或 1 列的儲存格資料，該陣列依然是二維陣列。

【例 1】宣告一個動態陣列 menu，之後將 A1:B3 儲存格範圍的資料指定給該陣列。

> Dim menu() As Variant
>
> menu = Range("A1:B3").Value

結果

【例 2】宣告一個動態陣列 menu，之後將 A1:C1 儲存格範圍的資料指定給該陣列。

> Dim menu() As Variant
>
> menu = Range("A1:C1").Value

注意！儲存格 B1 所對應的陣列是 menu(1, 2)，而不是 menu(2)。

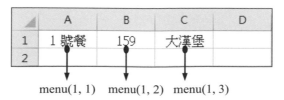

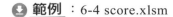

範例：6-4 score.xlsm

三個學生的國文、英文、數學成績被分別建立在工作表三個儲存格範圍。當點
按 整合 按鈕物件之後，將這三筆資料整合到儲存格範圍 "A1:D4" 之中，
並在 E 欄的儲存格分別統計出每一位同學的三科成績的總分。

執行結果

	A	B	C	D	E	F	G
1		國文	英文	數學	總分		
2	1號	86	52	71	209		整合
3	2號	85	77	79	241		
4	3號	88	91	50	229		

上機操作

Step 01　新增活頁簿，在工作表中建立三個學生的國文、英文、數學成績表
格及 整合 按鈕控制項。

	A	B	C	D	E	F	G
1		國文	英文	數學			
2	1號	86	52	71		整合	
3							
4							
5							
6		2號				國文	英文	數學
7	國文	85			3號	88	91	50
8	英文	77					
9	數學	79					

Step 02　撰寫程式碼

```
01  Private Sub BtnInteg_Click()
02      Dim ary1() As Variant
03      Dim sum(1 To 3) As Integer
04
05      ary1 = Range("A6:B9").Value
06      For i = 1 To 4
07          Cells(3, i) = ary1(i, 2)
08      Next
09
10      ary1 = Range("D7:G7").Value
```

```
11      For i = 1 To 4
12          Cells(4, i) = ary1(1, i)
13      Next
14
15      Range("E1").Value = "總分"
16      ary1 = Range("B2:D4").Value
17      For i = 1 To 3
18          For j = 1 To 3
19              sum(i) = sum(i) + ary1(i, j)
20          Next
21      Next
22
23      Range("E2:E4").FormulaArray = WorksheetFunction.Transpose(sum)
24  End Sub
```

説明

1. 第 2~3 行：建立一個動態陣列來存放儲存格資料，以及一個擁有 3 個陣列元素的整數陣列來存放學生成績的總分。

2. 第 5~8 行：將第二個儲存格範圍 "A6:B9" 的內容指定給動態陣列 ary1，再用迴圈依序將陣列元素填入儲存格 "A3:D3"。

3. 第 10~13 行：將第三個儲存格範圍 "D7:G7"，依序填入儲存格 "A4:D4" 位置。

4. 第 16~21 行：將儲存格範圍 "B2:D4" 的內容指定給動態陣列 ary1，再用巢狀迴圈計算每位同學的總分成績，並儲存於 sum 陣列中。

5. 使用 Transpose 函數將 sum 陣列轉成垂直，然後指定給儲存格範圍 "E2:E4"。

6.5 字串陣列函數

6.5.1 Filter 字串搜尋函數

　　若要從字串陣列元素中找到指定的字串，可以使用 Filter 函數。Filter 函數可以在一維字串陣列中，找出含有指定字串的陣列元素。使用之前要先宣告一個字串動態陣列，該陣列是用來接受 Filter 函數所傳回結果；如果搜尋結果是無相符的陣列元素時，傳回值會是空陣列。其語法如下：

> **語法**
>
> 目的陣列 = Filter (來源陣列, 查詢字串 [, 含/不含 [, 搜尋模式]])

說明

1. 來源陣列：字串陣列名稱，為被搜尋的資料來源。

2. 目的陣列：動態陣列名稱，資料型別是字串，存放 Filter 函數所傳回的搜尋結果。

3. 查詢字串：要搜尋的字串。

4. 含/不含：可省略引數。搜尋字串與搜尋來源的關係是包含或是排除。預設值是 True，表示傳回含搜尋字串的陣列元素；反之若設為 False，表示傳回不含搜尋字串的陣列元素。

5. 搜尋模式：可省略引數。字串搜尋的模式。

   ① vbBinaryCompare(Value=0)：預設值，搜尋時大小寫英文字母會視為不同字元。

   ② vbTextCompare(Value=1)：搜尋時以文字方式進行，不會區分英文字母大小寫的差異。

【簡例】字串搜尋示範。

```
01  Dim sourceAry() As Variant
02  objAry = Split("The early bird catches the worm")
03  sourceAry = Array("Better", "bend", "than", "break.")
04  objAry = Filter(sourceAry, "be", True, vbTextCompare)
05  objAry = Filter(sourceAry, "Be", False)
```

第 4 行：搜尋的條件是查詢包含字串 "be" 的陣列元素、大小寫字母視為同一字元；搜尋結果為 "Better"、"bend"。

第 5 行：搜尋的條件是查詢不包含字串 "Be" 的陣列元素，搜尋模式採用預設值，大小寫字母視為不同的字元；搜尋結果為 "bend"、"than"、"break."。

6.5.2 Split 字串分割函數

有一種檔案格式經常被用來作為不同程式之間的資料互動。最常見的是 CSV 檔，CSV 檔是純文字檔，只可以包含數字和字母，每段資料以逗號分隔。在 Excel VBA 環境中，可以利用 Split 函數來處理此類資料格式。語法如下：

> **語法**
>
> 目的陣列 = Split (字串 [, 間隔字元])

說明

1. 目的陣列：動態陣列名稱，資料型別是字串，存放 Split 函數所傳回的結果。
2. 字串：為待分割的字串。
3. 間隔字元：用來分割字串的識別字元，省略時預設為空白字元。

【簡例】字串分割示範。

```
01  Dim objAry() As String
02  objAry = Split("The early bird catches the worm")
03  objAry = Split("135.35,135.4,134,134.2,6617", ",")
```

第 2 行：省略間隔字元，使用預設值空白字元當間隔字元。Split 函數執行結果為 "The"、"early"、"bird"、"catches"、"the"、"worm"。

第 3 行：設定間隔字元為「,」逗號。Split 函數執行結果為 "135.35"、"135.4"、"134"、"134.2"、"6617"。

6.5.3 Join 字串連結函數

這是和 Split 相反的函數，Join 函數可以將字串陣列元素，用間隔字元連結成一個字串。語法如下：

> **語法**
>
> 字串變數 = Join (來源陣列 [, 間隔字元])

說明

1. 字串變數：接收 Join 函數所傳回的結果。

2. 字串：為待分割的字串。

3. 間隔字元：每個陣列元素之間的間隔字元，省略時預設的間隔字元為空白字元。

【簡例】字串連結示範。

```
01  Dim sourceAry As Variant
02  sourceAry = Array("Time", "is", "money.")
03  MsgBox (Join(sourceAry))
04  MsgBox (Join(sourceAry, "$"))
```

第 3 行：省略間隔字元，使用預設值空白字元當間隔字元。Join 函數執行結果為 "Time is money."。

第 4 行：設定間隔字元為「$」錢字符號。Join 函數執行結果為 "Time$is$money."。

📥 **範例**：6-5 price.xlsm

某超市舉辦年中慶，自家牌商品依建議售價打八折，其他品牌則打 95 折，請按照下表建立資料，並於儲存格填入售價公式，最後在 Excel 工作表中顯示。

品名	礦泉水	礦泉水	氣泡水	氣泡水
品牌	自家牌	一流牌	二流牌	自家牌
建議售價	50	45	30	80

執行結果

	A	B	C	D	E	F
1	品名	品牌	建議售價	售價		
2	礦泉水	自家牌	50	40		
3	礦泉水	一流牌	45	42.75	售價	
4	氣泡水	二流牌	30	28.5		
5	氣泡水	自家牌	80	64		

上機操作

Step 01 新增活頁簿，在工作表中建立輸出入介面及 售價 按鈕控制項。

	A	B	C	D	E	F
1	品名	品牌	建議售價	售價		
2	礦泉水	自家牌	50			
3	礦泉水	一流牌	45			
4	氣泡水	二流牌	30			
5	氣泡水	自家牌	80		售價 ← —— BtnPrice	

Step 02 撰寫程式碼

```
01 Private Sub BtnPrice_Click()
02     Dim data() As Variant
03     data = Range("A1:D5").Value
04     For i = 2 To UBound(data, 1)
05         If data(i, 2) = "自家牌" Then
06             data(i, 4) = data(i, 3) * 0.8
07         Else
08             data(i, 4) = data(i, 3) * 0.95
09         End If
10     Next
11     Range("A1:D5").FormulaArray = data
12 End Sub
```

說明

1. 第 2~3 行：先將儲存格範圍的資料指定給動態陣列 data。

2. 第 4~11 行：陣列元素值經運算後再填回相同儲存格範圍，這種方法寫法較簡易，效率也會高於逐一修改儲存格資料。

3. 第 4~10 行：使用 For ... Next 迴圈逐一檢查陣列元素內容，因為第一列是標題，所以初值為 2，終值由 UBound 函數取得。如果 data(i, 2)內容是 "自家牌"，就把 data(i, 3)乘上 0.8，計算結果存入 data(i, 4)。反之若 data(i, 2)並不是 "自家牌"，就把 data(i, 3)乘上 0.95，計算結果存入 data(i, 4)。

副程式

VBA 中的「副程式」主要可分為內建函數(Built-in Function)和程序(Procedure)。依照其特性，可細分為如下圖所示。

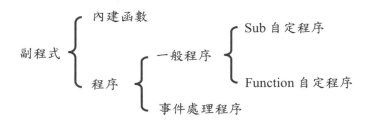

VBA 所提供的內建函數，有許多常用的副程式，可直接呼叫使用。所以，當程式中需要某一特定功能時，可先搜尋內建函數中有無此功能的函數，若沒有才自行撰寫為一般程序。(有關內建函數，請參閱附錄 A)

在 VBA 中程序可分為「一般程序」及「事件處理程序」。在前面的範例中，在工作表中建立 ActiveX 按鈕控制項，並且在該按鈕的 Click()事件內撰寫程式碼，這就是事件處理程序。事件處理程序的目的是處理來自使用者、程式碼或系統所觸發的事件，而事件處理程序內的程式碼，則視程式需求而寫入。

「一般程序」是程式設計者應程式的需求，自行定義和編寫的程式區段，也可以稱之為「使用者自定程序」。一般程序可以分成 Function 自定程序 (簡稱 Function 程序)和 Sub 自定程序(簡稱 Sub 程序)。兩者間的差異在 Function 程序本身會傳回值，而 Sub 程序本身無法回傳傳回值，只能透過引數採參考呼叫方式傳回值。在 Excel 中利用錄製巨集功能所錄製的巨集，都是 Sub 程序。一般程序具有下列特性：

1. 模組是撰寫程序的位置，一個模組可包含多個程序。

2. 程序不能單獨執行，必須被呼叫之後才能執行。

3. 程序可以被重複呼叫。

4. 同一個模組、工作表之中，程序擁有專屬的名稱，不能有兩個相同名稱的副程式。

7.1 模組的宣告

模組的最開頭部分是宣告區域，模組之內常用的宣告有全域變數的宣告和 Option 宣告，雖然只要不是在程序之內的範圍，皆可當成宣告區域。因為宣告有效範圍是自宣告位置以下的區域才有效，基於這個理由，再加上若以區塊來劃分可方便管理，所以習慣上將這些宣告撰寫於模組開頭處。

7.1.1 Option 宣告

Option 宣告共有四種，以下將分明說明：

1. Option Base 陳述式：在第六章已經學習過，其引數只有 0 和 1 兩種，是宣告陣列下界是由多少開始的陳述式。

2. Option Explicit 陳述式：必需明確宣告該模組中的所有變數。若宣告此陳述式，會關閉變數自動宣告功能。變數使用之前一定要先宣告，否則會出現錯誤訊息。

3. Option Compare 陳述式：宣告以何種方式進行字串比較。可使用的引數有 Binary(預設值)、Text 及 Database。
   Binary 是以二進制比較，大小寫字母會視為不同字元。Text 是以文字方式比較，大小寫字母會視為同一字元。至於 Database 僅能在 Microsoft Access 內使用。

4. Option Private Module 陳述式：宣告模組為私人模組。

7.1.2 全域變數

在程序之內宣告的變數是區域變數，反之，在程序外宣告的變數是屬於模組變數，只要是同一模組的程序都可以存取使用。一個大型專案可能擁有多個模組，這些模組之間的模組變數，除非有特別指定，否則基本上是各自獨立的，即便是兩個模組皆有同名的模組變數，也不會相互干擾。

若有不同模組會使用到同一個變數，則該變數宣告時須指定為「活頁簿變數」。該變數的有效範圍是整個活頁簿，活頁簿中所有模組(一般模組或工作表模組)的程序中都可以使用該變數，因此該變數又被稱為「全域變數」。若要指定全域變數可以通用於其他模組之中，可以在宣告變數之前加上「Public」。要特別注意是 Public 必須在一般模組(Module)中宣告，若在工作表模組中宣告，則變數範圍僅在工作表內。全域變數宣告的語法如下：

語法

> Public 變數名稱 As 資料型別

7.1.3 自訂資料型別

自訂資料型別是將有相關連但是資料型別不同的變數，集合在一個結構底下，並且為這個結構賦與一個新的資料型別名稱。例如：製作一份學員名冊，每一個學員的個人資料就是一筆記錄，其中會包含姓名、座號、生日等元素，就可用自訂資料型別將這三個元素包裹在一筆記錄之中。其語法如下：

語法

> Type 資料型別名稱
> 　　變數名稱 As 資料型別
> 　　變數名稱 As 資料型別
> 　　　:
> End Type

範例：7-1 自訂資料型別.xlsm

設計一個將儲存格資料存入使用者自訂資料型別的程式。程式要求：先
建立一個自訂資料型別，元素名稱及資料型別請參考下表，再以此資料
型別宣告成全域變數。按 自訂型別 按鈕之後會逐一自儲存格取得資料
再存入相對應的元素，最後輸出變數內元素內容。

	姓名	座號	體重
變數名稱	name	no	weight
資料型別	String	Integer	Double

執行結果

上機操作

Step 01　新增活頁簿，在工作表中建立如下表格及 自訂型別 按鈕控制項。

▲	A	B	C	D	E
1	姓名	座號	體重		
2	張三	1	64.3	自訂型別	← BtnType
3					

Step 02　編輯「Module1」程式碼，宣告自訂資料型別的全域變數。

① 在 VBA 編輯視窗中，執行功能表 [插入 / 模組] 指令新增
「模組」資料夾，並建立一個「Module1」模組。

② 在 Module1 模組的宣告區，先建立自訂資料型別 stuDataType，再
用 Public 宣告 leo 為 stuDataType 資料型別的變數。由於 leo 被宣告
為全域變數，該變數有效範圍為整個活頁簿的一般程序及事件程序。

③ 程式碼如下：

【 Module1 程式碼 】

```
01 Option Explicit
02
03 Type stuDataType
04     name As String
05     no As Integer
06     weight As Double
07 End Type
08
09 Public leo As stuDataType
```

説明

1. 第 1 行：用 Option Explicit 敘述強制變數使用前要先宣告。

2. 第 3~7 行：使用 Type … End Type 建立 stuDataType 自訂資料型別。該型別的結構元素中含有 name 整數變數、no 整數變數、weight 浮點數變數。

3. 第 9 行：宣告 leo 變數為全域變數，該變數屬 stuDataType 自訂資料型別。

Step 03　編輯「工作表 1」的 BtnType_Click() 事件程序

【 工作表 1 程式碼 】

```
01 Private Sub BtnType_Click()
02     leo.name = Range("A2").Value
03     leo.no = Range("B2").Value
04     leo.weight = Range("C2").Value
05     MsgBox (leo.name & " 的體重為 " & leo.weight)
06 End Sub
```

説明

1. leo 變數使用 Module1 所建立 stuDataType 自訂資料型別。該型別的結構元素中含有 name 整數變數、no 整數變數、weight 浮點數變數。

2. 第 2~4 行：儲存 leo 變數時，要在變數名稱後面使用逗點連接元素名稱。

3. 第 5 行：讀取 leo 變數時，同樣要在變數名稱後面使用逗點連接元素名稱。

7.2 Function 程序

7.2.1 定義 Function 程序

Function 程序也可以稱為「函數程序」或是「自訂程序」，是由程式設計者依照程式需求自行定義的副程式。Function 程序的主要功能是進行運算，並且在執行完畢之後會回傳運算結果。

Function 程序是以 Function 開頭，以 End Function 結束的程式區段。Function 程序在被呼叫之前必須先行定義，才可以在之後的程式碼中被呼叫使用。定義 Function 程序時要為該程序命名，名稱除了要盡量表達出該程序的目的，還不得與 VBA 物件、內建函數及其他自訂程序同名。此外還要宣告傳入和傳回資料的資料型別。其語法如下：

語法

[Public | Private] [Static] Function 程序名稱 ([引數串列]) As 資料型別
    敘述區段
    [Exit Function]
    程序名稱 = 運算式
End Function

說明

1. 程序名稱的命名必須依照識別字命名規則。

2. 若未指定關鍵字 Public 或 Private，則預設為 Public，表示此函數程序宣告為公有程序，存取上沒有限制；若是 Private 表此函數程序宣告為私有程序，只能在該模組內使用。

3. 若指定關鍵字 Static，就是「將所有區域變數設定為靜態變數」。如果未指定 Static 關鍵字，程序內的變數只存在於被呼叫的當下，所以每次都會先還原成預設值再使用。反之，若指定 Static 關鍵字的情況是，區域變數在首次執行時是預設值，之後該變數及內容值會被保留到整個專案結束，換言之，程序再次執行時，變數的內容值是前一次執行後的值。

4. 引數串列是傳入 Function 程序內使用的資料。

5. As 資料型別：設定 Function 程序執行完畢後，傳回值的資料型別。若省略 As 子句，預設該程序的傳回值為 Object 物件資料型別。

6. 若欲中途離開 Function 程序，可使用 Exit Function 敘述，使程式流程會返回原呼叫處。

7. Function 程序以指定敘述「＝」將結果傳回給原呼叫處的變數。

7.2.2 引數串列

　　引數串列的個數可依照程式的需求，零個或一個(含)以上。引數串列前後被小括弧 ( ) 所包圍，若無需引數則小括弧 ( ) 內是空白。反之，若有多個引數時，引數與引數之間使用逗號隔開。引數可以是變數、常數、陣列、物件 ... 等資料型別。其語法如下：

語法

　　(ByVal | ByRef　變數 As type[, Optional 變數 As type [= 常值]])

說明

1. 引數前加上 ByVal 關鍵字是為「傳值呼叫」，也就是所傳入的引數資料在程序內執行後不會再傳回。為最常使用的引數傳遞方式。

2. 引數前加上 ByRef 關鍵字或是省略關鍵字，表示引數傳遞方式是「參考呼叫」。其所傳入的引數資料在程序內執行後，會將結果透過該引數再傳回。

3. type：引數的資料型別。

4. 加上 Optional 關鍵字，表示引數被指定為選擇性引數，此時程序被呼叫時若未指定引數時，程序會以等號之後的常值帶入程序之中。此種引數傳遞方式在特殊情況才會用到。

【簡例】定義一個兩整數相加的 add 自定 Function 程序。

```
Function add (ByVal n1 As Integer, ByVal n2 As Single) As Integer
    add = n1 + n2
End Function
```

7.2.3 呼叫 Function 程序

呼叫 Function 程序的敘述，語法如下：

語法

變數 | 儲存格 = Function 程序名稱([引數串列])　　'接收傳回值

Function 程序名稱 [引數串列]　　　　　　　　'不接收傳回值

`說明`

1. 若 Function 程序傳回值要指定給變數或儲存格，引數串列必須被包圍在小括弧 ( ) 之內。如果不接收 Function 程序傳回值，不須使用小括弧 ( ) 包圍引數串列。

2. 接在呼叫程序名稱後面的引數串列稱為「實引數」，而先前定義 Function 程序名稱後面所接的引數串列稱為「虛引數」，兩者是有所區隔的。

3. 呼叫 Function 程序的實引數可以是常值、變數、運算式、陣列、物件...等資料型別。而定義被呼叫 Function 程序的虛引數不可以為常值或運算式。

4. 呼叫 Function 程序敘述與被呼叫 Function 程序兩者的名稱必須相同，引數個數及資料型別兩者也必須相同，但是兩者所對應的引數名稱可以不相同。

【簡例】在事件程序中呼叫上例所定義的 add 自定 Function 程序，將傳回值指定給儲存格 "A1" 顯示。(檔名: 7-2 Function.xlsm)

```
Private Sub CommandButton1_Click()
    Dim x As Integer
    x = 12
    Range("A1").Value = add(x, 8)          '呼叫 add 自定 Function 程序
End Sub
```

7.2.4 儲存格插入 Function 程序

撰寫好的 Function 程序，可以當成函數在儲存格中使用。以下圖工作表為例，要在 C2 儲存格使用上例定義的 add 自定 Function 程序。其步驟如下：

1. 首先點選要插入自定 Function 程序的儲存格，如 C2 儲存格。

2. 按資料編輯列的 $\boxed{fx}$ 插入函數圖示鈕，會開啟「插入函數」對話方塊。

3. 在對話方塊中點選「使用者定義」的類別，在「選取函數」的清單中選取自定程序，最後按下 $\boxed{確定}$ 鈕。

4. 在開啟「函數引數」對話方塊中設定函數的引數值來源，設定後按下 $\boxed{確定}$ 鈕就完成自定程序的引用。

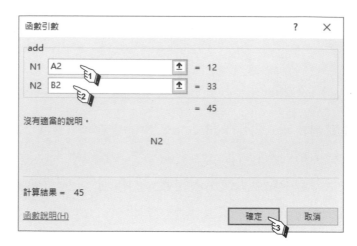

工作表的結果如下圖：

	A	B	C	D	E
1	第一個數	第二個數	兩數和		
2	12	33	45		

C2 | =add(A2,B2)

範例：7-2 插入程序.xlsm

定義一個名稱為 myRnd 的 Function 程序。程序功能：傳入兩個整數，傳回值為介於這兩數之間的亂數。

提示：產生 min ～ max 範圍內整數的亂數值，寫法如下。

```
Fix((max - min + 1) * Math.Rnd()) + min
```

執行結果

	A	B	C	D	E	F
1		最小數	最大數	亂數	取亂數	
2		45	99	90		

上機操作

Step 01 新增活頁簿，在工作表中建立如下表格及 取亂數 按鈕控制項。

	A	B	C	D	E	F
1		最小數	最大數	亂數	取亂數	
2		45	99			

← BtnRnd

Step 02 編輯「Module1」程式碼，定義 myRnd 自訂 Function 程序。

【 Module1 程式碼 】

```
01 Public Function myRnd(ByVal x As Integer, ByVal y As Integer) As Integer
02     myRnd = Fix((y - x + 1) * Math.Rnd()) + x
03 End Function
```

說明

1. 第 1~3 行：定義名稱為 myRnd 的 Function 程序，引數有兩個分別是最小值 x 及最大值 y。傳回值是介於 x、y 兩數之間的整數亂數。

2. 第 2 行：使用了內建函數 Fix() 和數學函數 Math.Rnd()。其中 Fix(n) 函數是回傳 n 的整數部分，小數部分無條件捨去。 Math.Rnd() 函數會回傳 0~1 之間的隨機浮點數亂數。

Step 03 編輯「工作表 1」的 BtnRnd_Click() 事件程序

【 工作表 1 程式碼 】

```
01 Private Sub BtnRnd_Click()
02     Range("D2").Value = myRnd(Range("B2").Value, Range("C2").Value)
03 End Sub
```

說明

1. 第 2 行：呼叫 myRnd 函數程序，函數程序的引數是 B2 及 C2 儲存格，傳回值則寫入 D2 儲存格中。

7.3 Sub 程序

7.3.1 定義 Sub 程序

Sub 程序與 Function 程序極為相似，都是由程式設計者依照程式需求，自行定義的副程式。兩者建立的方式和撰寫的規則也都一樣，最大的差異是

Function 程序有回傳資料，而 Sub 程序則無回傳資料。定義 Sub 程序的語法如下：

語法

    [Public | Private] [Static] Sub 程序名稱 ([引數串列])
       敘述區段
       [Exit Sub]
   End Function

說明

1. 關鍵字和陳述式和 Function 程序相同。

7.3.2 呼叫 Sub 程序

呼叫 Sub 程序的敘述的方式有兩種，其語法如下：

語法

    語法 1：程序名稱 [引數串列]
    語法 2：Call 程序名稱([引數串列])

說明

1. 語法 1 的寫法，引數串列前後不用加上小括弧 ( )。

範例 ：7-3 sub 程序.xlsm

在工作表的 B3 儲存格輸入密碼，按 | 比對 | 鈕之後呼叫 Sub 程序進行比對，比對時以不區分大小寫的方式,只要文數字相同就顯示「密碼正確」，如果不相符則顯示「密碼錯誤」。

執行結果

上機操作

Step 01　新增活頁簿，在工作表中建立如下表格及 「比對」 按鈕控制項。

Step 02　編輯「Module1」程式碼，定義 chkPW 自訂 Sub 程序。

【Module1 程式碼】

```
01 Sub chkPW(str As String)
02     Const pw = "aZbWrY"
03     If UCase(pw) = UCase(str) Then
04         MsgBox ("密碼正確!")
05     Else
06         MsgBox ("密碼錯誤!")
07     End If
08 End Sub
```

說明

1. 第 3 行：UCase() 函數是將傳入的字串中的英文字母全部轉換成大寫英文字母，而 LCase()函數則是將英文字母全部轉換成小寫。

2. 將兩個字串同時轉換成大寫或小寫，再進行比對，就是忽略大小寫的情況下比較字串的內容。

Step 03　編輯「工作表 1」的 BtnComp_Click() 事件程序

【工作表 1 程式碼】

```
01 Private Sub BtnComp_Click()
02     Call chkPW(Range("B3").Value)
03 End Sub
```

說明

1. 第 2 行：呼叫 chkPW() 程序，所傳入的實引數取自儲存格 B3 的內容。

7.4 傳值呼叫與參考呼叫

在 VBA 中當敘述呼叫 Sub 或 Function 程序時，允許呼叫敘述的實引數串列和 Sub 或 Function 程序內虛引數串列間做資料的傳遞，其傳遞機制依引數是否允許傳回值分為下列兩種方式：

1. 參考呼叫（Call By Reference）
2. 傳值呼叫（Call By Value）

7.4.1 參考呼叫

所謂的「參考呼叫」(或稱「傳址呼叫」)，就是呼叫程序的實引數與被呼叫程序的虛引數做資料傳遞時，兩者占用相同的記憶體位址。也就是說在做引數傳遞時，呼叫程序中的實引數是將自己本身的記憶體位址傳給被呼叫程序的虛引數，實引數和虛引數彼此共用同一位址的記憶體。因此，以參考呼叫傳遞引數的好處就是「被呼叫程序」可以透過該引數將值傳回給原呼叫敘述的引數，導致引數的值被改變。程序若在參數之前加上 ByRef，即表示將此參數的傳遞方式採參考呼叫，未特別宣告時 VBA 預設為 ByRef。

因為 Sub 程序沒有傳回值，而 Function 程序也只能有一個傳回值，所以如果有一個以上的傳回值時，就得採用參考呼叫。使用參考呼叫是為了引數能有傳回值，所以提高了程式的效率。但是如果處理不當會產生不易除錯的情況，所以使用參考呼叫時應多加注意。

🔽 **範例**：7-4 CallByRef.xlsm

設計一個名稱為 swapVal 的 Sub 自定程序，採參考呼叫方式傳遞引數，在自訂程序中將兩數交換。

執行結果

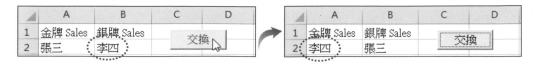

上機操作

Step 01　新增活頁簿，在工作表中建立如下表格及 ＿比對＿ 按鈕控制項。

◢	A	B	C	D
1	金牌 Sales	銀牌 Sales		
2	張三	李四	交換	

—— BtnSwap

Step 02　編輯程式碼。

【 工作表 1 程式碼 】

```
01 Private Sub BtnSwap_Click()
02     Dim per1 As String, per2 As String
03     per1 = Range("A2").Value
04     per2 = Range("B2").Value
05     Call swapVal(per1, per2)
06     Range("A2").Value = per1
07     Range("B2").Value = per2
08 End Sub
```

【 Module1 程式碼 】

```
09 Public Sub swapVal(ByRef s1 As String, ByRef s2 As String)
10     Dim temp As String
11     temp = s1
12     s1 = s2
13     s2 = temp
14 End Sub
```

說明

1. 第 3~4 行：設定 per1 和 per2 字串變數值分別為 A2、B2 儲存格內容，而已建立在工作表上的 A2 儲存格內容為 "張三"、B2 儲存格內容為"李四"。

2. 第 5 行：呼叫 swapVal(per1, per2) 自定 Sub 程序，此時會跳至第 9 行執行，並將 per1 和 per2 實引數位址指定給虛引數 s1 和 s2，即 s1 和 per1 以及 s2 和 per2 共用相同記憶體位址。

變數	記憶體位址	內容	變數
per1	10000	"張三"	s1
per2	10004	"李四"	s2

3. 第 11~13 行：先將 s1 指定給 temp，再將 s2 指定給 s1，最後將 temp 指定給 s2，目的是進行 s1、s2 兩變數資料交換。其結果是 s1 = "李四"、s2 = "張三"。

變數	記憶體位址	內容	變數
per1	10000	"李四"	s1
per2	10004	"張三"	s2
	10008	"張三"	temp

4. 第 8 行：離開 swapVal(ByRef s1 As String, ByRef s2 As String) 自定程序，返回呼叫程式的第 6 行。

5. 第 6~7 行：此時被呼叫 swapVal(…) 自定程序的 s1、s2 和 temp 變數由記憶體釋放掉，剩下呼叫程式的 per1 和 per2 變數。

變數	記憶體位址	內容
n1	10000	"李四"
n2	10004	"張三"

6. 本範例為參考呼叫，第 5 行呼叫敘述的實引數與第 9 行被呼叫程序的虛引數之間，其資料傳遞情形如下：

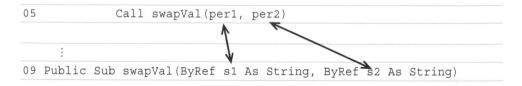

```
05                Call swapVal(per1, per2)

     :

09 Public Sub swapVal(ByRef s1 As String, ByRef s2 As String)
```

7.4.2 傳值呼叫

當在程式中呼叫 Sub 或 Function 自定程序做資料傳遞時，只要將實引數值傳給程序的虛引數，程序執行後不需將虛引數值回傳給原呼叫程式時，就要使用「傳值呼叫」。由於實引數和虛引數兩者占用不同的記憶體位址，程序內虛引數的值改變時，也不會影響原來實引數的值。在定義程序時，在引數前面加 ByVal，即表示該引數的傳遞方式為傳值呼叫。傳值呼叫最大的好處，就是變數會區隔不會相互影響。

⬇ **範例**：7-4 CallByVal.xlsm

寫一個名稱為 squareVal 的 Function 自定程序，可以傳回引數值的階乘值。例如：5 的階乘值為 5! = 5 * 4 * 3 * 2 * 1 = 120

執行結果

上機操作

▌Step 01　新增活頁簿，在工作表中建立如下表格及 ［階乘］ 按鈕控制項。

▌Step 02　編輯程式碼。

【工作表 1 程式碼】

```
01 Private Sub BtnFact_Click()
02     Dim num As Integer
03     num = Range("A2").Value
04     Range("B2").Value = fact(num)
05 End Sub
```

【Module1 程式碼】

```
06 Public Function fact(ByVal n As Integer)
07     Dim nFac As Integer
08     nFac = n
09     Do
10         nFac = nFac * (n - 1)
11         n = n - 1
12     Loop While n > 1
13     fact = nFac
14 End Function
```

說明

1. 第 3 行：設定 num 整數變數值為 A2 儲存格的內容，故 num 變數值為 5。

2. 第 4 行：呼叫 fact(num) 自定 Function 程序，此時會跳至第 6 行執行，並將 num 實引數值指定給虛引數 n。因虛引數 n 是用 ByVal 宣告，屬傳值呼叫，所以 num 和 n 兩變數分別占據不同記憶體位址。

變數	記憶體位址	內容
num	10000	5
n	10004	5

3. 第 9~12 行：使用迴圈計算 n 的階乘。在迴圈中用 nFac 記錄 6*5*4*3*2*1 的過程，當離開迴圈時，nFac 變數值會是 120，而 n 變數值會是 1。

變數	記憶體位址	內容
num	10000	5
n	10004	1
nFac	10008	120

4. 第 13 行：指定 fact 自定程序將 nFac 變數值傳回。

5. 第 14 行：離開 fact(ByVal n As Integer) 自定程序，返回呼叫程式的第 4 行。此時 n 和 nFac 變數由記憶體釋放只剩下 num 變數，因為是傳值呼叫所以 num 變數值維持不變。

變數	記憶體位址	內容
num	10000	7

6. 本範例為傳值呼叫，第 4 行呼叫敘述的實引數與第 6 行被呼叫程序的虛引數之間，其資料傳遞情形如下：

```
04      Range("B2").Value = fact(num)


06 Public Function fact(ByVal n As Integer)
```

7.5　程序傳遞陣列資料

　　假若程序中要傳遞陣列中的某一個元素，傳遞方式就和傳遞一般變數一樣，可以使用參考呼叫或是傳值呼叫。如果傳遞的是整個陣列，因為陣列名稱所指向的是記憶體的起始位址，所以程序引數的宣告一定要使用參考呼叫。

　　若要將整個陣列用引數的方式傳遞給程序，呼叫程序時，其實引數的陣列名稱後面不加 ( )。語法如下：

> **語法**
>
> 　　程序名稱 (陣列名稱)

　　而被呼叫的程序在定義時，其虛引數的陣列名稱後面則必須加上一對小括號 ( )。語法如下：

> **語法**
>
> 　　Sub 程序名稱 (ByRef 陣列名稱() As 資料型別)

⊙ 範例：7-5 陣列引數.xlsm

　　按 　執行　 鈕，將一個整數陣列的元素內容顯示在工作表 B3:F3 儲存格上，呼叫 ArySort 程序將陣列的元素內容由小到大排序，再將排序後的陣列元素內容顯示在 B5:F5 儲存格上。

執行結果

	A	B	C	D	E	F	G
1		執行					
2							
3	排序前	20	30	10	12	6	
4							
5	排序後	6	10	12	20	30	
6							

上機操作

Step 01 新增活頁簿，在工作表中建立如下表格及 | 執行 | 按鈕控制項。

Step 02 編輯程式碼。

【 工作表 1 程式碼 】

```
01 Option Base 1
02
03 Private Sub BtnRun_Click()
04     Dim ary(5) As Integer
05     ary(1) = 20: ary(2) = 30: ary(3) = 10
06     ary(4) = 12: ary(5) = 6
07     Range("B3:F3").FormulaArray = ary
08
09     Call ArySort(5, ary)
10     Range("B5:F5").FormulaArray = ary
11 End Sub
```

【 Module1 程式碼 】

```
12 Sub ArySort(ByVal n As Integer, ByRef list() As Integer)
13     Dim i As Integer, j As Integer, temp As Integer
14     For i = 2 To n
15         For j = 1 To n - 1
16             If list(j) > list(j + 1) Then
17                 temp = list(j)
18                 list(j) = list(j + 1)
19                 list(j + 1) = temp
20             End If
21         Next
22     Next
23 End Sub
```

説明

1. 第 4~6 行：宣告 ary 陣列，並指定陣列元素內容。

2. 第 7 行：將 ary 陣列元素內容填入 B3:F3 儲存格範圍。即使 B3:F3 儲存格顯示 ary 陣列排序前的原始元素內容，其中 B3～F3 儲存格內容依序為 20、30、10、12、6。

3. 第 9 行：呼叫 ArySort(5, ary) 自定程序，此時會跳至第 12 行執行，並將常值 5 傳給引數 n 變數(傳值呼叫)，表示傳遞的陣列元素個數有 5 個；將陣列 ary 傳給引數 list 陣列(參考呼叫)，當本程序執行完畢返回呼叫敘述時，list 陣列內容會回傳給 ary 陣列。

4. 第 13~22 行：進行 list 陣列元素的內容由小到大排序。

5. 第 16~20 行：list 陣列兩相鄰元素內容比較大小，若前者元素值大於後者元素值，則兩元素內容互換。

6. 第 23 行：離開被呼叫程序，返回原呼叫敘述。此時 list 陣列內容回傳給原呼叫敘述(第 9 行)的 ary 陣列。

7. 第 10 行：將 ary 陣列元素內容填入 B5:F5 儲存格範圍。即使 B5:F5 儲存格顯示 ary 陣列排序後的元素內容，依序為 6、10、12、20、30。

7.6 引用 Excel 工作表函數

　　雖然 VBA 已經提供許多的內建函數，但是 Excel 的工作表函數眾多而且功能強大，在 VBA 中可以透過 WorksheetFunction 物件來呼叫使用。其寫法如下：

> **語法**
>
> Application.WorksheetFunction.函數名稱(引數串列)

【例 1】計算 A1:D3 儲存格範圍的數值總和，再指定給 total 變數。

> total = Application.WorksheetFunction.Sum(Range("A1:D3"))

【例 2】計算 A1:D3 儲存格範圍的數值平均，再指定給 avg 變數。

> avg = Application.WorksheetFunction.Average(Range("A1:D3"))

【例 3】找出 A1:D3 儲存格範圍的數值最大值，再指定給 A5 儲存格顯示。

> Range("A5").Value = Application.WorksheetFunction.Max(Range("A1:D3"))

📥 **範例** ：7-6 WorksheetFunction.xlsm

在工作表的 B2:F2 儲存格儲存著考試成績，按 「執行」 鈕之後呼叫
Function 程序計算平均成績。

執行結果

	A	B	C	D	E	F
1	座號	1	2	3	4	5
2	成績	55	65	58	85	60
3	平均值：	64.6			執行	
4						

上機操作

Step 01 新增活頁簿，在工作表中建立如下表格及 「執行」 按鈕控制項。

	A	B	C	D	E	F
1	座號	1	2	3	4	5
2	成績	55	65	58	85	60
3	平均值：				執行	
4						

Step 02 編輯程式碼。

【 工作表 1 程式碼 】

```
01 Private Sub BtnRun_Click()
02     Dim myAry() As Variant
03     myAry = Range("B2:F2").Value
04     Range("B3") = testAvg(myAry)
05 End Sub
```

【 Module1 程式碼 】

```
06 Function testAvg(ByRef ary()) As Double
07     testAvg = Application.WorksheetFunction.Average(ary)
08 End Function
```

說明

1. 第 2,3 行：宣告一個資料型別為 Variant 的陣列 myAry()，再將 B2:F2 儲存格範圍的數值指定給陣列 myAry()。

2. 第 4 行：呼叫 testAvg(myAry) 自定 Function 程序，此時會跳至第 6 行執行。

3. 第 7 行：使用工作表函數 Application.WorksheetFunction.Average() 計算傳入程序的陣列元素內容的平均值。

4. 第 8 行：離開 testAvg(…) 自定 Function 程序，返回第 4 行，用 B3 儲存格顯示呼叫 testAvg(myAry) 自定 Function 程序的傳回值。

7.7　程序的匯入與匯出

7.7.1 匯出程序

撰寫好的程序，會儲存在附檔名為 xlsm 的啟用巨集的活頁簿之中，僅供該活頁簿才能使用。若要保存起來給其他活頁簿檔案使用，可以將模組匯出儲存成 bas 檔案，留待其他活頁簿檔案進行匯入使用。匯出程序的步驟如下：

1. 開啟含自訂程序的活頁簿檔案。

2. 切換到 VBA 程式編輯器。

3. 執行功能表 [檔案 / 匯出檔案] 指令，開啟「匯出檔案」對話方塊。

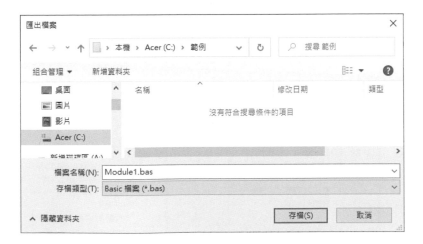

4. 檔案名稱會以模組名稱為預設值,在此可以更換一個有意義的檔名, 按 存檔(S) 鈕將程序存為 .bas 檔。

7.7.2 程序匯入

製作完成的程序,儲存為.bas 檔,再匯入在其他活頁簿檔案,可以縮短 程式開發時程。匯入的步驟如下:

1. 開啟待匯入自訂程序的活頁簿檔案。

2. 切換到 VBA 程式編輯器。

3. 執行功能表 [檔案 / 匯入檔案] 指令,開啟「匯入檔案」對話方塊。

4. 選取所需的.bas 檔。

5. 按開啟鈕執行匯入動作。此時可見專案總管中新增一模組資料夾。

6. 展開模組資料夾,可見模組名稱,雙按模組名稱,則可顯示所匯入的 程序內容。

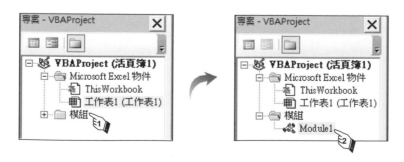

Range 物件介紹

_{CHAPTER}

08

8.1 物件簡介

8.1.1 物件簡介

　　真實世界中的人、事、物都可以抽象化為「物件」(object)，例如：貓、榕樹、牛肉麵、電腦、汽車 ... 等。物件導向程式設計(Object Priented Programming) 簡稱 OOP，就是模擬真實世界所發展出來的概念，適合用來發展大型的程式。程式中的物件是真實物品的抽象對應，所以物件會有「屬性」來描述物件的特性，例如：顏色、重量、尺寸 ... 等。物件也會有「方法」來執行特定的功能，例如：彈跳、發聲、加速 ... 等。另外物件具有可以識別的特性，以便和其他物件做區隔。特性類似的物件可以歸類成同一個「類別」(class)，而物件就是由類別所建立出來的「實體」(instance)。

　　物件導向程式中的物件具有封裝(encapsulation)、繼承(inheritance)和多型(polymorphism)的特性，可以改進程序導向程式所缺乏的程式資料安全性低、再利用性低和不易維護的缺失。

1. **封裝**：封裝就是將物件中的資料和方法加以保護，外界必須透過物件所提供的介面，或是執行物件的方法，才能存取物件中的資料，可以避免物件內的資料被外界不當存取。就像使用遙控器(介面)就能操作電視(物件)一樣，使用者不需要了解電視的構造，甚至拆解電視機就能使用。

2. **繼承**：利用現有的類別(父類別)可以建立新的類別(子類別)，子類別會擁有父類別所有的屬性和方法，就稱為「繼承」。子類別也可以新增專屬的屬性和方法，甚至覆寫父類別的屬性和方法，也是青出於藍勝於藍。因為物件具有繼承的特性，所以程式碼可以再使用，大大縮短程式開發的時間。

3. **多型**：多型就是透過單一的介面，就能用多元的方式來操作物件的屬性和方法，可以提高物件操作的便利性。

8.1.2 物件的成員

程式中的物件是真實物品的抽象對應，而物件具有「屬性」(property)、「方法」(method)和「事件」(event)等物件成員。

1. **屬性**：在物件數位抽象化的過程中，會將真實物件的各種特性用適當型別的資料來描述，這些資料就稱為物件的屬性。同一類別建立的各物件，因為擁有不同的屬性值，所以能夠分辨不同的物件特徵。物件都具有 Name(名稱)屬性且屬性值必須是唯一，才能在程式中用來識別物件。

2. **方法**：真實物件的各種功能 (行為)，會抽象化成為方法。方法也像前面介紹的副程式(程序)，在呼叫方法時可以傳遞相關的資料來指定動作。

3. **事件**：其實事件也是一種方法，只是事件是由物件本身、系統或其他物件來觸發執行。例如前面所使用的按鈕物件，在按鈕上按一下滑鼠左鍵時，就會觸動該按鈕物件的 Click 事件，可將使用者按下按鈕時所要處理的程式碼寫在該物件的 Click 事件程序中。

8.1.3 Excel 的物件

Excel VBA 程式基本上符合物件導向程式設計的精神，Excel 中常用的工作表、儲存格、按鈕 … 都是屬於物件。活頁簿中常用的物件有 Application (Excel 應用程式)、Workbook(活頁簿)、Worksheet(工作表)、Chart(圖表)、Window(視窗)、Range(儲存格)、ActiveX 控制項 … 等，將在後面章節中陸續說明。其中部分物件間有階層式的隸屬關係，例如 Range 隸屬於 Worksheet，Worksheet 隸屬於 Workbook，Workbook 又隸屬於 Application。

8.2 Range 物件與常用屬性

8.2.1 Range 物件簡介

在工作表(Worksheet)中有許多的儲存格,而 Range 物件就是儲存格物件,可以是單獨一個儲存格,也可以是多個儲存格組成的範圍。Excel 工作表水平列的最大值為 1,048,576,垂直欄的最大值為 XFD(=16,384)。Range 物件指定儲存格範圍的常用語法如下:

```
語法
    工作表.Range("儲存格")                          '單一儲存格
    工作表.Range("起始儲存格：終止儲存格")            '連續儲存格範圍
    工作表.Range("左上角儲存格", "右下角儲存格")      '連續儲存格範圍
    工作表.Range("儲存格1, 儲存格2 [, …] ")         '非連續儲存格範圍
```

若是指定目前作用工作表的儲存格時,語法中的工作表可以省略。指定 Range 儲存格物件時通常使用 [A1] 表示法,前面為欄是以字母表示,後面接著為列以數字表示,組合成一個字串。也可以使用左右方括號([ ])的簡短方式,例如 Range("A1") 可用 [A1] 表示。

【例 1】指定目前作用工作表的 B3 儲存格:

```
ActiveSheet.Range("B3")      ' 可簡寫為 [B3],ActiveSheet 可以省略
i = 3
Range("B" & i)               ' 可使用變數,省略 ActiveSheet
```

【例 2】指定目前作用工作表的 A1 到 C3 儲存格範圍:

```
Range("A1:C3")               ' 可簡寫為 [A1:C3]
Range(Range("A1"), Range("C3"))
Range("A1", "C3")
```

【例 3】指定目前作用工作表的 A1 儲存格到目前作用儲存格:

```
Range(Range("A1"), ActiveCell)
```

【例 4】指定「工作表 2」工作表的 A 欄：

```
Worksheets("工作表 2").Range("A:A")
```

【例 5】指定第一個工作表的 B 到 E 欄：

```
Worksheets(1).Range("B:E")        ' 可簡寫為 Worksheets(1).[B:E]
```

【例 6】指定成績.xlsx 活頁簿中「第 1 次」工作表的第 3 列：

```
Workbooks("成績.xlsx").Worksheets("第 1 次").Range("3:3")
```

【例 7】指定目前作用工作表的 A1 儲存格和第 2 到 4 列儲存格範圍：

```
Range("A1, 2:4")                ' 可簡寫為 [A1, 2:4]
```

【例 8】指定目前作用工作表的 A 欄和 C 到 E 欄：

```
Range("A:A, C:E")                ' 可簡寫為 [A:A, C:E]
```

【例 9】指定目前作用工作表第 1 到 2 列、第 4 列和第 6 到 8 列：

```
Range("1:2, 4:4, 6:8")           ' 可簡寫為 [1:2, 4:4, 6:8]
```

【例 10】指定目前作用工作表的 A1 儲存格、A3 到 A5 儲存格範圍、第 C 到
E 欄和第 6 列：

```
Range("A1, A3:A5, C:E, 6:6")     ' 可簡寫為 [A1, A3:A5, C:E, 6:6]
```

如果要在程式碼中宣告 Range 物件，可以使用如下的語法：

語法

```
Dim 儲存格物件名稱 As Range          ' 宣告 Range 物件
Set 儲存格物件名稱 = Range 物件        ' 指定 Range 物件值
```

【簡例】在程式中宣告一個儲存格物件 myRng，然後指定儲存格範圍為作用
工作表的 A 欄，其寫法如下：

```
Dim myRng As Range
Set myRng = ActiveSheet.Range("A:A")
```

工作表(Worksheet)的 Cells 屬性也可以指定儲存格,語法如下:

語法
工作表.Cells.Item(Row, Column) 工作表.Cells(Row, Column)

Cells 的 Item 子屬性是用欄和列的索引值來指定儲存格位址,所以可以使用整數變數使程式更具有彈性。因為 Item 是 Cells 的預設屬性,所以通常會省略。Cells 要指定儲存格範圍時,必須配合 Range 物件。如果沒有指定行和列時,Cells()就代表工作表中的全部儲存格。另外若要指定目前作用儲存格,可以使用 ActiveCell 來表示。

【例 1】指定 B3 儲存格:

```
Cells(3, 2)
```

【例 2】指定 B1 到 E4 儲存格範圍:

```
Range(Cells(1, 2), Cells(4, 5))
```

【例 3】計算 A1 到 C8 儲存格範圍內數值的總和:

```
Dim s As Integer
s = 0                              '預設總和為 0
For r = 1 To 8                     '由第 1 列到第 8 列
    For c = 1 To 3                 '由 A 欄到 C 欄
        s = s + Cells(r, c).Value  '逐一累加儲存格值
    Next
Next
```

8.2.2 Range 物件常用的樣式屬性

屬性	說明
Value	可以設定和取得儲存格的內容值,Value 屬性是 Range 物件的預設屬性所以可省略。
Text	可以設定和取得儲存格格式化後的值,其資料型別為字串。

屬性	說明
RowHeight	可以設定或取得列的高度，其單位為點(point)，預設高度值為 StandardHeight。
ColumnWidth	可以設定或取得欄的寬度，其單位為正常樣式的字元寬度，預設寬度值為 StandardWidth。
Font	使用 Font 屬性的各種子屬性可以設定或取得儲存格的字型樣式。.Name 子屬性可以設定儲存格的字型名稱，.Size 設定字型大小，.Color 設定字型顏色，.Bold 設定是否為粗體，.Italic 設定是否為斜體，.Strikethrough 設定是否加刪除線，.Underline 設定加底線(xlUnderlineStyleNone - 無底線、xlUnderlineStyleSingle - 底線、xlUnderlineStyleDouble - 雙底線)，.FontStyle 以字串設定字型樣式，本屬性會影響 Bold 和 Italic 屬性("Regular" - 正常、"Italic" - 斜體、"Bold" - 粗體和 "Bold Italic" - 粗斜體)。
Borders	使用 Borders 屬性和子屬性可以設定或取得儲存格框線的樣式，Borders 屬性可以指定框線的位置 (xlEdgeTop - 上、xlEdgeBottom - 下、xlEdgeLeft - 左、xlEdgeRight - 右、xlDiagonalDown - 左上右下斜線、xlDiagonalUp - 左下右上斜線、省略時為四邊框線)。子屬性.Color 設定儲存格的框線顏色，.ColorIndex 以 1~56 值來設定框線顏色，.LineStyle 設定框線樣式(xlContinuous - 直線、xlDot - 點線、xlDash – 虛線、xlLineStyleNone - 無框線...等)，.Weight 設定框線粗細(xlThick - 粗、xlMedium - 中、xlThin - 細)。
Interior	使用 Interior 的各種子屬性可以設定或取得儲存格的背景樣式。子屬性.Color 設定儲存格的背景色，.ColorIndex 以 1~56 索引值來設定背景色，Pattern 可設定花紋(xlSolid - 填滿、xlGray50 - 50%網點、xlGray25 - 25%網點、xlGrid - 格子、xlHorizontal - 水平線...等)，.PatternColor 可以設定花紋顏色。
NumberFormat	可以設定和取得儲存格的格式化樣式，常用屬性值有：General(通用格式，預設值)、hh:mm:ss(時:分:秒)、$#,##0.0(金額)...等。
Formula	可以設定和取得儲存格內的公式，是以 "=" 開頭的運算式字串。
FormulaR1C1	可以設定和取得儲存格內的公式，儲存格位址以[R1C1]表示。
HasFormula	可以取得儲存格是否為公式(True - 是公式、False - 不是公式)。
ShrinkToFit	可以設定和取得是否會自動調整儲存格內字體大小，以配合欄寬顯示全部的資料(True – 自動調整、Null - 不自動調整)。

屬性	說明
MergeCells	可以取得儲存格範圍內是否包含合併的儲存格，若有屬性值為 True。
HorizontalAlignment	可以設定和取得儲存格文字的水平對齊方式，常用屬性值有：xlHAlignGeneral (依型別，預設值)、xlHAlignCenter (置中)、xlHAlignLeft (靠左)、xlHAlignRight (靠右)...等。
VerticalAlignment	可以設定和取得儲存格文字的垂直對齊方式，常用屬性值有：xlVAlignCenter (置中，預設值) 、xlVAlignBottom (靠下)、xlVAlignTop (靠上)...等。
Locked	可以設定和取得儲存格的鎖定狀態(True - 鎖定、False - 未鎖定)。必須儲存格所在的工作表設為保護時，Locked 屬性才有作用。

在 Excel VBA 中設定顏色值時，可以使用下列幾種方式：

1. ColorIndex 屬性：ColorIndex 屬性值由 1~56，是系統調色盤的顏色值，例如 1 為黑色、2 為白色、3 為紅色、4 為綠色、5 為藍色、6 為黃色...。

```
Range("A1").Font.ColorIndex = 5        '設為藍色字
```

2. 顏色常數：VBA 定義些顏色常數：vbRed(紅)、vbGreen(綠)、vbBlue(藍)、vbYellow(黃)、vbMagenta(洋紅)、vbCyan(青)、vbWhite(白)、vbBlack(黑)。

3. RGB(R, G, B)函數：R、G、B 參數分別代表紅、綠、藍三色光，參數值由 0~255。設定各參數值可組合成各種顏色，例如：RGB(255,0,0) 表紅色、RGB(0,255,0)表綠色、RGB(255,0,255)表紫色、RGB(0,0,0) 表黑色。

```
Range("A1").Font.Color = RGB(255, 255, 0)     '設為黃色
```

【例 1】設定 A1 儲存格的字型樣式：

```
With Range("A1").Font        '設定 A1 儲存格字型
   .Name = "標楷體"           '設定為標楷體
   .Size = 16                '設定字型大小為 16
   .Color = vbBlue           '設定為藍色字
   .Italic = True            '設定為斜體字
   .Strikethrough = True     '設定加刪除線
```

```
    .Underline = xlUnderlineStyleDouble        '設定加雙底線
    .FontStyle = "Bold Italic"   '設定為粗斜體字
End With
```

【例 2】設定 A1 儲存格的背景色為黃色，加綠色 25%網點：

```
With Range("A1").Interior
    .Color = vbYellow
    .PatternColor = vbGreen
    .Pattern = xlGray25
End With
```

【例 3】設定 A1 儲存格四周加黑色中框虛線：

```
With Range("A1").Borders
    .LineStyle = XlLineStyle.xlDash
    .Color = vbBlack
    .Weight = xlMedium
End With
```

【例 4】設定 A1:F1 儲存格的下方加藍色細框點線，寫法為：

```
With Range("A1:F1").Borders(xlEdgeBottom)
    .LineStyle = XlLineStyle.xlDot
    .Color = vbBlue
    .Weight = xlThin
End With
```

【例 5】檢查 A1 儲存格是否為公式，若不是就設公式為"=SUM(B1:B5)"：

```
If Range("A1").HasFormula = False Then
    Range("A1").Formula = "=SUM(B1:B5)"
End If
```

【例 6】將目前工作表的所有儲存格都設為鎖定，只有 A2:E6 儲存格範圍可以輸入資料：

```
Cells().Locked = True              '鎖定所有儲存格
Range("A2:E6").Locked = False      '不鎖定 A2:E6 儲存格
ActiveSheet.Protect                '設定保護目前工作表
```

【例 7】A1 儲存格值等於 12345.678，以金額格式顯示到小數一位：

```
Range("A1").Value = 12345.678
Range("A1").NumberFormat = "$#,##0.0"        '會顯示為$12,345.7
```

8.2.3 Range 物件常用的位址屬性

屬性	說明
Address	可以取得儲存格的位址字串。
Row	可以取得儲存格的所在列數(整數值)。
Column	可以取得儲存格的所在欄數(整數值)。
Rows	使用 Rows(列索引值)屬性可以指定列。
Columns	使用 Columns(欄索引值)屬性可以指定欄。
Cells	使用 Cells(列索引值, 欄索引值)屬性可以指定儲存格。
EntireRow	可以取得儲存格的所在列。
EntireColumn	可以取得儲存格的所在欄。
CurrentRegion	可以取得儲存格四周被空白列和空白欄包圍的有使用儲存格範圍。
Count	可以取得儲存格範圍的儲存格個數，傳回值為 Long 資料型別。
CountLarge	可以取得儲存格範圍的儲存格個數，傳回值為 Variant 資料型別，可以支援 2007(含)以後版本較大範圍的工作表。
Name	可以取得儲存格範圍定義的名稱。
Next	可以指定儲存格右邊的儲存格。
Previous	可以指定儲存格左邊的儲存格。
End	使用 End(方向引數)屬性可以由指定儲存格開始，依照指定方向找到最後有資料的儲存格，方向引數值為 xlDown(向下)、xlToLeft(向左)、xlToRight(向右)、xlUp(向上)。
Offset	使用 Offset(列位移量, 欄位移量)屬性，可以由指定儲存格位移到新的儲存格位置。例如 A1 儲存格 Offset(1，2)，會下移 1 列右移 2 欄，新儲存格為 C2。F7 儲存格 Offset(-3，-4)，會上移 3 列左移 4 欄，新儲存格為 B4。
Resize	使用 Resize(列數, 欄數)屬性可以將儲存格範圍調整成指定列數和欄數的大小。

使用 Range 物件的 Address 屬性，可以取得儲存格的位址字串：

> **語法**
>
> Address([RowAbsolute] [, ColumnAbsolute] [, ReferenceStyle])

說明

1. RowAbsolute 引數值可設定列位址是否加絕對符號$，預設值為 True 就是列會加$；若設為 False 則取消。例如
   Range("A1").Address(RowAbsolute:=False)，會傳回"$A1"。

2. ColumnAbsolute 引數值可設定欄位址是否加絕對符號$，預設值為 True 就是欄會加$；若設為 False 則取消。例如
   Range("A1:C3").Address(ColumnAbsolute:=False)，會傳回"A$1:C$3"。

3. ReferenceStyle 引數值可以設定位址的格式，預設值為 xlA1 即以欄名和列數表示；若設為 xlR1C1 則改為[R1C1]格式顯示。例如
   Range("C2").Address(ReferenceStyle:= xlR1C1)，會傳回"R2C3"。

使用 CurrentRegion 屬性可以取得指定儲存格周圍，被空白列和空白欄包圍已使用的儲存格範圍。使用 Worksheets 物件的 UsedRange 屬性可以取得工作表中，被空白列和空白欄包圍已使用的儲存格範圍。下列範例的 UsedRange 屬性值會為 Range("A1:D3")，C2 儲存格的 CurrentRegion 屬性值為 Range("B2:D3")。

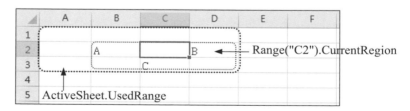

儲存格範圍可以定義一個名稱，程式中可以用該名稱來代表儲存格範圍，使得程式碼較具可讀性。名稱必須符合命名規則，而且不能和 Excel 的物件、參數…等相同。要定義儲存格的名稱可以使用 Names 物件的 Add 方法，定義後的名稱會存在 Names 物件中：

語法

> Names.Add Name:= 名稱字串, RefersTo:= 儲存格

說明

1. Name 引數值可指定儲存範圍格的名稱字串。

2. RefersTo 引數值可指定儲存格範圍。例如將 A1 儲存格定義名稱為 tHome：

> Names.Add Name:= "tHome", RefersTo:= Range("A1")

3. 使用定義的名稱時可用 Range("名稱字串")，或是[名稱]。例如將已定義名稱為 tHome 的 A1 儲存格，成為作用儲存格：

> Range("tHome").Activate　　　　　　' 也可用[tHome].Activate

儲存格名稱 ──→　tHome

A1 儲存格 ──→

【例1】取得目前工作表有資料的最後一列的列數：

```
r = Range("A1").End(xlDown).Row      ' 由 A1 儲存格向下尋找
' 或由工作表最下面向上尋找
r = ActiveSheet.Cells(ActiveSheet.Rows.Count, 1).End(xlUp).Row
' 或利用工作表使用範圍儲存格來取得
r = ActiveSheet.UsedRange.Rows.Count
```

【例2】由 A1 儲存格起選取 3 行 5 欄的儲存格範圍：

```
Range("A1").Resize(3, 5).Select      '使用 Resize 方法指定儲存格範圍
```

【例3】選取 B 欄的儲存格範圍：

```
Columns("B").Select      '也可以用 Columns(2)
```

【例4】將 A1 到 F6 儲存格範圍定義名稱為「MyTab」，利用此名稱來設定儲存格範圍加框線：

```
Names.Add Name:="MyTab", RefersTo:=Range("A1:F6")
With Range("MyTab").Borders()         '也可用 With [MyTab].Borders()
    .LineStyle = XlLineStyle.xlDouble
    .Color = vbBlue
    .Weight = xlThin
End With
```

【例 5】取得工作表中表格的資料，但不選取標題列：

```
Dim rng As Range
Set rng = Range("A1").CurrentRegion
r = rng.Rows.Count              '取得列的數量
c = rng.Columns.Count           '取得欄的數量
Set rng = rng.Offset(1, 0).Resize(r - 1, c)     '移動 rng 位置和重設大小
rng.Select
```

【例 6】取得目前作用儲存格所在欄的第一個儲存格的值：

```
v =ActiveCell.EntireColumn.Cells(1, 1).Value
```

【例 7】計算 B3 儲存格四周有資料範圍內數值的總和：

```
Dim rng As Range
Set rng = Range("B3").CurrentRegion
Dim s As Integer
s = 0
For Each c In rng.Cells
    If IsNumeric(c) Then  s = s + c.Value
Next
```

8.3 Range 物件常用的方法

8.3.1 Range 物件常用的編輯方法

方法	說明
Activate	使用 Activate 方法可將指定的儲存格範圍成為目前作用儲存格。
Select	使用 Select 方法可選取指定的儲存格範圍，並會成為作用儲存格。

方法	說明
Clear	使用 Clear 方法可以清除儲存格的值、公式、格式和註解等所有資料，使儲存格成為初始的狀態。
ClearContents	使用 ClearContents 方法只會清除儲存格內的值和公式。
ClearFormats	使用 ClearFormats 方法只會清除儲存格的字型、背景色、邊框…等格式。
ClearComments	使用 ClearComments 方法只會清除儲存格內的註解。
Copy	使用 Copy 方法可將儲存格範圍的資料、公式、格式等所有資料，複製到剪貼簿中。如果有設定 Destination 引數，則會複製到引數指定的位置，該位置為儲存格範圍的左上角。
Delete	使用 Delete 方法可以將指定的儲存格範圍刪除，並根據 Shift 引數指定的方向移動儲存格填補空格。Shift 引數值為 xlToLeft(右邊的儲存格左移)和 xlUp(下面的儲存格上移)。
Insert	使用 Insert 方法可以將指定的儲存格範圍，插入指定的儲存格範圍，並根據 Shift 引數指定的方向移動原儲存格。Shift 引數值為 xlToRight(原儲存格範圍右移)和 xlDown(原儲存格範圍下移)。
Cut	使用 Cut 方法可以將指定的儲存格範圍剪下並移到剪貼簿中。若有設定 Destination 引數，則會複製到引數指定的位置 (左上角)。
PasteSpecial	使用 PasteSpecial 方法將剪貼簿中的儲存格範圍，以各種引數指定的方式貼到指定位置，相當於「選擇性貼上」功能。
Merge	使用 Merge 方法可以將指定的儲存格範圍合併成一個儲存格，合併儲存格的值會存在最左上角的儲存格中。
UnMerge	使用 UnMerge 方法可將指定的合併儲存格，打散成個別儲存格。
AutoFit	使用 AutoFit 方法會自動調整列、欄的大小，使儲存格可以顯示全部的資料。

使用 Copy 方法將儲存格範圍複製到剪貼簿後，可以使用 PasteSpecial 方法以各種引數指定方式貼到指定的儲存格，常用的語法如下：

語法

　　儲存格.PasteSpecial [Paste,] [Operation,] [Transpose]

說明

1. Paste 引數可指定貼上的內容，常用的引數值有 xlPasteAll(全部、預設值)、xlPasteValues(值)、xlPasteFormulas(公式)、xlPasteFormats(格式)、xlPasteAllExceptBorders (框線以外的全部項目)、xlPasteFormulasAndNumberFormats(公式和數字格式)、xlPasteValuesAndNumberFormats(值和數字格式) ...等。

2. Operation 引數可指定貼上時，和所在儲存格的值做何種運算。引數值有：xlPasteSpecialOperationNone(不做運算直接覆蓋、預設值)、xlPasteSpecialOperationAdd(加法)、xlPasteSpecialOperationMultiply(乘法)、xlPasteSpecialOperationSubtract(減法)、xlPasteSpecialOperationDivide(除法)。

3. Transpose 引數可以指定貼上時，儲存格是否轉置(旋轉 90 度)，引數值有 False(不轉置、預設值)、True(轉置)。

【例 1】將 A1:C1 儲存格範圍複製，然後以值選擇性貼上到 A3 儲存格：

```
Range("A1:C1").Copy
Range("A3").PasteSpecial Paste:=xlPasteValues
```

	A	B	C			A	B	C
1	1	2	3	⇨	1	1	2	3
2					2			
3	4	5	6		3	1	2	3

【例 2】將 A1:C1 儲存格範圍複製，然後貼上到 A3 儲存格和所在儲存格的值做加法運算：

```
Range("A1:C1").Copy
Range("A3").PasteSpecial Paste:=xlPasteValues, _
          Operation:=xlPasteSpecialOperationAdd
```

	A	B	C			A	B	C
1	1	2	3	⇨	1	1	2	3
2					2			
3	4	5	6		3	5	7	9

【例 3】將 A1:C1 儲存格範圍複製，然後以轉置方式貼上到 A3 儲存格：

```
Range("A1:C1").Copy
Range("A3").PasteSpecial Transpose:=True     '轉置後為 A3:A5 儲存格
```

【例 4】將 A1:C1 儲存格範圍複製到 A3 儲存格位置：

```
Range("A1:C1").Copy Destination:=Range("A3")
```

【例 5】將 A1:B2 儲存格範圍刪除，由右邊儲存格左移填補：

```
Range("A1:B2").Delete Shift:=xlToLeft
```

	A	B	C	D
1	1	2	3	4
2	5	6	7	8
3	9	10	11	12

⇨

	A	B	C	D
1	3	4		
2	7	8		
3	9	10	11	12

【例 6】在 A1:B2 儲存格範圍插入儲存格，然後將原儲存格向右移：

```
Range("A1:B2").Insert Shift:=xlToRight
```

	A	B	C	D
1	1	2	3	4
2	5	6	7	8
3	9	10	11	12

⇨

	A	B	C	D	E	F
1			1	2	3	4
2			5	6	7	8
3	9	10	11	12		

【例 7】在 B2 儲存格的上面插入一列：

```
Range("B2").EntireRow.Insert   '用 EntireRow 屬性可指定第二列
Range("2:2").Insert            '或用 Range("2:2")可指定第二列
```

【例 8】將 A1:B2 儲存格範圍剪下，然後搬移到 C1 儲存格：

```
Range("A1:B2").Cut Destination:=Range("C1") '搬移到 C1 儲存格
```

	A	B	C	D
1	1	2	3	4
2	5	6	7	8
3	9	10	11	12

⇨

	A	B	C	D
1			1	2
2			5	6
3	9	10	11	12

【例 9】在 B2 儲存格的左邊插入一欄：

```
Range("B2").EntireColumn.Insert '用 EntireColumn 屬性可指定 B 欄
Range("B:B").Insert             '或用 Range("B:B")可指定 B 欄
```

【例 10】若 A1、B1 儲存格都不是合併儲存格，就將 A1:B1 儲存格合併：

```
If Range("A1").MergeCells = False And Range("B1").MergeCells = False Then
    Range("A1:B1").Merge
End If
```

【例 11】設 B1 儲存格所在欄會自動調整欄寬：

```
Range("B1").EntireColumn.AutoFit    ' 或用 Range("B:B"). AutoFit
```

【例 12】設 C1 儲存格所在欄為預設欄寬：

```
Range("C1").EntireColumn.ColumnWidth = StandardWidth
```

8.3.2 Range 物件常用的填滿方法

方法	說　明
AutoFill	使用 AutoFill 方法，以指定儲存格範圍值的規則，填入到 Destination 引數指定的目標儲存格範圍當中。
FillDown	使用 FillDown 方法會將指定儲存格範圍的最上面的儲存格值和格式，以複製方式以向下填滿儲存格範圍。
FillUp	使用 FillUp 方法會將指定儲存格範圍的最下面的儲存格值和格式，以複製方式以向上填滿儲存格範圍。
FillLeft	使用 FillLeft 方法會將指定儲存格範圍的最右邊的儲存格值和格式，以複製方式以向左填滿儲存格範圍。
FillRight	使用 FillRight 方法會將指定儲存格範圍的最左邊的儲存格值和格式，以複製方式以向右填滿儲存格範圍。

　　使用 AutoFill 方法，以指定儲存格範圍值的規則，填入到 Destination 引數指定的目標儲存格範圍當中。要注意作為規則的儲存格，必須為目標儲存格範圍的開始位置。AutoFill 方法常用的語法如下：

> **語法**
>
> 　　規則儲存格範圍.AutoFill [Destination,] [Type]

說明

1. Destination 引數是指定依規則填滿到目標儲存格範圍。要注意作為規則的儲存格範圍，必須是目標儲存格範圍的開始位置。

2. Type 引數是指定填入資料的型別。Type 引數值常用的有 xlFillDefault(由 Excel 決定、預設值)、xlFillCopy(複製值和格式)、xlFillValues(只複製值)、xlFillSeries(序列值)、xlFillDays(日期序列值)...。

【例 1】以 A1:B1 儲存格範圍為規則，填入 A1:F1 儲存格範圍：

Range("A1:B1").AutoFill Destination:= Range("A1:F1")

	A	B	C向右填滿 D	E	F
1	2	4	6	8	10	12

【例 2】A1 儲存格值為 1，以 Type 引數值 xlFillSeries 為規則，填入 A1:F1
儲存格範圍：

Range("A1").AutoFill Destination:=Range("A1:F1"), Type:=xlFillSeries

	A	B	C向左填滿 D	E	F
1	-4	-3	-2	-1	0	1

【例 3】A1 儲存格值為#12/31/1999#，以 Type 引數值 xlFillDays 為規則，填
入 A1:A3 儲存格範圍：

Range("A1").AutoFill Destination:=Range("A1:F1"), Type:=xlFillDays

	A
1	1999/12/31
2	2000/1/1
3	2000/1/2

向下填滿

【例 4】以 A1:B1 儲存格範圍為規則，填入 A1:F1 儲存格範圍：

Range("A1:B1").AutoFill Destination:=Range("A1:F1")

	A	B	C	D	E	F
1	1班	2班	3班	4班	5班	6班

【例 5】將 A1 儲存格的值向右填滿 A1:F1 儲存格範圍：

Range("A1:F1").FillRight

	A	B	C	D	E	F
1	金牌	金牌	金牌	金牌	金牌	金牌

8.4 Range 物件常用的查詢方法

8.4.1 Find 方法

要在儲存格範圍尋找特定的資料，除了使用迴圈逐一檢查儲存格內的資料外，若改用 Find 方法執行速度會更快。Find 方法可以在指定的儲存格範圍尋找特定的資料，其作用和執行 Excel 的「尋找」功能相同。其語法如下：

語法

r = 儲存格範圍.Find(What[, After] [, LookIn] [, LookAt] [, SearchOrder] _
　　[,SearchDirection] [, MatchCase] [, MatchByte] [, SearchFormat])

說明

1. What 引數是唯一必要的引數來指定尋找的資料，可以是字串、整數或其它型別。What 引數中可使用*和?萬用字元，例如 Find("張*")是尋找以「張」開頭的字串，而 Find("?志?")是尋找三個字且中間為「志」的字串。

2. 傳回值 r 為 Range 物件代表符合條件的第一個儲存格，如果找不到資料時傳回值為 Nothing。

3. After 引數可指定尋找起始的單一儲存格位置，預設是最左上角的儲存格。例如 After 引數指定為 B1 時，會從 C1 儲存格開始找起，如果未找到會繞回 A1 繼續搜尋。

4. LookIn 引數是指定尋找資料的類型，引數值為 xlFormulas(公式，預設值)、xlValues(內容)、xlComments(註解)。例如 A1 儲存格的內容為「=1+2」，會顯示為「3」。搜尋「3」時如果 LookIn 引數值為 xlFormulas 不會被找到，但引數值為 xlValues 時則會被找到。

5. LookAt 引數是指定尋找資料和儲存格內容是否要完全符合，引數值為 xlPart (只須部分符合，預設值)、xlWhole (必須完全符合)。

6. SearchOrder 引數是指定依照行或欄的方向尋找，引數值為 xlByRows (依行尋找到底就換行，預設值)、xlByColumns (依欄尋找到底就換欄)。

7. SearchDirection 引數是指定尋找的方向，引數值為 xlNext (向後，預設值)、xlPrevious (向前)。

8. MatchCase 引數是指定是否區分字母大小寫，引數值為 False(不分，預設值)、True(區分)。

9. MatchByte 引數是指定是否區分全半形，引數值為 False (不分，預設值)、True (區分)。

10. SearchFormat 引數是指定是否為尋找格式，引數值為 False (不是，預設值)、True (是)。尋找格式時可用 Application.FindFormat 來指定，例如 Application.FindFormat.Font.Italic = True(搜尋斜體字)；Application.FindFormat.Interior.Color = vbYellow(搜尋背景為黃色)。執行 Find 方法尋找格式時尋找目標要設為""空字串，執行後要用 Application.FindFormat.Clear 方法清除尋找的格式，才不會影響下一次格式的尋找。

11. LookIn、LookAt、SearchOrder 和 MatchByte 引數被設定後，會成為下一次尋找的預設值。為避免尋找結果被影響，這些引數值都要再設定。

【例 1】在作用工作表中尋找整數值 60，並選取找到的第一個儲存格：

```
Dim rng As Range
Set rng = UsedRange.Find(60)
If Not rng Is Nothing Then rng.Select
```

【例 2】在作用工作表中尋找值為「Pass」(區分大小寫)的儲存格：

```
Dim rng As Range
Set rng = UsedRange.Find("Pass", LookIn:= xlValues, MatchCase:=True)
```

【例 3】在作用工作表中搜尋紅色字的儲存格：

```
Dim rng As Range
Application.FindFormat.Font.ColorIndex = 3
Set rng = UsedRange.Find("", SearchFormat:=True)
Application.FindFormat.Clear    '清除尋找的格式
```

8.4.2 FindNext 和 FindPrevious 方法

　　使用 Find 方法只能找到符合條件的第一個儲存格，如果配合 FindNext 方法會繼續找下一個儲存格，FindPrevious 方法則會繼續找上一個儲存格，語法為：

語法

> r = 儲存格範圍.FindNext([After])
>
> r = 儲存格範圍.FindPrevious([After])

說明

1. After 引數可指定尋找起始的單一儲存格位置，通常為目前找到的儲存格，預設是最左上角的儲存格。

2. 要注意使用 FindNext 或 FindPrevious 方法到達結尾後，都會再回到指定範圍的起點造成無窮迴圈。若要避免可以先儲存第一個符合條件的儲存格位址，然後檢查下一次找到的儲存格位址如果相同就跳離迴圈。

【簡例】在作用工作表中尋找有包含「鮭魚」的儲存格，搜尋到就顯示位址：

```
Set reg = UsedRange.Find("*鮭魚*")
If Not reg Is Nothing Then  '找到儲存格時
    firstAds = reg.Address    '紀錄第一個儲存格的位址
    Do
        MsgBox "找到鮭魚的儲存格：" & reg.Address
        Set reg = UsedRange.FindNext(reg) '從 reg 起繼續找下一筆
    Loop While Not reg Is Nothing And reg.Address <> firstAds
End If
```

8.4.3 Replace 方法

Replace 方法可以在指定的儲存格範圍內尋找指定的資料，並且替換成指定的新資料，其作用和 Excel 的「取代」功能相同，語法為：

語法

> 儲存格範圍.Replace(What,Replacement [, LookAt] [, SearchOrder] _
> [, MatchCase] [, MatchByte] [, SearchFormat] [,ReplaceFormat])

說明

1. What 和 Replacement 引數是必要的引數，分別是指定尋找和取代的資料，可以是字串、整數或其它資料型別。其餘引數和 Find 方法相同。

【例 1】搜尋作用工作表內的儲存格,將字串中的「圓」取代成「元」:

> UsedRange.Replace What:="圓", Replacement:="元", LookAt:=xlPart

【例 2】將作用工作表 E 欄公式的 SUM 函數都取代為 AVERAGE 函數:

> Columns("E").Replace What:="SUM", Replacement:="AVERAGE", _
> SearchOrder:=xlByColumns

8.5　建立含公式的空白成績統計表

📥 **範例** :8-5 學期成績統計表.xlsm

學期成績統計表活頁簿含有「成績」和「資料」兩個工作表,「資料」工作表中有學生的座號和姓名兩欄資料。請在「成績」工作表建立 建立成績表 按鈕,點按該按鈕時會執行新增標題、複製學生資料、加入總分和名次公式、表格加邊框、標題加底色、除成績欄位外鎖定儲存格等動作,建立成績表來供輸入。

執行結果

	A	B	C 可輸入	D	E	F 總分公式	G 名次公式	H	I
1	座號	姓名	段考(一)	段考(二)	段考(三)	總分	名次		
2	1	羅怡綺	77	88	99	264	2	建立成績表	
3	2	林玉珊	56	34	48	138	3		
4	3	羅家瑩	89	95	100	284	1		
5	4	沈莉恩				0	4		

上機操作

Step 01　開啟範例「8-5 學期成績統計表(練習檔)」活頁簿檔案,內含「成績」和「資料」兩個工作表。

Step 02　在「成績」工作表建立 建立成績表 (BtnCreate) 按鈕控制項。

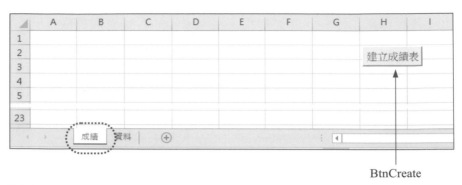

BtnCreate

Step 03 瀏覽「成績」工作表內容。

	A	B	C	D	E	F	G	H	I
1	1	羅怡綺							
2	2	林玉珊							
3	3	羅家瑩							
4	4	沈莉恩							
5	5	張嘉慧							
6	6	周婷容							
7	7	林亞竹							
27	27	胡智欣							
28	28	張潔筠							

Step 04 撰寫 BtnCreate_Click 事件程序程式碼：

【工作表 1(成績)程式碼】

```
01  Private Sub BtnCreate_Click()
02      ActiveSheet.Unprotect                        '取消保護目前工作表
03      Dim title(6) As String
04      title(0) = "座號": title(1) = "姓名": title(2) = "段考(一)":
05      title(3) = "段考(二)": title(4) = "段考(三)": title(5) = "總分"
06      title(6) = "名次"
07      Range("A1:G1").FormulaArray = title
08      Worksheets("資料").UsedRange.Copy Destination:=Range("A2")
09      fR = UsedRange.Rows.Count
10      Range("F2").Formula = "=SUM(C2:E2)"
11      Range("G2").Formula = "=RANK(F2,$F$2:$F$" & fR & ")"
12      Range("F2:G2").AutoFill Destination:=Range("F2:G" & fR)
13      With UsedRange.Borders                       '儲存格加框線
14          .Color = vbBlack
```

8-22

15	.Weight = xlMedium	
16	End With	
17	Range("A1:G1").Interior.Color = vbCyan	'標題加底色
18	UsedRange.Locked = True	'鎖定使用的儲存格
19	Range("C2:E" & fR).Locked = False	'不鎖定 C2:E 最後列儲存格
20	ActiveSheet.Protect	'設定保護目前工作表
21	**End Sub**	

說明

1. 第 2 行：用 Unprotect 方法取消保護目前工作表。

2. 第 3~7 行：宣告 title 字串陣列紀錄成績表標題，並將陣列元素指定給 A1:G1 儲存格。

3. 第 8 行：用 Copy 方法將「資料」工作表中學生的資料，複製到「成績」工作表的 A2 儲存格。

4. 第 9 行：用 UsedRange.Rows.Count 取得工作表的最下面一行的行數。

5. 第 10~12 行：先指定 F2 和 G2 的總分和名次公式，然後用 AutoFill 方法向下自動填滿公式。

6. 第 13~16 行：設定 Borders 屬性來為儲存格加框線。

7. 第 17 行：設定 Interior.Color 屬性為 vbCyan，來為標題儲存格加底色。

8. 第 18~19 行：先設定 UsedRange 的 Locked 屬性為 True，來鎖定使用的儲存格。再將成績儲存格的 Locked 屬性設為 False，不鎖定儲存格始可輸入成績。

8.6 標記五日高、低股價

範例：8-6 股價紀錄表.xlsm

股價紀錄表活頁簿含有「台積電」工作表。請在工作表中建立 新增資料 和 五日統計 兩個按鈕。按 新增資料 鈕會逐一輸入「日期」，「開盤價」，「最高價」，「最低價」，「收盤價」，「成交量」各欄的資料，然後將輸入的資料插入第 2 列。按 五日統計 鈕會以 5 個日期為範圍找出各欄的最高和最低值，分別以洋紅和青色為背景色。

執行結果

① 按 新增資料 鈕會逐一輸入「日期」…「成交量」各欄的資料。

日期	×
請輸入日期：	確定
	取消
2021/7/30|	

···

成交量	×
請輸入成交量：	確定
	取消
19259	

② 按 五日統計 鈕以 5 個日期為範圍找出各欄的最高和最低值。

	A	B	C	D	E	F	G	H
1	日期	開盤價	最高價	最低價	收盤價	成交量		
2	2021/7/30	581	582	578	580	19259	新增資料	
3	2021/7/29	585	585	577	583	23746		
4	2021/7/28	576	579	573	579	38112	五日統計	
5	2021/7/27	581	584	580	580	18125		
6	2021/7/26	591	591	580	580	22442		每 5 天加粗線
7	2021/7/23	592	592	583	585	15705		最低值
8	2021/7/22	589	594	587	591	26508		
9	2021/7/21	586	586	580	585	26407		
10	2021/7/20	579	584	579	581	15923		
11	2021/7/19	583	584	578	582	43059		最高值
12	2021/7/16	591	595	588	589	59948		

上機操作

Step 01　開啟範例「8-6 股價紀錄表(練習檔)」活頁簿檔案，內含「台積電」工作表。瀏覽「台積電」工作表內容如下：

	A	B	C	D	E	F	G	H
1	日期	開盤價	最高價	最低價	收盤價	成交量		
2	2021/7/29	585	585	577	583	23746		
3	2021/7/28	576	579	573	579	38112		
4	2021/7/27	581	584	580	580	18125		
5	2021/7/26	591	591	580	580	22442		
6	2021/7/23	592	592	583	585	15705		
7	2021/7/22	589	594	587	591	26508		
8	2021/7/21	586	586	580	585	26407		
9	2021/7/20	579	584	579	581	15923		
10	2021/7/19	583	584	578	582	43059		
11	2021/7/16	591	595	588	589	59948		
12	2021/7/15	613	614	608	614	22875		

台積電　⊕

Step 02　在「台積電」工作表建立 新增資料 (BtnAdd)和 五日統計 (Btn5Day)
按鈕控制項。

	A	B	C	D	E	F	G	H
1	日期	開盤價	最高價	最低價	收盤價	成交量		
2	2021/7/29	585	585	577	583	23746	新增資料	← BtnAdd
3	2021/7/28	576	579	573	579	38112		
4	2021/7/27	581	584	580	580	18125	五日統計	← Btn5Day
5	2021/7/26	591	591	580	580	22442		
6	2021/7/23	592	592	583	585	15705		
7	2021/7/22	589	594	587	591	26508		

Step 03　撰寫程式碼

【 工作表 1(台積電)程式碼 】

```
01  Private Sub BtnAdd_Click()
02      Dim d As Date
03      i = InputBox("請輸入日期：", "日期", Range("A2"))
04      d = Format(DateValue(i), "yyyy/mm/dd")
05      Dim n(5) As Double
06      n(0) = InputBox("請輸入開盤價：", "開盤價", Range("B2"))
07      n(1) = InputBox("請輸入最高價：", "最高價", Range("C2"))
08      n(2) = InputBox("請輸入最低價：", "最低價", Range("D2"))
09      n(3) = InputBox("請輸入收盤價：", "收盤價", Range("E2"))
10      n(4) = InputBox("請輸入成交量：", "成交量", Range("F2"))
11      Range("A2").EntireRow.Insert              '插入一列
12      Range("A2").Value = d
13      Range("B2:F2").FormulaArray = n
14  End Sub
15
16  Private Sub Btn5Day_Click()
17      fRow = Range("A1").End(xlDown).Row              '取得最下一列的列數
18      Range(Cells(1, 1),Cells(fRow, 6)).Interior.Color = xlNone   '無背景色
19      Range(Cells(1, 1),Cells(fRow, 6)).Borders.Weight = xlThin   '四邊細框
20      Dim rng As Range
21      For r = 2 To fRow Step 5
22          If r = fRow Then Exit For   '若r等於最下列就離開迴圈
23          If fRow - r >= 5 Then        '若最下列減r大於等於5就畫粗底線
24              Cells(r, 1).Resize(5, 6).Borders(xlEdgeBottom).Weight = xlThick
```

25	End If
26	For c = 2 To 6 '由 B 欄到 F 欄
27	Set reg = Cells(r, c).Resize(5, 1)
28	x = Application.Max(reg) '找最大值
29	reg.Find(x).Interior.Color = vbMagenta
30	n = Application.Min(reg) '找最小值
31	reg.Find(n).Interior.Color = vbCyan
32	Next
33	Next
34	**End Sub**

說明

1. 第 1~14 行：為 BtnAdd_Click 事件程序。

2. 第 2~4 行：用 InputBox 方法接受輸入日期，預設值為 Range("A2")。第 4 行用 Format 和 DateValue 函數將輸入的日期字串，轉型為日期資料型別。

3. 第 5~10 行：宣告 n(5) 資料型別為 Double 的陣列，用來存放 InputBox 方法所取得的使用者輸入的股票資料。

4. 第 11 行：使用 Insert 方法在 A2 儲存格插入一列。

5. 第 12 行：A2 儲存格填入輸入的日期。

6. 第 13 行：B2 到 F2 儲存格範圍用 FormulaArray 屬性，填入 n 陣列中使用者所輸入的股票資料。

7. 第 16~34 行：為 Btn5Day_Click 事件程序。

8. 第 18~19 行：將表格範圍設為無背景色，並加四邊細框。

9. 第 21~33 行：利用 For 迴圈由 2 到最下列，每 5 行處理一次。在第 22 行若 r 等於最下列就離開迴圈。

10. 第 23~25 行：若最下列減 r 大於等於 5，就用 Borders(xlEdgeBottom).Weight 屬性畫粗底線。

11. 第 26~32 行：利用 For 迴圈由 B 欄到 F 欄，逐欄找最大和最小值。第 27 行用 Resize 方法指定儲存格範圍。

12. 第 28,30 行：利用 Max 和 Min 函數取儲存格範圍內的最大和最小值。

13. 第 29,31 行：使用 Find 方法找到最大和最小值所在儲存格，然後分別設定背景色為 vbMagenta 和 vbCyan。

Workbook 物件

9.1 Workbook 物件

9.1.1 Workbook 物件簡介

在 Excel 中每一個開啟的活頁簿(Workbook)檔案，就是一個 Workbook 物件，而 Workbooks 就是所有 Workbook 物件的集合。如果要在程式中宣告一個活頁簿物件，以及指定 Workbooks 活頁簿集合中特定的活頁簿，其語法如下：

語法

```
Dim 活頁簿物件名稱 As Workbook        ' 宣告活頁簿物件
Workbooks(索引值 | "活頁簿檔名")       ' 指定活頁簿
```

用索引值指定活頁簿時，要注意索引值是由 1 開始。為方便指定活頁簿，如果是目前作用中的活頁簿，可以用 ActiveWorkbook 來表示。另外，要指定目前 VBA 程式碼所在的活頁簿，則可以使用 ThisWorkbook。

【簡例】在程式中宣告一個活頁簿物件 wb，並指定為目前作用中活頁簿，其寫法如下：

```
Dim wb As Workbook
Set wb = Application.ActiveWorkbook        ' Application.可以省略
```

9.1.2 Workbook 物件常用的屬性

屬性	說明
Name	可以取得活頁簿的名稱。
Count	可以取得活頁簿集合中所有活頁簿的數量。
FullName	可以取得活頁簿的完整名稱字串,其中包含路徑和檔案名稱。
Path	可以取得活頁簿所在的資料夾路徑字串。
ActiveSheet	可以取得活頁簿中目前作用中的工作表。
Saved	可以取得或設定活頁簿內容是否有修改。活頁簿內容若沒有修改 Saved 屬性值會為 True;若有修改則為 False。
Password	可以設定和取得活頁簿的密碼,為小於 15 個字元的字串(分大小寫)。

【例 1】顯示目前活頁簿所在的資料夾路徑:

```
MsgBox "目前活頁簿所在的路徑:" & ActiveWorkbook.Path
```

【例 2】在 A1 儲存格顯示目前作用中工作表的名稱:

```
Range("A1").Value = "目前工作表的名稱:" & ActiveSheet.Name
```

【例 3】以使用者所輸入的資料,作為目前作用活頁簿的密碼:

```
ActiveWorkbook.Password = InputBox ("輸入活頁簿的密碼:")
```

9.1.3 Workbook 物件常用的方法

方法	說明
Add	使用 Add 方法可以新增一個活頁簿。
Activate	使用 Activate 方法可以將指定的活頁簿成為目前作用中活頁簿。
Save	使用 Save 方法可以儲存指定的活頁簿。
SaveAs	使用 SaveAs 方法可以將活頁簿另存成新的檔案。
Open	使用 Open 方法可以開啟指定的活頁簿。
Close	使用 Close 方法可以關閉指定的活頁簿。

當活頁簿第一次存檔時，應該先使用 SaveAs 方法，之後才可以用 Save 方法存檔。SaveAs 方法常用的語法如下：

> **語法**
>
> 活頁簿.SaveAs [Filename,] [FileFormat,]

說明

1. Filename 引數是指定另存的檔案名稱(包含路徑)，如果沒有指定路徑，會儲存在系統預設的資料夾中(例如是「文件」)。

2. FileFormat 引數是指定檔案的格式，可為 xlOpenXMLWorkbook (2007 以後不含巨集格式, .xlsx)、xlOpenXMLWorkbookMacroEnabled(2007 以後啟用巨集格式, .xlsm)、xlCSV(CSV 格式, .csv)、xlExcel8(2003 以前格式, .xls) ...。

3. 沒指定 FileFormat 引數時，若是已經存過的檔案預設為原來的檔案格式；如果是新檔案則設為目前所使用的 Excel 版本格式。

Close 方法常用的引數有 SaveChange、FileName 兩個，語法如下：

> **語法**
>
> 活頁簿.Close [SaveChange,] [Filename]

說明

1. SaveChange 引數值可設為 True(儲存變更)、False(不儲存變更)，省略引數時會顯示對話方塊詢問是否要儲存變更。

2. FileName 引數可指定儲存的檔名。

物件的方法就像前面所介紹的副程式，副程式中可以定義許多的引數。當呼叫方法不需使用全部的引數，或不依照定義的順序列出時，就可以使用具名引數。具名引數是由引數名稱後接冒號和等號 (：＝)，接著是引數值所組成。例如前面介紹的 MsgBox 函數有 Prompt、Buttons 和 Title 三個參數，呼叫時可用「MsgBox "確定嗎？", vbYesNo, "注意"」，非具名引數必須依照順序列出引數值，省略時逗號(,)仍需保留。如果改用具名引數方式，則可寫為「MsgBox Title:=" 注意", Prompt:=" ""確定嗎？"」。

【例 1】檢查目前所有開啟的活頁簿，若內容有被修改就儲存：

```
For Each wb In Application.Workbooks
    If wb.Saved = False Then wb.Save
Next wb
```

【例 2】將目前活頁簿以 t2.csv 為檔名另存成 CSV 格式：

```
ActiveWorkBook.SaveAs Filename:="t2.csv", FileFormat:=xlCSV
```

9.1.4 Workbook 物件常用的事件

事件	說明
Open	當開啟一個活頁簿，或是用 Application 的 Add 方法新增活頁簿時，就會觸動該活頁簿的 Open 事件。
Activate	當活頁簿成為作用活頁簿時，就會觸動該活頁簿的 Activate 事件。
Newsheet	當活頁簿新增工作表時，就會觸動該活頁簿的 Newsheet 事件，事件程序內的 Sh 參數代表新增的工作表。
SheetActivate	當活頁簿中的某一工作表成為作用工作表時，就會觸動該活頁簿的 SheetActivate 事件。
SheetDeactivate	當活頁簿中作用工作表成為非作用工作表時，就會觸動該活頁簿的 Sheet Deactivate 事件。
SheetBeforeDelete	當刪除工作表時，會先觸動活頁簿的 SheetBeforeDelete 事件。
WindowResize	當活頁簿的視窗大小被調整時，會觸動活頁簿的 WindowResize 事件，可以在該事件程序中處理視窗大小調整時須完成的動作。WindowResize 事件程序的 Wn 參數值，代表調整大小的視窗。
BeforeSave	當活頁簿要儲存時，會先觸動活頁簿的 BeforeSave 事件，可以在該事件程序中處理存檔前須完成的動作。事件程序的 SaveAsUI 參數值如果為 True，表示是另存新檔。在事件中如果改為不儲存時，可以將 Cancel 參數值設為 True。
BeforePrint	當活頁簿要列印時，會先觸動活頁簿的 BeforePrint 事件，可以在該事件程序中處理列印前須完成的動作。如果要停止列印活頁簿，可以將事件程序內的 Cancel 參數值設為 True。

事件	說明
BeforeClose	當活頁簿要關閉時，會先觸動活頁簿的 BeforeClose 事件，可以在該事件程序中處理關閉前須完成的動作。如果要停止關閉活頁簿，可以將事件程序內的 Cancel 參數值設為 True。

【例 1】在 Newsheet 事件中將所新增的工作表位置移動到最後：

```
Private Sub Workbook_NewSheet(ByVal Sh as Object)
    Sh.Move After:= Sheets(Sheets.Count)
End Sub
```

【例 2】在 BeforeSave 事件中檢查是否為另存新檔？若是就顯示 "不可另存新檔！" 訊息，然後停止存檔動作：

```
Private Sub Workbook_BeforeSave(ByVal SaveAsUI As Boolean, _
                              Cancel as Boolean)
    If SaveAsUI = True Then
        MsgBox "不可另存新檔！", vbOKOnly
        Cancel = True                '設為不儲存
    End If
End Sub
```

【例 3】在 BeforeSave 事件中檢查活頁簿內容是否未修改，若未修改就詢問是否仍然要儲存檔案：

```
Private Sub Workbook_BeforeSave(ByVal SaveAsUI As Boolean, _
                              Cancel as Boolean)
    If ThisWorkbook.Saved = True Then
        rel = MsgBox("檔案未修改仍要存檔嗎？", vbYesNo)
        If rel = vbNo Then Cancel = True '若按「否」鈕設為不儲存
    End If
End Sub
```

【例 4】在 BeforePrint 事件中將所有的工作表重新計算：

```
Private Sub Workbook_BeforePrint(Cancel As Boolean)
    For Each ws in Worksheets
        ws.Calculate                 '使用工作表的 Calculate 方法重新計算
    Next
End Sub
```

【例 5】在 BeforeClose 事件中檢查活頁簿若有修改就自動儲存檔案：

```
Private Sub Workbook_BeforeClose(Cancel As Boolean)
    If ThisWorkbook.Saved = False Then ThisWorkbook.Save
End Sub
```

🔽 **範例**：9-1 建立麵食館收支表.xlsm

設計麵食館收支表活頁簿，當活頁簿檔案重新開啟時，會根據現有的收支項目金額，統計 總收入、總支出和總計，並再增加 20 筆的統計範圍。

執行結果

	A	B	C	D	E	F
1	Excel麵食館		總收入	總支出	總計	
2	收支表		2480	1820	660	
3						
4	序號	日期	收入	支出	名目	說明
5	1	2021/8/1		1564	青菜, 豆製品	豐美蔬果行
6	2	2021/8/1		256	麵	大發製麵廠
7	3	2021/8/1	2480		當天收入	
8						

上機操作

Step 01 開啟範例「9-1 建立麵食館收支表(練習檔)」活頁簿檔案，內含「收支」工作表。

	A	B	C	D	E	F
1	Excel麵食館		總收入	總支出	總計	
2	收支表					
3						
4	序號	日期	收入	支出	名目	說明
5	1	2021/8/1		1564	青菜, 豆製品	豐美蔬果行
6	2	2021/8/1		256	麵	大發製麵廠
7	3	2021/8/1	2480		當天收入	
8						

Step 02 在專案總管的「ThisWorkbook」上快按兩下，會開啟 ThisWorkbook 程式碼視窗。在物件下拉式清單中，選取「Workbook」項目，預設會建立 Open 事件程序。

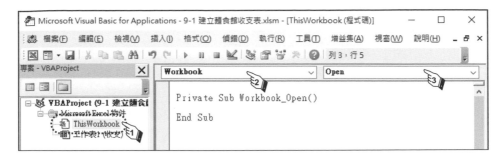

Step 03　撰寫 Workbook_Open 事件程序程式碼：

【 ThisWorkbook 程式碼 】

```
01 Private Sub Workbook_Open()
02     With Sheets("收支")
03         r = .Range("A4").End(xlDown).Row + 20     '預設多 20 個收支項目
04         .Range("C2").Formula = "=SUM(C5:C" & r & ")"
05         .Range("D2").Formula = "=SUM(D5:D" & r & ")"
06         .Range("E2").Formula = "=C2-D2"
07     End With
08 End Sub
```

説明

1. 第 1~7 行：開啟活頁簿時會觸發 Workbook_Open 事件，可在該事件程序設定各種預設值。

2. 第 3~6 行：第 3 行使用 End(xlDown) 方法，取得 A4 儲存格最下一列的列數後加 20。第 4~5 行設定總收入和總支出的 SUM 公式，範圍擴大 20 筆來容納當天輸入 20 筆以內資料。

3. 第 6 行：設定總收入減去總支出的公式，使結果為總計的值。

Step 04　以「9-1 建立麵食館收支表」為活頁簿檔案名稱，另存新檔。關閉所有活頁簿檔案。

Step 05　重新開啟「9-1 建立麵食館收支表」活頁簿檔案，觀察執行結果。

🔽 **範例**：9-1 備份收支表.xlsm

使用上例完成檔。設計每當該活頁簿檔案關閉時，會以檔名加日期以 XLSX 格式儲存在「備份」資料夾中，作為收支資料的備份。

上機操作

Step 01 繼續上例或開啟範例「9-1 備份收支表(練習檔)」活頁簿檔案。

Step 02 在檔案所在路徑建立一個「備份」資料夾,來存放收支資料的備份。

Step 03 在專案總管的「ThisWorkbook」上快按兩下,會開啟 ThisWorkbook 程式碼視窗。在物件下拉式清單中,選取「Workbook」項目,在事件清單選取「BeforeClose」項目,建立 Workbook_BeforeClose 事件程序。

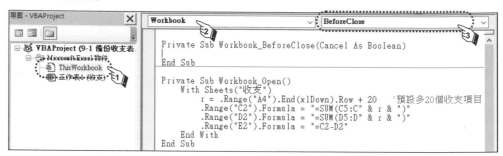

Step 04 撰寫 Workbook_ BeforeClose 事件程序程式碼。

【 ThisWorkbook 程式碼 】

```
01 Private Sub Workbook_BeforeClose(Cancel As Boolean)
02     On Error Resume Next                        '發生錯誤時跳至下一行
03     If ThisWorkbook.Saved = False Then
04         ThisWorkbook.Save                       '若未儲存就自動儲存
05     End If
06     Dim mypath As String, fname As String
07     fname = Left(ThisWorkbook.Name, Len(ThisWorkbook.Name) - 5)
08     fname = fname & Format(Date, "yymmdd")
09     fpath = ThisWorkbook.Path & "/備份/"          '備份檔路徑
10     ThisWorkbook.SaveAs Filename:=fpath & fname, _
                           FileFormat:=xlOpenXMLWorkbook
11 End Sub
```

説明

1. 關閉活頁簿前會先觸發 BeforeClose 事件,可以在該事件程序中執行關檔前必要的動作。

2. 第 3~5 行：若 Saved 屬性值為 False 表示檔案尚未儲存，就使用 Save 方法儲存活頁簿。

3. 第 7~9 行：使用 Name 屬性取得活頁簿的檔名，再用 Left 函數去除右邊的「.xlsm」字串。檔名後面加上年月日，當作每日備份的資料。用 Path 屬性取得活頁簿的路徑，再加上"/備份/"作為備份檔的路徑。

4. 第 10 行：使用 SaveAs 方法將活頁簿另存，利用 FileFormat 引數指定為 xlsx 格式。「備份」資料夾要事先建立，SaveAs 方法不會自動建立資料夾。

Step 05　關閉目前編撰的活頁簿檔案。結果在「備份」資料夾中產生了一個有附加日期的收支資料活頁簿備份檔案(.xlsx)。

Step 06　若在不同日期再開啟「9-1 備份收支表」活頁簿檔案，繼續填入當日(2021/8/2) 的收支資料，如下圖：

	A	B	C	D	E	F
1	Excel麵食館		總收入	總支出	總計	
2	收支表		5040	4187	853	
3						
4	序號	日期	收入	支出	名目	說明
5	1	2021/8/1		1564	青菜、豆製品	豐美蔬果行
6	2	2021/8/1		256	麵	大發製麵廠
7	3	2021/8/1	2480		當天收入	
8	4	2021/8/2		1480	青菜、豆製品	豐美蔬果行
9	5	2021/8/2		245	麵	大發製麵廠
10	6	2021/8/2		642	調味料	富春食品材料行
11	7	2021/8/2	2560		當天收入	
12						

Step 07　關閉目前編撰的活頁簿檔案。結果在「備份」資料夾中新增了一個附加不同日期的收支資料活頁簿備份檔案。

9.2 Worksheet、Sheet 物件

9.2.1 Worksheet、Sheet 物件簡介

在活頁簿(Workbook)中新增的工作表(Worksheet)和圖表工作表(Chart)，會組合成一個 Sheets 集合物件。Worksheets 工作表集合物件是 Worksheet 物件的組合；而 Charts 圖表工作表集合物件則是 Chart 物件的組合。如果要在程式中宣告一個工作表物件，以及指定 Worksheets 工作表集合中特定的活頁簿，其語法如下：

> **語法**
>
> Dim 工作表物件名稱 As Worksheet   ' 宣告工作表物件
> Worksheets(索引值 | "工作表檔名")   ' 指定工作表
> Sheets (索引值 | "工作表名稱")   ' 指定工作表

在 Worksheets 工作表集合中，只包含工作表(Worksheet)一種物件。在 Sheets 集合中，則可以包含工作表(Worksheet)、圖表工作表(Chart)兩種物件。如果 Sheets 集合中只有 Worksheet 物件時，就等於 Worksheets 工作表集合。用索引值指定工作表時，要注意索引值是由 1 開始。目前作用中的工作表或圖表工作表，可以用 ActiveSheet 來表示。

【簡例】在程式中宣告一個工作表物件 ws，然後指定為目前作用中工作表，其寫法如下：

> Dim ws As Worksheet
> Set ws = ActiveWorkbook.ActiveSheet   ' ActiveWorkbook.可以省略

9.2.2 Worksheet、Sheet 物件常用的屬性

屬性	說明
Name	可以取得工作表的名稱。
Count	可以取得工作表集合中所有工作表的數量。
Visible	可以設定工作表的顯示狀態,當屬性值為 True 時會顯示工作表;False 時工作表隱藏。
Rows	可以取得指定工作表中所有列的集合。指定其中一列時,可以使用索引值(值由 1 算起)。
Columns	可以取得指定工作表中所有欄的集合。指定其中一欄時,可以使用索引值(值由 1 算起),或是使用欄名。
Cells	可以取得工作表中的所有儲存格的集合,或是一個儲存格,例如 A3 儲存格可用 Cells(3, 1) 或 Cells(3, "A") 表示。
Range	可以取得指定工作表中的一個儲存格,或是儲存格範圍。
UsedRange	可以取得指定工作表中有使用的儲存格範圍。

【例 1】將「資料」工作表設定為隱藏:

```
Worksheets("資料").Visible = False
```

【例 2】刪除「工作表 1」的第一列:

```
Worksheets("工作表 1").Rows(1).Delete
```

【例 3】清除第一個工作表 B 欄的儲存格內容:

```
Worksheets(1).Columns("B").ClearContents          '也可用 Columns(2)
```

【例 4】指定最後工作表的 A1 儲存格為斜體字:

```
Worksheets(Worksheets.Count).Cells(1, 1).Font.Italic = True
```

【例 5】指定第一個工作表 A1 到 C3 儲存格內容為紅字:

```
Worksheets(1).Range("A1:C3")).Font.Color = vbRed
```

【例 6】重算作用工作表中有使用儲存格範圍的公式:

```
ActiveSheet.UsedRange.Calculate
```

9.2.3 Worksheet、Sheet 物件常用的方法

方法	說明
Activate	使用 Activate 方法可以使指定的工作表成為作用工作表。
Select	使用 Select 方法可選取指定的工作表。
Add	使用 Add 方法可以新增一個工作表或圖表工作表。
Copy	使用 Copy 方法可以複製指定的工作表到指定的位置。
Delete	使用 Delete 方法可刪除指定的工作表。
Move	使用 Move 方法可以搬移指定的工作表到指定的位置。
Calculate	使用 Calculate 方法可重新計算指定的工作表。
PrintPreview	使用 PrintPreview 方法可以預覽工作表或圖表。
PrintOut	使用 PrintOut 方法可以列印指定的工作表或圖表。
Protect	使用 Protect 方法可以保護指定的工作表或活頁簿。
Unprotect	Unprotect 方法則可以取消保護指定的工作表或活頁簿，如果有設定密碼時必須加上密碼引數。
ScrollArea	可以指定工作表可捲動的儲存格範圍，若要取消限制則設為空字串。

Worksheets 使用 Add 方法可以新增工作表，Sheets 則在新增時還可以用 Type 引數指定新增物件的型態，其常用語法為：

語法

> Worksheets.Add [Before, After, Count]
> Sheets.Add [Before, After, Count, Type]

說明

1. 在 Add 方法中可以用 Before 或 After 引數，來設定在指定工作表的前後，省略時會新增在作用工作表的前面。

2. Count 引數可以指定新增工作表的數量，預設值為 1。Type 引數可以指定新增工作表的型態，引數值為 xlWorksheet(預設值)、xlChart(圖表)。

【例 1】選取「1 月」、「2 月」、「3 月」工作表：

> WorkSheets(Array("1 月","2 月","3 月")).Select

【例 2】在最後一個工作表的後面新增兩個工作表：

```
Worksheets.Add After:= Worksheets(Worksheets.Count), Count:=2
```

【例 3】將「工作表 1」工作表複製一份到「工作表 2」後面：

```
Worksheets("工作表 1").Copy After:=Worksheets("工作表 2")
```

【例 4】將「總計」工作表移動到第一個工作表的前面：

```
Worksheets("總計").Move Before:= Worksheets(1)
```

【例 5】預覽列印目前作用工作表：

```
ActiveSheet.PrintPreview
```

【例 6】設定作用工作表可以捲動的儲存格範圍為 A1 到 Z100：

```
ActiveSheet.ScrollArea = "A1:Z100"
```

9.2.4 Worksheet 物件常用的事件

事件	說明
Activate	當選取工作表或是用 Activate 方法使其成為作用工作表時，就會觸動該工作表的 Activate 事件。
Deactivate	當選取其他工作表使原作用工作表成為非作用工作表時，就會觸動該工作表的 Deactivate 事件。
Change	當工作表變更儲存格內容時，就會觸動該工作表的 Change 事件。事件程序中的 Target 參數代表變動的儲存格。
Calculate	當工作表進行重算時，就會觸動該工作表的 Calculate 事件。重算時雖然會變更儲存格內容，但是不會觸動 Change 事件。
SelectionChange	當工作表儲存格的選取範圍有變動時，就會觸動該工作表的 SelectionChange 事件。事件程序中的 Target 參數，代表新選取的儲存格範圍。
BeforeDoubleClick	當在工作表的儲存格上快按兩下時，就會觸動該工作表的 BeforeDoubleClick 事件。因為快按兩下會進入編輯狀態，可以將事件程序的 Cancel 參數設為 True 避免進入編輯狀態。

當某一工作表成作用工作表時，會觸動該工作表的 Activate 事件，另外也會觸動所屬 Workbook 物件的 SheetActivate 事件。如果處理的方式對每個工作表都相同時，程式碼就寫在 SheetActivate 事件中；若只針對某一個工作表就寫在該工作表的 Activate 事件中。

當工作表變更儲存格內容時會觸動 Change 事件，如果在該事件程序中修改儲存格內容，就會造成不斷觸動 Change 事件。此時可以先將 Application 的 EnableEvents 的屬性值設為 False，來關閉事件的觸動功能，處理完畢後再開啟事件觸動的功能即可。

【例 1】在工作表的 Activate 事件中設定工作表的名稱為「作用中」：

```
Private Sub Worksheet_Activate()
    ActiveSheet.Name = "作用中"
End Sub
```

【例 2】在工作表的 Change 事件中，若是 B 欄儲存格被修改就顯示訊息：

```
Private Sub Worksheet_Change(ByVal Target as Range)
    If Target.Column = 2 Then
        MsgBox Target.Address & "儲存格有變動", vbOKOnly, "注意"
    End If
End Sub
```

【例 3】在工作表的 BeforeDoubleClick 事件中，將該儲存格切換粗體字：

```
Private Sub Worksheet_BeforeDoubleClick(ByVal Target as Range,
                Cancel As Boolean)
    Cancel = True                               '關閉編輯狀態
    Target.Font.Bold = Not (Target.Font.Bold)   '切換粗體字
End Sub
```

【例 4】在工作表的 Calculate 事件中，自動調整 B 欄到 E 欄的大小：

```
Private Sub Worksheet_Calculate()
    Columns("B:E").AutoFit
End Sub
```

⬇ **範例**：9-2 會議簽到.xlsm

會議簽到活頁簿含有研討會簽到表的參加人員姓名。設計如下功能：

① 當在姓名儲存格上快按兩下，會自動填入該會議參加者的報到日期、時間和便當等資料。

② 便當預設為葷食，如果在該儲存格快按兩下可以切換 素食|葷食 內容。

③ 如果在已經報到的姓名儲存格上快按兩下，會將日期、時間和便當資料清空。

執行結果

▲	A	B	C	D	E	F
1		Excel VBA 程式應用研討會簽到表				
2	編號	姓名	簽到日期	簽到時間	便當	備註
3	A001	劉依依	2021/7/19	10:40:23 AM	葷食	
4	A002	梁二仁				
5	A003	張三丰	2021/7/19	10:48:33 AM	素食	
6	A004	李四				
7	A005	王老五				

上機操作

Step 01 開啟範例「9-2 會議簽到(練習檔)」活頁簿檔案，內含參加名單。

▲	A	B	C	D	E	F
1		Excel VBA 程式應用研討會簽到表				
2	編號	姓名	簽到日期	簽到時間	便當	備註
3	A001	劉依依				
4	A002	梁二仁				
5	A003	張三丰				
6	A004	李四				
7	A005	王老五				

Step 02 在工作表 1 中建立 Worksheet 物件的 BeforeDoubleClick 事件程序。

Step 03 撰寫程式碼。

【工作表 1 程式碼】

```
01 Private Sub Worksheet_BeforeDoubleClick(ByVal Target As Range, _
          Cancel As Boolean)
02    With Target
```

03	If .Row = 1 Or .Row > Range("A2").End(xlDown).Row Then
04	Exit Sub '若列數超出範圍就離開程序
05	End If
06	Cancel = True '不進入編輯狀態
07	If .Column = 2 Then '如果是 B 欄
08	If .Offset(0, 1).Value = "" Then '若右邊一格是空白
09	.Offset(0, 1).Value = Date '填入日期
10	.Offset(0, 2).Value = Time '填入時間
11	.Offset(0, 3).Value = "葷食" '預設為葷食
12	Else
13	.Offset(0, 1).Value = "" '清空
14	.Offset(0, 2).Value = ""
15	.Offset(0, 3).Value = ""
16	End If
17	End If
18	If .Column = 5 Then '如果是 E 欄
19	If .Value = "" Then '若是空白就離開程序
20	Exit Sub
21	Else
22	If .Value = "葷食" Then
23	.Value = "素食" '若是葷食就改為素食
24	Else
25	.Value = "葷食" '若是素食就改為葷食
26	End If
27	End If
28	End If
29	End With
30	**End Sub**

說明

1. 第 1~30 行：當使用者在工作表的儲存格上快按兩下，會觸發該 Worksheet 物件的 BeforeDoubleClick 事件。

2. 第 2~29 行：在 BeforeDoubleClick 事件程序中，Target 參數代表被快按兩下的儲存格。利用 With…End With 敘述來處理被按的儲存格，可以使得程式碼較為簡潔，而且執行速度也會比較快。

3. 第 3~5 行：如果 Target 儲存格的列數為 1，或是大於最後一列時，就直接離開程序。

4. 第 6 行：因為在工作表上快按兩下會進入編輯狀態，所以必須將 Cancel 引數值設為 True 來離開編輯狀態。

5. 第 7~17 行：如果按的是 B 欄的儲存格時，再檢查右邊儲存格的值，若是空白就依序填入日期、時間和「葷食」；若不是空白就清空儲存格。

6. 第 8 行：用 Offset 屬性以相對位置的方式來指定儲存格，會比換算出儲存格的絕對位置程式寫法較簡潔。Offset 有列位移量和欄位移量兩個引數，例如 Offset(0,1) 表列不移動，而欄右移一欄。

7. 第 18~28 行：如果按的是 E 欄的儲存格時，檢查該儲存格的值，若是空白就離開程序；若是「葷食」就修改為「素食」；若是「素食」就修改為「葷食」，達成切換的效果。

9.3　Window 物件

9.3.1 Window 物件簡介

　　Excel 應用程式可以同時開啟多個活頁簿，每個活頁簿都屬於一個視窗 (Window)，有些工作表的特性(例如捲軸、格線、顯示比例...等)是屬於視窗的屬性。Windows 視窗集合物件是所有已開啟 Window 物件的組合，要指定視窗可以使用索引值。目前作用中的視窗可以用 ActiveWindow 來表示，若用索引值要注意作用中的視窗都為 Windows(1)，也就是說作用視窗會自動移到集合的第一個位置。如果要宣告 Window 物件，以及指定 Windows 視窗集合中特定的視窗，其語法如下：

> **語法**
>
> ```
> Dim 視窗物件名稱 As Window            ' 宣告視窗物件
> Windows (索引值 | "活頁簿檔案名稱")
> ```

9.3.2 Window 物件常用的屬性

屬性	說　明
Caption	可以設定或取得視窗的名稱。
Index	可以取得視窗物件在視窗集合中的索引值。利用 Windows 視窗集合的 Count 屬性，可以取得所有視窗的數量。
WindowState	可以設定或取得視窗物件的視窗顯示狀態，屬性值有：xlMaximized(視窗最大化)、xlMinimized(視窗最小化)、xlNormal (手動)三種。
Height | Width	可以分別設定或取得視窗的高度和寬度，但 WindowState 屬性必須設定為 xlNormal (手動)，才可以指定視窗的大小。
Left | Top	可以分別設定或取得視窗的 X 和 Y 座標，屬性值為 Double 型別。
Zoom	可以設定或取得視窗中作用工作表的顯示百分比，屬性值的資料型態為 Variant。屬性值如果為 50 表縮小一半、100 表正常大小、200 表放大一倍。
VisibleRange	可以取得指定視窗可以看見的儲存格範圍。
DisplayGridlines	可以設定或取得視窗內的工作表是否會顯示格線，屬性值有 True(顯示)、False(不顯示)。
SelectedSheets	可以取得視窗中被選取的 Sheets 工作表集合。

【例 1】將目前作用視窗最大化：

```
ActiveWindow.WindowState = xlMaximized
```

【例 2】將目前作用視窗設定顯示百分比為 100%：

```
ActiveWindow.Zoom = 100
```

【例 3】顯示筆電.xlsx 活頁簿中被選取工作表的名稱：

```
For Each sh In Workbooks("筆電.xlsx").Windows(1).SelectedSheets
    MsgBox sh.Name & "被選取"
Exit For
```

【例 4】顯示目前作用視窗中可見範圍的左上角儲存格位址：

```
MsgBox ActiveWindow.VisibleRange.Cells(1).Address
```

【例 5】將目前作用視窗設定為最大的可使用大小：

```
With Window(1)
    .WindowState = xlNormal
    .Top = 1
    .Left = 1
    .Height = Application.UsableHeight
    .Width = Application.UsableWidth
End With
```

9.3.3 Window 物件常用的方法

方法	說　明
Activate	使用 Activate 方法可以將指定的視窗成為作用視窗，該視窗自動會移到視窗集合的第一個。
NewWindow	使用 NewWindow 方法可以將指定視窗建立複本成為新的視窗。
LargeScroll	使用 LargeScroll 方法可以捲動工作表，透過引數 Down、Up、ToLeft、ToRight，能上、下、左、右捲動指定的頁數。
SmallScroll	使用 SmallScroll 方法可以捲動工作表，透過引數 Down、Up、ToLeft、ToRight，能上、下、左、右捲動指定的列數或欄數。
Close	使用 Close 方法可以關閉指定的視窗。

【例 1】將第二個視窗成為作用視窗：

```
ActiveWorkbook.Windows(2).Activate
```

【例 2】將開啟筆電.XLS 的視窗複製成新視窗：

```
ActiveWorkbook.Windows("筆電.XLS").NewWindow
```

【例 3】將目前作用視窗向下捲動兩頁：

```
ActiveWindow.LargeScroll Down:=2
```

【例 4】關閉目前作用視窗：

```
ActiveWindow.Close
```

9.3.4 Window 物件的事件

Window 物件並沒有定義事件，但是可以使用 Workbook 物件中和視窗相關的事件來操作。當活頁簿所在的視窗成為作用視窗時，會觸動該活頁簿的 WindowActivate 事件。當活頁簿所在的視窗不再是作用視窗時，會觸動 WindowDeactivate 事件。當視窗大小被調整時，會觸動 WindowResize 事件。

【簡例】當活頁簿成為成為作用視窗時，設視窗最大化顯示比例為 150%：

```
Private Sub Workbook_WindowActivate (ByVal Wn As Object)
    Wn.WindowState = xlMaximized
    Wn.Zoon = 150
End Sub
```

⬇ **範例**：9-3 活頁簿顯示比例.xlsm

設計當活頁簿檔案開啟時，視窗大小會改為寬 500、高 350，顯示比例為 150。關閉時恢復成顯示比例 100，視窗最大化。

上機操作

Step 01　開啟範例「9-3 活頁簿顯示比例(練習檔)」活頁簿檔案。如下圖：

Step 02　在專案總管的「ThisWorkbook」上快按兩下，會開啟 ThisWorkbook
程式碼視窗。建立 Open 和 BeforeClose 兩個事件程序，並撰寫兩
事件程序的程式碼：

【 ThisWorkbook 程式碼 】

```
01 Private Sub Workbook_Open()
02      With ActiveWindow
03          .Zoom = 150
04          .WindowState = xlNormal
05          .Height = 350
06          .Width = 500
07      End With
08 End Sub
09
10 Private Sub Workbook_BeforeClose(Cancel As Boolean)
11      With ActiveWindow
12          .Zoom = 100
13          .WindowState = xlMaximized
14      End With
15 End Sub
```

說明

1. 第 1~8 行：在 ThisWorkbook 物件的 Open 事件程序中，設定目前視窗的各種
預設值。第 3 行設 Zoom 屬性為 150，使顯示百分比為 150%。第 4~6 行先設
定視窗為手動，然後設定 Height 和 Width 屬性值來指定視窗的尺寸。

2. 第 10~15 行：在 ThisWorkbook 物件的 BeforeClose 事件程序中，恢復視窗的
原始設定。Zoom 屬性為 100，使顯示百分比為 100%。WindowState 屬性設
為 xlMaximized，將視窗狀態設為最大化。

Step 03　以「9-3 活頁簿顯示比例」為活頁簿檔名另存新檔。關閉活頁簿。

Step 04　重新開啟「9-3 活頁簿顯示比例」活頁簿檔案，觀察執行結果。

📥 **範例**：9-3 合併活頁簿.xlsm

使用上例完成檔。設計在 A5 儲存格快按兩下時，會開啟 B1 儲存格指定
合併後的檔案(如：空品統計資料.xlsx)，和 B3 儲存格指定加入的檔案
(如：第一季空品.xlsx、…、第四季空品.xlsx)，只將有內容(非空白)的工
作表複製到合併後的檔案中。完成後將兩個檔案都關閉。

執行結果

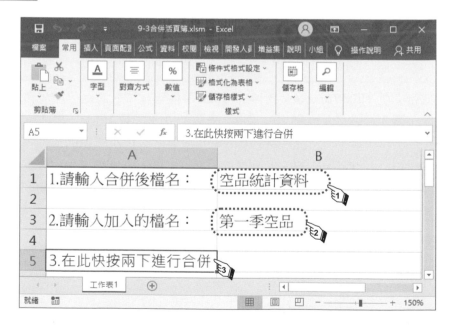

開啟合併後的「空品統計資料」活頁簿檔案，如下圖：

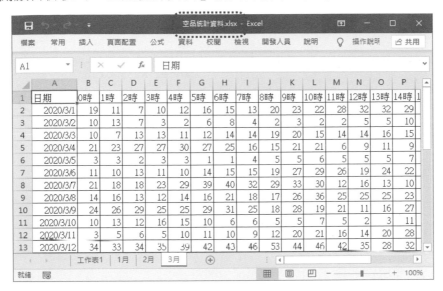

上機操作

| Step 01 | 繼續上例或開啟範例「9-3 合併活頁簿(練習檔)」活頁簿檔案。

| Step 02 | 將書所附範例中 第一季空品.xlsx ~第四季空品.xlsx 四個檔案，複製到 9-3 合併活頁簿.xlsm 所在的路徑，作為程式功能測試用。

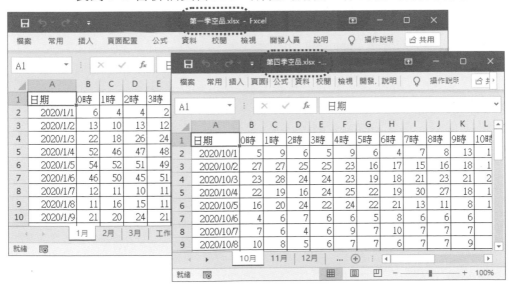

Step 03 在專案總管「工作表1」程式碼視窗內建立 BeforeDoubleClick 事件程序，並撰寫該事件程序的程式碼：

【工作表1程式碼】

```
01 Private Sub Worksheet_BeforeDoubleClick(ByVal Target As Range, _
                                Cancel As Boolean)
02     Cancel = True
03     If Target.Address = "$A$5" Then              '如果是按 A5 儲存格時
04         If IsEmpty(Range("B1")) Then             '如果 B1 儲存格空白
05             MsgBox "請在 B1 儲存格輸入合併後的檔名", , "注意"
06             Exit Sub
07         End If
08         If IsEmpty(Range("B3")) Then             '如果 B3 儲存格空白
09             MsgBox "請在 B3 儲存格輸入加入的檔名", , "注意"
10             Exit Sub
11         End If
12         Dim tFile, aFile, wPath As String
13         wPath = ThisWorkbook.Path & "\"          '目前活頁簿路徑
14         tFile = Range("B1").Value & ".xlsx"      '合併後活頁簿名稱
15         aFile = Range("B3").Value & ".xlsx"      '加入的活頁簿名稱
16         On Error GoTo ExitSub                    '若產生錯誤跳至 ExitSub
17         Workbooks.Open (wPath & aFile)           '開啟加入的活頁簿
18         On Error GoTo NewFile                    '若產生錯誤跳至 NewFile
19         Workbooks.Open (wPath & tFile)           '開啟合併後活頁簿
20         On Error GoTo 0                          '關閉錯誤機制
21         For Each sh In Workbooks(aFile).Worksheets
22             If IsEmpty(sh.UsedRange) = False Then   '若使用儲存格不是空白
23                 sh.Copy after:=Workbooks(tFile). _
                            Sheets(Workbooks(tFile).Sheets.Count)
24             End If
25         Next
26         Workbooks(aFile).Close                   '關閉加入的活頁簿
27         Workbooks(tFile).Save                    '儲存合併後活頁簿
28         Workbooks(tFile).Close                   '關閉合併後活頁簿
29     End If
30 Exit Sub
```

```
31
32 ExitSub:
33     MsgBox "要加入的活頁簿不存在！" & aFile, , "注意"
34     Exit Sub
35
36 NewFile:
37     Workbooks.Add     '新增活頁簿
38     ActiveWorkbook.SaveAs wPath & tFile     '以合併後檔名儲存新增的活頁簿
39     Resume Next       '跳回出錯處的下一行
40
41 End Sub
```

> **說明**

1. 第 1~41 行：在 BeforeDoubleClick 事件程序中，執行將加入活頁簿中非空白工作表，複製到合併後的活頁簿中。

2. 第 2 行：將 Cancel 引數值設為 True 離開編輯狀態。

3. 第 3~29 行：當 Target 參數的 Address 屬性值為 "A5"，表示是快按 A5 儲存格兩下，此時才進行工作表複製的動作。

4. 第 4~11 行：使用 IsEmpty 函數檢查 B1 和 B3 儲存格是否為空白，如果是空白就顯示提示訊息並離開程序。

5. 第 13 行：使用 ThisWorkbook 的 Path 屬性，來取得目前活頁簿的路徑。

6. 第 14,15 行：將 B1 和 B3 儲存格值加".xlsx"字串，分別來設定合併後和加入活頁簿的名稱。

7. 第 16 行：使用「On Error GoTo ExitSub」敘述，啟動錯誤機制並指定若產生錯誤跳至 ExitSub 標籤。

8. 第 17 行：使用 Workbooks 的 Open 方法，來開啟要加入的活頁簿，注意要加上目前活頁簿的路徑。如果該活頁簿不存在時，因為有啟動錯誤機制所以會跳至 ExitSub 標籤，進行錯誤處理。

9. 第 32~34 行：為開啟加入活頁簿錯誤時的處理程序，用 MsgBox 顯示提示訊息。第 34 行用「Exit Sub」敘述離開事件程序，如果不加此行敘述會繼續執行下面的敘述。

10. 第 18 行：使用「On Error GoTo NewFile」敘述，啟動錯誤機制並指定若產生錯誤跳至 NewFile 標籤。

11. 第 19 行：使用 Workbooks 的 Open 方法，來開啟合併後的活頁簿。如果該活頁簿存在時，不會產生錯誤所以會繼續往下執行。如果該活頁簿不存在時，因為有啟動錯誤機制所以會跳至 NewFile 標籤，進行新增活頁簿的動作。

12. 第 36~39 行：為開啟合併後活頁簿錯誤時的處理程序，先用 Workbooks 的 Add 方法新增活頁簿，然後用 SaveAs 方法儲存新增的活頁簿。最後用「Resume Next」敘述，指定跳回出錯處的下一行(即第 20 行)，繼續執行後面的敘述。

13. 第 20 行：使用「On Error GoTo 0」敘述來關閉錯誤機制，使產生錯誤時會出現系統訊息並停在原處，以方便進行程式除錯。

14. 第 21~25 行：用 For Each…敘述，逐一讀取加入活頁簿中的工作表。

15. 第 22~24 行：用 IsEmpty 函數檢查工作表的 UsedRange 是否為空白，若使用儲存格不是空白，就用 Copy 方法將該工作表複製到合併後活頁簿中。

16. 第 26,28 行：用 Close 方法關閉加入的活頁簿和合併後活頁簿。

17. 第 27 行：用 Save 方法儲存合併後活頁簿。

18. 第 30 行：用「Exit Sub」敘述離開事件程序，來避免執行後面的敘述。

Application 物件

每當 Excel 執行時，在 VBA 中就會建立一個 Application 物件，Application 物件就是代表 Excel 應用程式，換句話說 Application 物件就是所有物件的最上層，底下可以包含活頁簿、工作表...等物件。

10.1 Application 物件的常用屬性

Application 擁有為數眾多的屬性，這些屬性分別負責設定 Excel 應用程式的外觀、系統層次的設定...等。以下列出常用的屬性：

10.1.1 設定 Excel 環境的常用屬性

1. Caption

   用來傳回或設定 Excel 應用程式標題列的文字內容。例如：設定 Excel 應用程式標題列的文字等於「倉儲系統」。寫法如下：

   ```
   Application.Caption = "倉儲系統"
   ```

2. DisplayStatusBar

   為 Excel 應用程式是否顯示狀態列的開關，其屬性值有 True(顯示)、False(不顯示)兩種。例如：設定要顯示狀態列，寫法如下：

```
Application.DisplayStatusBar = True          '設定要顯示狀態列
```

3. DisplayFullScreen

為 Excel 應用程式視窗是否設定為全螢幕模式的開關,其屬性值有 True(全螢幕模式)、False(一般模式,預設值)。例如:Excel 應用程式視窗設定為全螢幕模式,寫法如下:

```
Application.DisplayFullScreen = True          '視窗設定為全螢幕模式
```

4. ScreenUpdating

為 Excel 應用程式視窗是否開啟螢幕更新的開關。屬性值有 True(可更新,預設值)、False(停止更新)。關閉螢幕更新可加速巨集執行,並可避免畫面閃爍的問題,只是當巨集結束時,務必將 ScreenUpdating 屬性設定回 True,寫法如下:

```
Application. ScreenUpdating = False          '暫停畫面更新
```

5. StatusBar

用來傳回或設定 Excel 應用程式的狀態列文字內容,若要取消狀態列的自訂文字,則可以將屬性值設為 False。例如:設定狀態列文字內容和取消文字的寫法如下:

```
Application. StatusBar = "巨集執行中 ... "   '狀態列顯示 "巨集執行中 ... " 訊息
Application. StatusBar = False               '狀態列顯示預設文字
```

6. WindowState

用來傳回或設定 Excel 應用程式的視窗狀態。屬性值有 xlMaximized(視窗最大化)、xlMinimized(視窗最小化)、xlNormal (手動)三種。例如:將 Excel 應用程式設為最大化,寫法如下:

```
Application.WindowState = xlMaximized          '視窗設定為視窗最大化
```

7. Calculation

用來傳回或設定儲存格內公式的重算方式,屬性值有 xlCalculationManual(手動重算)、xlCalculationAutomatic(自動重算)、xlCalculation Semiautomatic (除運算列表為手動外其餘為自動重算)三種。

8. CalculateBeforeSave

在 Calculation 屬性值設成 xlCalculationManual(手動重算)的情況下，可以使用 CalculateBeforeSave 屬性指定存檔前，是否再重算儲存格內公式，屬性值有 True(存檔前重算)、False(存檔前不重算)兩種。例如：將 Excel 應用程式設為存檔前必須重算儲存格內公式，寫法如下：

```
Application.Calculation = xlCalculationManual
Application.CalculateBeforeSave = True
```

9. DisplayAlerts

為 Excel 應用程式是否顯示提示或警告訊息的開關。屬性值有 True(顯示)、False(不顯示)兩種。例如：在關閉活頁簿 Book1.xls 時，關閉系統提示訊息。寫法如下：

```
Application.DisplayAlerts = False
Workbooks("BOOK1.XLS").Close
Application.DisplayAlerts = True
```

10.EnableEvents

為 Excel 應用程式是否允許觸動事件的開關。屬性值有 True(預設值、啟用事件觸發)、False(暫停事件觸發)兩種。例如：修改儲存格內容會觸發工作表的 Change 事件，所以先設 EnableEvents 屬性值為 False，等修改完儲存格內容後，再設回屬性值為 True。寫法如下：

```
Application.EnableEvents = False
Cells(1, 1) = 10
Application.EnableEvents = True
```

11.Interactive

為 Excel 應用程式是否接受使用者對工作表進行操作的開關。屬性值有 True(預設值、接受)、False(不接受)兩種。這是避免巨集或程序在執行中，因使用者的操作，導至錯誤的結果。例如：停止使用者對工作表進行操作。寫法如下：

```
Application.Interactive = False
```

⬇️ **範例**：10-1 屬性.xlsm

試設計一個程序,該程序在使用者按下 ⬚執行 鈕之後,會設定 Excel 的狀態列文字內容為「Application 屬性測試中」,並且停止接受使用者對工作表的操作。這樣的狀態維持 10 秒鐘,在這 10 秒內程序會顯示 時、分、秒,倒數計時。在倒數歸零之後,將狀態列文字內容恢復成原本預設文字,也恢復接受使用者的操作。

執行結果

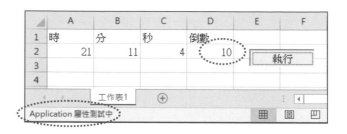

上機操作

Step 01　新增活頁簿,在工作表中建立如下表格及 ⬚執行 按鈕控制項。

	A	B	C	D	E	F
1	時	分	秒	倒數		
2						執行 ← BtnRun
3						

Step 02　編輯程式碼。

【 工作表 1 程式碼 】

```
01 Private Sub BtnRun_Click()
02     Dim dt As Date, dtNow As Date
03     dt = Time()
04     Application.StatusBar = "Application 屬性測試中"
05     Application.Interactive = False
06     Do
07         dtNow = Time()
08         Range("A2").Value = Hour(dtNow)
09         Range("B2").Value = Minute(dtNow)
10         Range("C2").Value = Second(dtNow)
11         Range("D2").Value = 10 - DateDiff("s", dt, dtNow)
12     Loop While (Range("D2").Value <> 0)
```

13	Application.StatusBar = False
14	Application.Interactive = True
15	**End Sub**

1. 倒數計時的方式：程序一執行就用 Time()函數取得目前時間資料，儲存在 dt 變數(第 3 行)。接著進入重複結構(第 6~12 行)，結構內敘述區段同樣會執行 Time()函數取得時間資料存在 dtNow 變數(第 7 行)，並將之分解成時、分、秒，顯示在儲存格上(第 8~10 行)。最後以 DateDiff("s", dt, dtNow)函數計算兩個時間的時間差(dtNow-dt)，再用 10 減去秒數差即得倒數計時的數值(第 11 行)。重複結構會一直執行到倒數計時的值為 0 才結束(第 12 行)。

2. DateDiff("s", dt1, dt2)函數：第 1 個引數 "s" 代表計算的最小單位為秒，運算時會以 dt2 減 dt1。

3. 第 4,5 行：使用 StatusBar 屬性設定狀態列文字為 "Application 屬性測試中"；並且將 Interactive 屬性設定成 False，停止接受使用者的操作動作。

4. 第 13~14 行：迴圈結束後，將 StatusBar 屬性設定為 False，使狀態列文字恢復成原本預設值。再將 Interactive 屬性設定成 True，接受使用者的操作動作。

10.1.2 Application 指定物件的常用屬性

1. Workbooks

   Workbook 物件代表的是一份 Excel 文件，每一個 Excel 文件都會被儲存在 Workbooks 集合中。在巨集中可以藉由活頁簿名稱或索引值，在 Workbooks 集合中取得 Workbook 物件。例如：新增一個活頁簿，然後設定索引值為 1 的活頁簿為作用中，寫法如下：

   | Application.Workbooks.Add | '新增一個活頁簿 |
   | Application.Workbooks(1).Activate | '設定索引值為 1 的活頁簿 |

2. ActiveWorkbook

   可以傳回 Excel 應用程式目前作用中的活頁簿物件，如果沒有活頁簿時傳回值為 Nothing。例如：顯示目前作用中活頁簿的 Name 屬性，寫法如下：

   | MsgBox Application.ActiveWorkbook.name |

3. Worksheets

可以取得目前作用中的活頁簿，所有工作表的集合。下列範例會顯示目前作用中的活頁簿每一張工作表的名稱。寫法如下：

```
For Each ws In Worksheets
    MsgBox ws.name
Next
```

4. Sheets

可以取得目前作用活頁簿中，所有工作表和圖表工作表的集合。若要指定工作表可以使用索引值、使用工作表名稱或是直接使用工作表名稱。例如：假設「工作表 1」索引值為 1，下列三種寫法皆可使工作表 1 成為作用中的工作表。

```
Sheets(1).Select
Sheets("工作表 1").Select
工作表 1.Select
```

5. ActiveSheet

可以取得目前作用中工作表，如果沒有作用中工作表時傳回值為 Nothing。例如：取得目前作用中的工作表名稱，寫法如下：

```
MsgBox (Application.ActiveWorkbook.ActiveSheet.Name)
MsgBox (ActiveWorkbook.ActiveSheet.Name)    '可簡化不寫 Application 物件
MsgBox (ActiveSheet.Name)        '不會混淆的情況下，可簡化到上層物件都不寫
```

6. Columns

可以取得目前作用工作表中，所有垂直欄的集合。指定其中一欄時，可以使用欄名或索引值(值由 1 算起)。例如：選取 B 欄(索引值為 2)及選取 BCD 三欄的寫法如下：

```
Application.Columns(2).Select        ' 寫法二：Columns("B").Select
Application.Columns("B:D").Select     ' 選取 B、C、D 欄
```

7. Rows

可以取得目前作用工作表中，所有水平列的集合。指定其中一列時，可以使用索引值(值由 1 算起)。例如選取第 3 列及，刪除 2~5 列儲存格物件的寫法如下：

```
Application.Rows(3).Select
Application.Rows("2:5").Delete                 ' 刪除 2、3、4、5 列
```

8. Range

使用 Range 屬性可以取得目前作用工作表中的一個儲存格，或是儲存格範圍。
例如：設定目前作用工作表 A2 ~ D5 儲存格的值皆為 1，寫法如下：

```
Application.ActiveSheet.Range("A2:D5").Value = 1
```

9. Cells

在 Application 物件下，可以取得目前作用中的工作表，全部儲存格的集合。在
Range 及 Worksheet 物件下使用，可以使用列和欄索引值來指定其中一個儲存格
時。例如：清除目前活頁簿中工作表 2 上第一個儲存格的公式和值。寫法如下：

```
Worksheets("工作表 2").Cells(1).ClearContents
```

10. ActiveCell

可以取得目前作用中的儲存格，其資料型別為 Range，如果沒有工作表本屬性無
效。例如：將目前作用中儲存格的字體顏色設成藍色，寫法如下：

```
ActiveCell.Font.ColorIndex = 32
```

11. Selection

可以傳回目前所選取的物件，選取的物件可能是儲存格範圍、圖表...等等。例如：
若選取的物件是儲存格範圍，就將選取的儲存格範圍的所有內容清除，寫法如下：

```
If TypeName(Selection) = "Range" Then
    Selection.Clear
End If
```

10.2 Application 物件常用的方法

1. Calculate

當 Application 的 Calculation 屬性值設為 xlCalculationManual(手動重算)時，可以
使用 Calculate 方法來重算活頁簿中的公式。各種計算範圍的寫法如下：

```
Application.Calculate              '所有開啟的活頁簿公式都重算
Worksheets("工作表 1").Calculate        '工作表 1 內公式重算
Worksheets(2)Columns(3). Calculate  '第 2 個工作表的 C 欄重算
```

2. Goto

Application 的 Goto 方法，可選取活頁簿上的任意工作表中的儲存格範圍，其語法如下：

> **語法**
>
> Application.Goto Reference[, Scroll]

說明

① Reference：所要選取的範圍。

② Scroll：是否捲動視窗直到選取範圍的左上角儲存格出現在視窗的左上角。屬性值：有 True(捲動)、False(不捲動、預設值)兩種。例如：選取活頁簿的第二個工作表中的儲存格範圍("B2:B4")並捲動視窗。

```
Application.Goto Worksheets(2).Range("B2:B4"), True
Application.Goto Scroll:=True,Reference:=Worksheets(2).Range("B2:B4")
```

③ 範例中有兩種寫法執行結果是一樣的，可以擇一使用。第二種寫法的引數傳入順序與函數宣告的順序是不同的，所以必須明確寫出引數要指定哪一個引數名稱，特別要注意的是指定運算子的寫法是「:=」。

3. Speech.Speak

Speech.Speak 方法可用語音讀出字串引數內容，例如：要讀出「Excel 2019」寫法如下：

```
Application.Speech.Speak ("Excel 2019")
```

4. Wait

Application 的 Wait 方法可以暫停巨集執行，直到指定時間為止。 如果到達指定時間，則傳回 True，並繼續執行接在後面的敘述。例如：暫停巨集十秒，暫停時間過後會顯示一個 MsgBox 指出「暫停時間結束!」的訊息。

```
If Application.Wait(Now + TimeValue("0:00:10")) Then
     MsgBox ("暫停時間結束!")
End If
```

5. OnTime

　　Application 的 OnTime 方法可以指定在某一特定時間執行指定的巨集。例如：指定 10 秒鐘後執行 timeFunc 巨集程序，寫法如下：

```
Application.OnTime DateAdd("s", 10, Now()), "timeFunc"
```

6. InputBox

　　Application 的 InputBox 方法可以顯示輸入對話方塊，在 Excel 中還有一個 InputBox()函數，同樣是用來開啟對話方塊。這兩者的差別在 Application 的 InputBox 方法可以指定傳回值的資料型別。其語法如下：

> **語法**
>
> 傳回值 = Application.InputBox (Prompt:="提示句" [, Title:="標題"]
> 　　　　　　　　　　　　　[, Default:=預設值] [, Type:=型別值])

說明

① 引數在對話方塊上的位置：

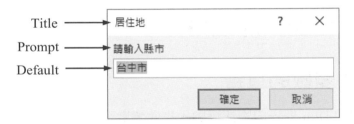

② Type：設定對話方塊可指定輸入值的資料型別。資料型別對應值如下：
　0（公式）、1（數字）、2（字串，預設值）、4（True 或 False）、
　8 (儲存格參照，Range 物件)、16 (錯誤值，例如 #N/A)、64(數值陣列)。

　使用者如果輸入值不是指定資料型別，會顯示錯誤訊息。

③ Type 引數可以指定多種輸入值的資料型別，例如，可以接受字串和數字的對話方塊，Type 設定為 1 + 2。

④ 如果使用者按　取消　鈕，則傳回值為 False。如果使用者按　確定　鈕，則傳回文字方塊的內容值。例如：顯示對話方塊供使用者輸入字串，標題是「居住地」，預設值是「台中市」，如果按　確定　鈕就顯示輸入字串在儲存格 "A2" 之內。

```
ct=Application.InputBox("請輸入縣市",Title:="居住地",Default:="台中市")
If ct <> False Then
    Range("A2").Value = ct
End If
```

⑤ 使用 Application.InputBox 才會呼叫 InputBox 方法；若是使用 InputBox()
則呼叫的是 InputBox 函數。

7. Quit

使用 Quit 方法會結束 Excel 應用程式。例如：儲存所有開啟的活頁簿，然後結束
Excel 應用程式。寫法如下：

```
For Each wb In Application.Workbooks
    wb.Save
Next wb
Application.Quit
```

10.3 物件變數的運用

10.3.1 物件變數的宣告

物件也可以用 Dim 宣告成物件變數，物件變數是型態較為特殊的變數，
其內容不是數值或文字，物件變數儲存的是被參照的物件。物件型態可以是
儲存格範圍、目前作用中的工作表、活頁簿 ... 等物件。然後用 Set 敘述來指
定物件變數的參照位置，其語法為：

語法

```
Dim  物件變數名稱  As  Object
Set  物件變數名稱  =  物件.[屬性|方法]
```

說明

1. 若要取消物件變數與物件之連結，可指定關鍵字「Nothing」；物件變數的
   名稱必須依照識別字命名規則來命名。

2. 資料型別「Object」是可以參照任何物件的任意型別。

3. 若在程式撰寫時,已經明確知道物件實際型別,則可將變數宣告成所需的物件型別,如下:

```
Dim myRange As Range
```

10.3.2 使用 With…End With 敘述

如果某一個物件有多個屬性或方法要同時設定,可以用 With…End With 建立一個敘述區段,再將屬性、方法等敘述撰寫在區段內。使用 With 敘述來簡化物件的引用,再配合向右縮排,不但可以讓程式碼更簡潔易讀,也能提高程式的執行效率,其語法如下:

語法
```
With  物件名稱
    [.屬性 = 屬性值]
    [.方法]
        :
End With
```

【簡例】使用 With 敘述區段與直接輸入

```
Public Sub 直接輸入()
    Worksheets(1).Range("A2:A9").Font.Size = 14
    Worksheets(1).Range("A2:A9").Font.Bold = True
    Worksheets(1).Range("A2:A9").Font.Italic = True
End Sub

Public Sub With 敘述()
    With Worksheets(1).Range("A2:A9")
        .Font.Size = 14
        .Font.Bold = True
        .Font.Italic = True
    End With
End Sub
```

10.4 Application 物件常用的事件

10.4.1 Application 物件的常用事件

1. NewWorkbook

   當建立一個新的活頁簿時，就會觸發 NewWorkbook。例如：在建立新的活頁簿時，對所有開啟的視窗進行排列。寫法如下：

   ```
   Private Sub App_NewWorkbook(ByVal Wb As Workbook)
       Application.Windows.Arrange xlArrangeStyleTiled
   End Sub
   ```

2. SheetActivate

   當使用者切換工作表時，就會觸發 SheetActivate 事件，SheetActivate() 的引數 Sh 代表目前作用工作表。例如：在切換工作表時，顯示作用中的工作表名稱，寫法如下：

   ```
   Private Sub App_SheetActivate(ByVal Sh As Object)
       MsgBox "作用中的工作表是：" & Sh.Name, Title:="事件-SheetActive "
   End Sub
   ```

3. SheetChange

   當使用者修改儲存格內容時，就會觸發 SheetChange 事件，SheetChange() 的引數 Sh 代表目前作用工作表，Target 代表被修改的儲存格範圍。例如：設定要顯示狀態列，寫法如下：

   ```
   Private Sub App_SheetChange(ByVal Sh As Object, ByVal Target As Range)
       MsgBox Target.Address & "儲存格有異動", Title:="事件-SheetChange"
   End Sub
   ```

4. WorkbookBeforeClose

   在關閉活頁簿時，就會先觸發 WorkbookBeforeClose 事件，WorkbookBeforeClose() 的引數 Wb 代表要被關閉的活頁簿，引數 Cancel 代表是否要取消關閉活頁簿。在事件中可再次詢問是否關閉，若是按 否(N) 就取消關閉動作，反之則進行關閉前應完成的動作，再關閉。寫法如下：

```
Private Sub App_WorkbookBeforeClose(ByVal Wb As Workbook, _
Cancel As Boolean)
    Dim yn As Integer
    yn = MsgBox("是否關閉活頁簿？", vbYesNo, "事件-WorkbookBeforeClose")
    If yn = vbNo Then Cancel = True
End Sub
```

10.4.2 建立 Application 物件的步驟

在使用 Application 物件的事件之前，要先建立物件後才能使用，操作步驟如下：

Step 01　建立物件。

在 Excel VBA 編輯器中執行功能表 [插入/物件類別模組] 指令，在專案中建立一個預設名稱為 Class1 的物件類別模組。

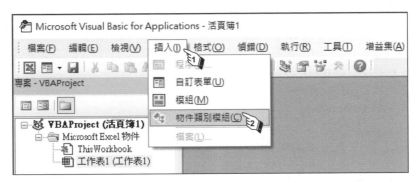

Step 02　修改物件名稱。

物件的預設名稱為 Class1，因為不具備識別性，所以我們可以修改模組的名稱。執行功能表 [檢視/屬性視窗] 指令，可以顯示屬性視窗。先點選 Class1 物件類別模組後，在屬性視窗中修改 Name 屬性值，就可以修改模組的名稱。

Step 03　宣告 Application 物件。

在 AppClass 物件類別模組的宣告區，使用 Public WithEvents 敘述來宣告名稱為 App 的公用 Application 物件，App 物件具有 Application 物件所有可觸發的事件。

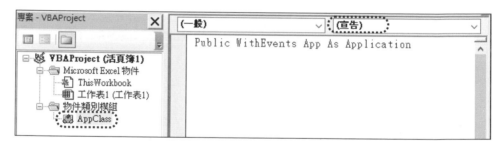

Step 04　建立 AppClass 物件實體。

接著要在一般模組中建立 AppClass 物件的實體，建立物件的實體前先執行 [插入/模組] 功能，建立預設名稱為 Module1 的一般模組。然後在 Module1 模組的宣告區，用 New 建立 AppClass 物件的公用實體 Ac，寫法為：

```
Public Ac As New AppClass
```

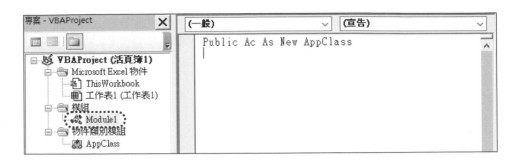

▌Step 05   指定 Ac 實體等於 Application 物件。

在 Module1 模組建立一個 Initialize 程序,用 Set 指定 Ac 實體的 App 等於 Application 物件,執行該程序後就可以觸動 Application 物件的所有事件。該程序和實體的名稱使用者都可以自定,寫法為:

```
Sub Initialize()
    Set Ac.App = Application
End Sub
```

▌Step 06   在 AppClass 物件類別模組建立 Application 物件事件。

切換到在 AppClass 物件類別模組的程式編輯區,在物件清單中選取 App 物件,自動建立 App 物件的預設事件 NewWorkbook。如果要再繼續建立其他的事件,可以由事件清單中選取要建立的事件。

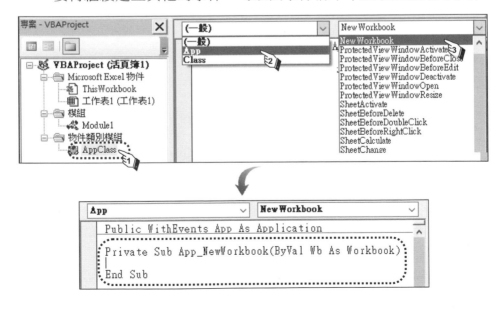

Step 07   完成 Application 物件的 App_NewWorkbook 事件程序。

在 App_NewWorkbook 事件中，撰寫該事件發生時要執行的敘述。
事件中的參數 Wb 代表所新增的活頁簿。

範例：10-4 Application 事件.xlsm

試設計一個巨集，當使用者每按一次 ┃執行┃ 鈕後，會新增一個活頁
簿，新增時會觸發 NewWorkbook 事件，設定所有開啟活頁簿並排顯示。

執行結果

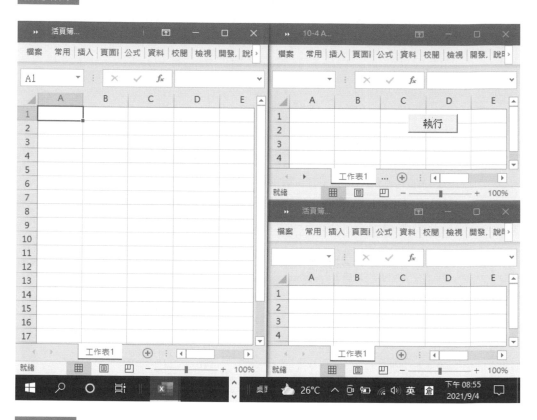

上機操作

Step 01   新增活頁簿，在工作表中建立 ┃執行┃ (BtnRun) 按鈕控制項。

Step 02　依照前面建立 Application 物件的步驟，建立 AppClass 物件模組和 App_NewWorkbook 事件。

Step 03　編輯程式碼。

【 Module1 程式碼 】

```
01 Public Ac As New AppClass
02
03 Sub Initialize()
04     Set Ac.App = Application
05 End Sub
```

【 工作表 1 程式碼 】

```
06 Private Sub BtnRun_Click()
07     Call Initialize
08     Application.Workbooks.Add
09 End Sub
```

【 AppClass 程式碼 (物件類別模組)】

```
10 Public WithEvents App As Application
11
12 Private Sub App_NewWorkbook(ByVal Wb As Workbook)
13     Application.Windows.Arrange xlArrangeStyleTiled
14 End Sub
```

説明

1. 第 7 行：當 BtnRun 按鈕被按下時，先呼叫一般模組中的 Initialize 程序(第 3~5 行)，建立起 Application 物件實體 Ac，以便觸發 Application 物件的所有事件。

2. 第 8 行：當新增一個活頁簿。新增活頁簿時會觸發 App_NewWorkbook 事件程序(第 12 行)。

3. 第 12~14 行：在 NewWorkbook 事件中執行 Application.Windows.Arrange xlArrangeStyleTiled 敘述，將視窗重新排列並排顯示。

VBA 活用實例 - 控制項

11.1 控制項簡介

Excel 工作表本身已經具備強大的功能,如果再配合控制項可以使得工作表更好操作。如果能在事件程序內自行編寫的程式碼,將會使功能更具彈性。Excel 提供表單控制項和 ActiveX 控制項,可以視需求選用。

11.1.1 表單控制項簡介

在「開發人員」索引標籤頁點選 插入控制項圖示鈕,會顯示表單控制項和 ActivcX 控制項。表單控制項是與舊版 Excel 5.0 以後版本相容的控制項,不能用於自訂表單只能在 Excel 工作表中使用。如果要對儲存格資料做簡單互動,只要連結巨集不需要事件程序時,使用表單控制項會比較簡易。例如使用者只要按一下按鈕控制項□,就會執行指定的巨集。本書主要介紹 ActiveX 控制項,但是控制項的功能都相似,讀者可以自行使用。

11.1.2 ActiveX 控制項簡介

ActiveX 控制項可以用於工作表和自訂表單(UserForms),使用彈性比較大。ActiveX 控制項具備物件的特性,提供各種屬性、方法和事件。透過屬性可以調整控制項的外觀、行為、字型...等;執行控制項的方法,可以執行特定的功能;在特定事件中編寫程式碼,可以和使用者互動。

11.2 ActiveX 控制項

11.2.1 常用的 ActiveX 控制項

名稱	說明
標籤 **A** Label	可以顯示文字或小圖示來作為描述或識別。 Caption 屬性：可以設定或取得控制項的標題文字。
命令按鈕 ▢ CommandButton	當使用者按一下命令按鈕時，會執行指定的巨集。
文字方塊 abl TextBox	可以讓使用者輸入、編輯或查看文字資料。 Text 屬性：可讀取使用者輸入的文字，或設定顯示的文字內容。
核取方塊 ☑ CheckBox	可以讓使用者勾選指定的項目，有未勾選 ☐ 和勾選 ☑ 兩種狀態。 Value 屬性：可取得或設定勾選狀態，屬性值為 False(未勾選、預設)和 True(勾選)，當屬性值改變時會觸發 Change 事件。
切換按鈕 ▤ ToggleButton	可以讓使用者選按項目，有未選按 未選按 和選按 選按 兩種狀態。 Value 屬性：可取得或設定選按狀態，屬性值為 False(未選按、預設)和 True(選按)，當屬性值改變時會觸發 Change 事件。
選項按鈕 ◉ OptionButton	可讓使用者在一組項目中選擇其中之一，有未選取 ◌ 和選取 ◉ 兩種狀態。 Value 屬性：可取得或設定勾選狀態，屬性值為 False(未選取、預設)和 True(選取)，當屬性值改變時會觸發 Change 事件。 GroupName 屬性：若有多組選項時，可以設定所屬的群組。
影像 🖼 Image	可以在控制項上顯示圖片，圖片格式可以為 bmp、jpg、gif、wmf...等。 Picture 屬性：可以設定圖檔的來源。

名稱	說明
捲軸 ScrollBar	可讓使用者按加減鈕、快動區或拖曳捲動鈕來增減整數值，以避免輸入值超出範圍。 Value 屬性：可取得或設定控制項的整數值，當屬性值改變時會觸發 Change 事件。 Max / Min 屬性：可取得或設定控制項的最大和最小值，Max 和 Min 預設屬性值分別為 32767 和 0。 SmallChange / LargeChange 屬性：設定每次按加減鈕或快動區的增減整數值，兩者的預設值都為 1。 減鈕 快動區(減) 捲動鈕 快動區(加) 加鈕
微調按鈕 SpinButton	可讓使用者按加減鈕來增減整數值，以避免輸入值超出範圍。 Value 屬性：可取得或設定控制項的整數值，當屬性值改變時會觸發 Change 事件。 Max / Min 屬性：可取得或設定控制項的最大和最小值，Max 和 Min 預設屬性值分別為 100 和 0。 SmallChange 屬性：設定每次按加減鈕的增減整數值。
清單方塊 ListBox	可以提供文字項目清單讓使用者從中選擇。清單方塊可以設定為只能單選、連續多選擇、非連續多選擇三種類型。 ListFillRange 屬性：指定工作表的儲存格範圍，作為清單項目的來源。 List 屬性：可取得或設定清單項目的陣列集合。 Text / Value 屬性：可取得使用者選擇的項目文字內容。 ListIndex 屬性：可取得使用者選擇項目的陣列索引值，若屬性值為-1 表沒有選取。
下拉式清單方塊 ComboBox	使用者按下拉鈕才會拉出文字項目清單，可以從中選擇一個項目。另外，使用者可以自行輸入文字內容。常用屬性和清單方塊相同。

11.2.2 建立 ActiveX 控制項

一、在工作表中建立 ActiveX 控制項

在功能區上點選「開發人員」索引標籤頁，在其中點 插入 插入控制項圖
示鈕會顯示表單控制項和 ActiveX 控制項清單，在清單中選擇要建立的
ActiveX 控制項工具。

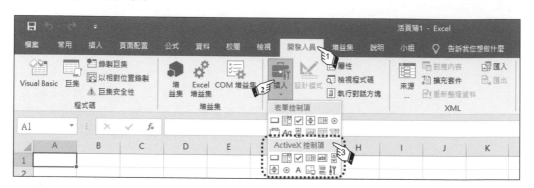

選取 ActiveX 控制項工具後，在工作表中適當位置拖曳滑鼠，就會建立
一個控制項物件。在工作表上建立 ActiveX 控制項後，會自動進入設計模式，
工具列的 設計模式 圖示鈕會呈凹陷狀。在設計模式下可以設定控制項的格式、屬
性、編輯程式碼。設計完成後要執行程式時，就再按一下 設計模式 圖示鈕關閉設
計模式即可。

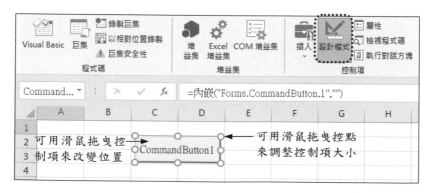

二、設定 ActiveX 控制項的格式

　　設計模式下在控制項物件上按右鍵，執行快顯功能表的【控制項格式】指令後，會開啟「控制項格式」視窗。在「控制項格式」視窗中有「大小」、「保護」、「摘要資訊」、「替代文字」等四個標籤頁，可以來設定控制項在工作表中的狀況。

三、設定 ActiveX 控制項的屬性

　　設定控制項物件的屬性值，可以在設計模式中，也可以在程式執行時。通常會在設計模式中，設定控制項的外觀和行為等屬性值。程式執行時，則會讀取或設定控制項的 Value、Text 等屬性的使用者輸入值。在設計模式中先點選要設定的控制項物件，然後按工具列的 属性 圖示鈕會開啟屬性視窗。在屬性視窗中，可以來設定指定控制項的各種屬性值。

四、編寫 ActiveX 控制項的事件程序程式碼

在設計模式中按工具列的 🔍 檢視程式碼 圖示鈕，會開啟程式碼視窗。在程式碼視窗中，由物件下拉清單中點選要設定的控制項物件，系統會自動新增該控制項的預設事件程序(即最常用的事件)，可以在其中編寫程式碼。如果要新增其他事件程序，則可以按事件的下拉鈕來新增。

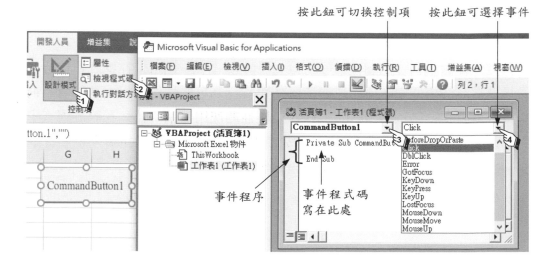

五、ActiveX 控制項的常用屬性

控制項物件有些屬性值是各種控制項所通用，也有些屬性值是專屬某種控制項。下面介紹常用的屬性：

1. Name 屬性：用來為控制項物件命名，以方便在程式中識別。

2. Caption 屬性：可以設定或取得控制項的標題文字。例如：在執行階段設定 Label1 標籤控制項的標題文字為「輸入」。

```
Label1.Caption = "輸入"
```

3. Text 屬性：可以設定或取得控制項中使用者輸入的文字。例如:在執行階段讀取 TextBox1 文字方塊控制項使用者輸入的文字到 userName 變數。

```
userName = TextBox1.Text
```

4. Height / Width 屬性：分別可以設定或取得控制項的高度和寬度。例如：在執行階段設定 Image1 影像控制項的高度和寬度為 50 和 100。

```
With Image1
   .Height = 50
   .Width = 100
End With
```

5. Left / Top 屬性：分別可以設定或取得控制項距離工作表左上角的水平和垂直距離。例如：在執行階段設定 Image1 影像控制項的座標為(120, 80)。

```
With Image1
   .Left = 120
   .Top = 80
End With
```

6. BackColor 屬性：可以設定或取得控制項的背景色。例如：在執行階段設定 CommandButton1 命令按鈕控制項的背景色為黃色。

```
CommandButton1.BackColor = vbYellow
```

7. ForeColor 屬性：可以設定或取得控制項的前景色。例如：在執行階段設定 TextBox1 文字方塊控制項的前景色為紅色。

```
TextBox1.ForeColor = RGB(255, 0, 0)
```

8. Font.Name[| Size | Bold]屬性：分別可以設定文字的字型、大小、粗體。
   例如：在執行階段設定 Label1 標籤鈕控制項的字型樣式。

```
With Label1.Font
   .Name = "標楷體"
   .Size = 20
   .Bold = True
End With
```

9. Enabled 屬性：可以設定控制項是否能使用，屬性值有 True (可用)、False(停用)。例如：在執行階段設定 CommandButton1 命令按鈕控制項不能使用。

```
CommandButton1.Enabled = False
```

10. Visible 屬性：可以設定控制項是否顯示，屬性值有 True (顯示)、False(隱藏)。例如：在執行階段設定 ListBox1 清單方塊控制項隱藏。

```
ListBox1.Visible = False
```

11. Value 屬性：可以設定或取得控制項的值，各種控制項值的資料型別可能不同，例如 CheckBox 的 Value 屬性值是布林，ScrollBar 是整數，而 TextBox 則是字串。例如：在執行階段讀取 ScrollBar1 捲軸控制項的值到 num 變數中。

```
num = ScrollBar1.Value
```

12. LinkedCell 屬性：可以設定控制項的值所連結的儲存格，是控制項連結工作表的重要屬性。例如：在執行階段設定 SpinButton1 微調按鈕控制項的值顯示在 A1 儲存格中。

```
SpinButton1.LinkedCell = "A1"
```

六、ActiveX 控制項的常用方法和事件

控制項物件有些方法和事件是各種控制項所通用，也有些是專屬某種控制項。下面介紹常用的方法和事件：

1. Activate 方法：使得指定的控制項成為目前作用中的控制項。例如：設定 TextBox1 文字方塊控制項成為目前作用中的控制項。

```
TextBox1.Activate
```

2. Click 事件：當使用者在控制項按一下滑鼠左鍵時，會觸發 Click 事件。例如：在 CommandButton1 命令按鈕控制項的 Change 事件程序中，產生一個 1~100 的亂數，並在 A1 儲存格顯示亂數值。

```
Private Sub CommandButton1_Click()
    ans = Fix(100 * Math.rnd()) + 1                '產生 1~100 的亂數
    Range("A1").Value =
End Sub
```

3. Change 事件：當控制項的 Text 或 Value 屬性值改變時，會觸發 Change 事件。控制項每次被按時都會觸發 Click 事件，但是 Change 事件只有當屬性值改變時才會觸發，可以視需要選用適當的事件。例如：在 CheckBox1 核取方塊控制項的 Change 事件程序中，根據勾選狀態來設定 check 變數值為"勾選"或"未勾選"。

```
Private Sub CheckBox1_Change()
    If CheckBox.Value = True Then
        check = "勾選"
    Else
        check = "未勾選"
    End If
End Sub
```

4. GotFocus 事件：當作用控制項取得駐停焦點成為作用控制項時，會觸動 GotFocus 事件。例如：在 GotFocus 事件程序中根據 A 欄的資料範圍，重新設定 ListBox1 清單方塊控制項的清單項目。

```
Private Sub ListBox1_GotFocus()
    Dim lastRow As Integer
    lastRow = Range("A1").End(xlDown).Row          '取得最下面的列數
    ListBox1.ListFillRange = "A1:A" & lastRow       '設清單項目來源
End Sub
```

5. LostFocus 事件：當作用控制項失去駐停焦點時，會觸動 LostFocus 事件。
例如：在 LostFocus 事件程序中檢查 TextBox1 文字方塊控制項的輸入值
是否介於 0~100，若超出就顯示提示訊息並讓使用者重新輸入：

```
Private Sub TextBox1_LostFocus()
    If Val(TextBox1.Text) < 0 Or Val(TextBox1.Text) > 100 Then
        MsgBox "值必須介於 0 ~ 100"     '顯示提示訊息
        TextBox1.Text=""                '清空輸入值
        TextBox1.Activate               '設 TextBox1 為作用控制項
    End If
End Sub
```

11.3 動態平時成績計算

📥 **範例**：11-3 平時成績計算.xlsm

學生有四個平時考成績，請製作老師可利用核取方塊勾選採計的平時成
績，然後根據勾選狀態計算出總計和平均。未勾選的平時成績會以較淡
的青色顯示，勾選的成績則為黑色。

執行結果

	A	B	C	D	E	F	G
1		☑ 採計	☐ 採計	☑ 採計	☑ 採計	計算	
2	座號	平時考1	平時考2	平時考3	平時考4	總分	平均
3	1	98	95	82	87	267	89
4	2	84	78	68	85	237	79
5	3	75	57	62	43	180	60
6	4	95	93	98	100	293	97.7
7	5	90	88	82	78	250	83.3
8	6	92	99	86	96	274	91.3
9	7	74	65	48	54	176	58.7
10	8	87	90	82	88	257	85.7

上機操作

Step 01 開啟範例「11-3 平時學期計算(練習檔)」活頁簿檔案,內含 8 個學生平時成績。

	A	B	C	D	E	F	G
1							
2	座號	平時考1	平時考2	平時考3	平時考4	總分	平均
3	1	98	95	82	87	169	84.5
4	2	84	78	68	85	153	76.5
5	3	75	57	62	43	105	52.5
6	4	95	93	98	100	198	99
7	5	90	88	82	78	160	80
8	6	92	99	86	96	182	91
9	7	74	65	48	54	102	51
10	8	87	90	02	88	170	85

Step 02 在 B1~E1 儲存格建立四個 CheckBox1~CheckBox4 核取方塊控制項,Value 屬性值設為 True 即預設為勾選。可以改用切換按鈕控制項,也能達成相同的功能。

Step 03 在 F1 儲存格建立一個 BtnCal 命令按鈕控制項。

CheckBox1　CheckBox2　CheckBox3　CheckBox4　BtnCal

	A	B	C	D	E	F	G
1		☑ 採計	☑ 採計	☑ 採計	☑ 採計	計算	
2	座號	平時考1	平時考2	平時考3	平時考4	總分	平均

Step 04 撰寫程式碼

【 工作表 1 程式碼 】

```
01 Private Sub CheckBox1_Click()
02     If CheckBox1.Value = True Then      '若 Value 屬性值為 True
03         Columns(2).Font.Color = vbBlack  '設 B 欄為黑色字
04     Else
05         Columns(2).Font.Color = vbCyan   '設 B 欄為青色字
06     End If
07 End Sub
```

```
08  … CheckBox2~ CheckBox4 的 Click 事件程序省略

09

10  Private Sub BtnCal_Click()

11      Dim n As Integer              '採計的平時成績數

12      n = 0                         '預設採計 0 個成績

13      If CheckBox1.Value = True Then n = n + 1

14      If CheckBox2.Value = True Then n = n + 1

15      If CheckBox3.Value = True Then n = n + 1

16      If CheckBox4.Value = True Then n = n + 1

17      Dim check(3) As Boolean       '布林陣列紀錄採計狀況

18      check(0) = CheckBox1.Value

19      check(1) = CheckBox2.Value

20      check(2) = CheckBox3.Value

21      check(3) = CheckBox4.Value

22      Dim lastRow as Integer

23      lastRow = Range("A2").End(xlDown).Row          '最後一列

24      Dim score() As Variant

25      Dim sum As Integer            '總分

26      For r = 3 To lastRow

27          score = Range(Cells(r, 2), Cells(r, 5)).Value

28          sum = 0                   '總分預設為 0

29          For i = 1 To 4

30              If check(i - 1) = True Then sum = sum + score(1, i)

31          Next

32          Cells(r, 6).Value = sum

33          If n > 0 Then

34              Cells(r, 7).Value = Format(sum / n, "#.0")

35          Else

36              Cells(r, 7).Value = 0

37          End If

38      Next

39  End Sub
```

説明

1. 第 1~7 行：當使用者點按 CheckBox1 核取方塊控制項時，會觸發 Click 事件。在 Click 事件程序中，使用 If 選擇結構根據 Value 屬性值，若為 True 表勾選就設 B 欄儲存格字型為黑色字；否則就設為青色字。B 欄除使用 Columns(2) 表示外，也可以使用 Range("B:B")。

2. 第 10~39 行：當使用者點按 BtnCal 命令按鈕方塊控制項時，會觸發 Click 事件。在 BtnCal_Click 事件程序中，編寫根據勾選狀況計算並顯示總分和平均的程式碼。

3. 第 11~16 行：宣告整數變數 n 來記錄採計平時成績的個數，並先預設為 0。然後逐一檢查 CheckBox1~CheckBox4 的 Value 屬性值，如果為 True 表示勾選就將 n 的變數值加 1，如此就可算出採計平時成績的個數。

4. 第 17~21 行：宣告布林陣列 check() 陣列元素 4 個，來紀錄各平時成績的採計狀況。依序將 CheckBox1~CheckBox4 的 Value 屬性值，指定給 check(0) ~ check(3) 陣列元素。使用陣列可以使得後面成績計算的程式碼較具有擴充性。

5. 第 22~23 行：宣告整數變數 lastRow，並用 Range("A2").End(xlDown).Row 方法取得 A2 儲存格所在資料範圍最後一列的列號。使用此方法將來學生人數增加時，程式碼可以不用更動就能適用。

6. 第 24 行：宣告 Variant 陣列 score()，可以存放儲存格的資料。

7. 第 26~38 行：使用 For 重複結構，由第 3 列到 lastRow 最後一列，逐一讀取平時考分數，並計算出總分和平均分數。

8. 第 27 行：將 Range(Cells(r, 2), Cells(r, 5)) 範圍的值指定給 score 陣列。要想將儲存格的值指定給陣列，該陣列的資料型別必須為 Variant，而且該陣列為二維陣列。另外，陣列的下界為 1 和一般陣列不同。

9. 第 28~31 行：先預設 sum 為 0，然後用 For 重複結構，i 由 1 到 4 逐一讀取 score 陣列的元素值。如果 check(i - 1) 陣列的元素值為 True，表有勾選該平時考，就將分數加入 sum。最後將 sum 值指定給 Cells(r, 6) 儲存格，Cells(r, 6) 也可以改寫為 Range("F" & r)。

10. 第 33~37 行：如果 num 大於 0 就將 sum 除以 num，並將值用 Format() 函式格式化為顯示到小數一位，然後指定給 Cells(r, 7) 儲存格。如果 num 小於 0，就將 Cells(r, 7) 儲存格的值設為 0。

11.4 切換降水量統計函數

📥 **範例**：11-4 降水量統計.xlsm

氣象局各測站一月至十二月的平均降水量資料，請製作可以利用微調按鈕切換「最大值」、「最小值」、「平均值」、「中位數」、「標準差」等統計函數，並顯示各測站的統計值。當統計「最大值」和「最小值」時，會將各測站對應儲存格的背景設為青色。

執行結果

標記最大或最小值　　　　　　　　　顯示函數　　按此切換

	A	B	C	D	E	F	G	H	I	J	K	L	M	N	O
1		一月	二月	三月	四月	五月	六月	七月	八月	九月	十月	十一月	十二月	最小值	◀▶
2	淡水	105.9	148.0	153.4	157.6	239.8	257.4	119.8	218.3	290.1	165.8	104.2	112.4	104.2	
3	鞍部	296.7	291.3	246.7	222.3	334.0	341.1	230.9	400.8	724.6	683.6	502.5	422.6	222.3	
4	臺北	93.8	129.4	157.8	151.4	245.2	354.6	214.2	336.5	336.8	162.6	89.3	96.9	89.3	
5	竹子湖	220.0	233.1	193.1	176.5	279.0	310.6	215.7	414.4	662.8	649.7	430.6	358.2	176.5	
6	基隆	327.8	349.8	274.4	211.0	284.1	290.4	119.5	211.4	390.1	377.6	396.9	356.6	119.5	
7	彭佳嶼	115.9	122.2	134.9	130.0	193.8	190.9	109.6	185.9	196.7	124.5	121.9	127.0	109.6	
8	花蓮	57.6	74.7	76.7	76.6	186.9	165.5	198.5	258.8	329.9	350.6	175.1	83.6	57.6	

顯示函數　　按此切換

	A	B	C	D	E	F	G	H	I	J	K	L	M	N	O
1		一月	二月	三月	四月	五月	六月	七月	八月	九月	十月	十一月	十二月	平均值	◀▶
2	淡水	105.9	148.0	153.4	157.6	239.8	257.4	119.8	218.3	290.1	165.8	104.2	112.4	172.7	
3	鞍部	296.7	291.3	246.7	222.3	334.0	341.1	230.9	400.8	724.6	683.6	502.5	422.6	391.4	
4	臺北	93.8	129.4	157.8	151.4	245.2	354.6	214.2	336.5	336.8	162.6	89.3	96.9	197.4	
5	竹子湖	220.0	233.1	193.1	176.5	279.0	310.6	215.7	414.4	662.8	649.7	430.6	358.2	345.3	
6	基隆	327.8	349.8	274.4	211.0	284.1	290.4	119.5	211.4	390.1	377.6	396.9	356.6	299.1	
7	彭佳嶼	115.9	122.2	134.9	130.0	193.8	190.9	109.6	185.9	196.7	124.5	121.9	127.0	146.1	
8	花蓮	57.6	74.7	76.7	76.6	186.9	165.5	198.5	258.8	329.9	350.6	175.1	83.6	169.5	

上機操作

Step 01 開啟範例「11-4 降水量統計(練習檔)」活頁簿檔案，內含氣象局各測站一月至十二月的平均降水量資料。

	A	B	C	D	E	F	G	H	I	J	K	L	M	N	O
1		一月	二月	三月	四月	五月	六月	七月	八月	九月	十月	十一月	十二月		
2	淡水	105.9	148.0	153.4	157.6	239.8	257.4	119.8	218.3	290.1	165.8	104.2	112.4		
3	鞍部	296.7	291.3	246.7	222.3	334.0	341.1	230.9	400.8	724.6	683.6	502.5	422.6		
4	臺北	93.8	129.4	157.8	151.4	245.2	354.6	214.2	336.5	336.8	162.6	89.3	96.9		
5	竹子湖	220.0	233.1	193.1	176.5	279.0	310.6	215.7	414.4	662.8	649.7	430.6	358.2		
6	基隆	327.8	349.8	274.4	211.0	284.1	290.4	119.5	211.4	390.1	377.6	396.9	356.6		
7	彭佳嶼	115.9	122.2	134.9	130.0	193.8	190.9	109.6	185.9	196.7	124.5	121.9	127.0		
8	花蓮	57.6	74.7	76.7	76.6	186.9	165.5	198.5	258.8	329.9	350.6	175.1	83.6		

Step 02 在 O1 儲存格建立 SpinButton1 微調按鈕控制項。　　　　　　SpinButton1

▲	A	B	C	D	E	F	G	H	I	J	K	L	M	N	O
1		一月	二月	三月	四月	五月	六月	七月	八月	九月	十月	十一月	十二月		◀ ▶
2	淡水	105.9	148.0	153.4	157.6	239.8	257.4	119.8	218.3	290.1	165.8	104.2	112.4		
3	鞍部	296.7	291.3	246.7	222.3	334.0	341.1	230.9	400.8	724.6	683.6	502.5	422.6		

Step 03 撰寫 ThisWorkbook 程式碼

【 ThisWorkbook 程式碼 】

```
01 Private Sub Workbook_Open()
02     With Sheets(1).SpinButton1
03         .Min = 0
04         .Max = 4
05         .Value = 3
06     End With
07 End Sub
```

説明

1. 1~7 行：若要在程式執行時設定控制項的預設屬性值，可利用活頁簿的 Open 事件程序。當使用者開啟本檔案時，就會觸發 Open 事件。要編輯 ThisWorkbook 程式碼，可在專案總管的 ThisWorkbook 上快按兩下即可。

2. 第 2~6 行：使用 With…End With 結構，設定 SpinButton1 微調按鈕控制項 Min、Max 和 Value 的預設屬性值。注意 SpinButton1 前要用 Sheets(1). 來指定控制項所在的工作表，才能正確指定到該控制項。Sheets(1)表第一個工作表，如果控制項不在第一個工作表可自行調整，另外也可用 Sheets(工作表名稱)或 WorkSheets 來表示。

Step 04 撰寫 工作表 1 程式碼

【 工作表 1 程式碼 】

```
01 Private Sub SpinButton1_Change()
02     Dim formulas(4) As String          '存放函數名稱
03     Dim data(4) As String              '存放函數中文名稱
04     formulas(0) = "MAX": formulas(1) = "MIN": formulas(2) = "AVERAGE"
05     formulas(3) = "MEDIAN": formulas(4) = "STDEV"
06     data(0) = "最大值": data(1) = "最小值": data(2) = "平均值"
07     data(3) = "中位數": data(4) = "標準差"
08     Dim lastRow, v As Integer
```

11-15

```
09      lastRow = Range("A2").End(xlDown).Row      '最後一列
10      v = SpinButton1.Value                 '取得目前微調按鈕控制項的值
11      Range("N1").Value = data(v)           '在 N1 儲存格顯示函數中文名稱
12      Range("B2:M" & lastRow).Interior.ColorIndex = xlNone'儲存格無背景色
13      For r = 2 To lastRow
14          Range("N" & r).FormulaR1C1 = "=" & formulas(v) & "(RC2:RC13)"
15          If v <= 1 Then
16              Dim c As Range                    'c 為 Range 物件
17              Set c = Range(Cells(r, 2), Cells(r, 13)).Find(Range("N" & r))
18              c.Interior.Color = vbCyan      '設儲存格背景為青色
19          End If
20      Next
21  End Sub
```

説明

1. 第 1~21 行：當使用者點按 SpinButton1 微調按鈕控制項的增減鈕時，會並觸發 Change 事件。在 Change 事件程序中，可以編寫 Value 屬性值改變對應的程式碼。

2. 第 2~7 行：宣告 formulas 和 data 兩個字串陣列，陣列大小為 5。其中各依序存放 "MAX"("最大值")、"MIN"("最小值")、"AVERAGE"(平均值)、"MEDIAN"("中位數")、"STDEV"("標準差")元素值。使用陣列其索引值可以對應 SpinButton1 的 Value 屬性值，會使程式碼較為簡潔。

3. 第 10 行：取得目前微調按鈕控制項的值，並指定給 v 整數變數。

4. 第 12 行：設定 Range("B2:M" & lastRow)儲存格範圍的 Interior.ColorIndex 屬性值為 xlNone，使指定的儲存格範圍沒有背景色。

5. 第 13~20 行：使用 For 重複結構，由第 2 列到 lastRow 最後一列，逐一設定 N 欄的函數，並將最大值和最小值所在儲存格背景設為青色。

6. 第 14 行：設定 N 欄的函數時，因為儲存格範圍為同一列，所以使用 FormulaR1C1 混和參照會較為方便。函數用&運算子串接"="、formulas(v) 和 "(RC2:RC13)"，例如最大值函數的串接後字串為"=MAX(RC2:RC13)"。

7. 第 15~19 行：當 v 變數小於等於 1 時，表示使用者選擇最大值或最小值，就將該值所在的儲存格的背景色設為青色

8. 第 16~17 行：要找出儲存格範圍內的最大值或最小值，可以使用 For 重複結構，逐一讀取儲存格來比對。但是，如果使用 Range 物件的 Find 方法速度會更快。

9. 第 16 行：宣告 c 為 Range 物件。

10. 第 17 行：用 Find 方法在 Range(Cells(r, 2), Cells(r, 13))儲存格範圍內，搜尋符合 Range("N" & r)的值，將找到的儲存格用 Set 指定給 c。

11. 第 18 行：設定搜尋到儲存格的 Interior.Color 屬性值為 vbCyan，使儲存格背景設為青色。

11.5　台鐵票價試算

範例：11-5 台鐵票價試算.xlsm

設計台鐵票價試算程式。

- 車票類型有單程票和電子票證兩種。
- 車種有太魯閣、普悠瑪、自強、莒光、復興、區間快、區間、普快 等八種。
- 票種有全票、孩童、愛心、愛陪 等四種。
- 票數可輸入 1~6。
- 里程為 10~500。

票價計算方式：

- 自強以上的票價費率為每人每公里 2.27 元，莒光 1.75 元，復興、區間快、區間 1.46 元，普快 1.06 元。
- 孩童、愛心、愛陪 票價為半價。
- 以電子票證搭乘自強以上車種，70 公里內按區間車票價 9 折，超過 70 公里的部分以每公里 2.27 元計算。電子票證搭自強以下車種，按區間車票價 9 折計算。

按 ｜ 加入 ｜ 鈕會新增一筆訂票紀錄最多 6 筆，按 ｜ 清空 ｜ 鈕會清除所有訂票紀錄。

執行結果

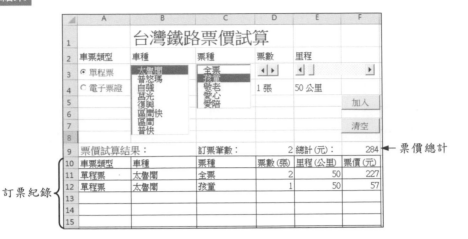

上機操作

Step 01 開啟範例「11-5 台鐵票價試算(練習檔)」活頁簿檔案，內含台鐵票價試算表格空白資料。

	A	B	C	D	E	F
1		台灣鐵路票價試算				
2	車票類型	車種	票種	票數	里程	
3						
4						
5						
6						
7						
8						
9	票價試算結果：		訂票筆數：		總計 (元)：	0
10	車票類型	車種	票種	票數 (張)	里程 (公里)	票價 (元)
11						
12						
13						
14						
15						
16						

Step 02 在 A3、A4 儲存格建立 OptionButton1、OptionButton2 選項按鈕控制項，B3、C3 儲存格建立 ListBox1、ListBox2 清單方塊控制項，D3 儲存格建立 SpinButton1 微調按鈕控制項，E3 儲存格建立 ScrollBar1 捲軸控制項。

11-18

Step 03　在 F5、F7 儲存格分別建立 BtnAdd、BtnCln 按鈕控制項。

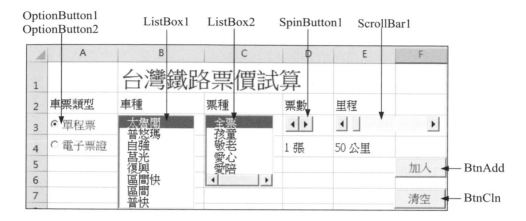

Step 04　撰寫 ThisWorkbook 程式碼。

【 ThisWorkbook 程式碼 】

```
01 Private Sub Workbook_Open()
02     Sheets(1).OptionButton1.Value = True
03     Sheets(1).ListBox1.ListFillRange = "資料!A2:A9"
04     Sheets(1).ListBox1.ListIndex = 0
05     Sheets(1).ListBox2.ListFillRange = "資料!B2:B6"
06     Sheets(1).ListBox2.ListIndex = 0
07     With Sheets(1).SpinButton1
08         .Min = 1
09         .Max = 6
10         .Value = 1
11     End With
12     With Sheets(1).ScrollBar1
13         .Min = 10
14         .Max = 500
15         .Value = 50
16         .LargeChange = 20
17     End With
18 End Sub
```

說明

1. 第 2 行：設 OptionButton1 的 Value 屬性值為 True，預設選「單程票」。

2. 第 3~6 行：設 ListBox1、ListBox2 的 ListFillRange 屬性值，設清單項目的來源為「資料」工作表儲存格。再設 ListIndex 屬性值為 0，預設選第一個項目。

3. 第 7~17 行：設 SpinButton1、ScrollBar1 的相關屬性值。

Step 05 撰寫 工作表 1 程式碼。

【 工作表 1 程式碼 】

```
01 Private Sub SpinButton1_Change()
02     Range("D4").Value = SpinButton1.Value & " 張"
03 End Sub
04
05 Private Sub ScrollBar1_Change()
06     Range("E4").Value = ScrollBar1.Value & " 公里"
07 End Sub
08
09 Private Sub BtnAdd_Click()
10     Dim n, num, km, total As Integer
11     If Range("D9").Value = 6 Then      '若訂票筆數等於 6 就顯示訊息並離開程序
12         MsgBox "訂票最多六筆！"          '顯示訊息
13         Exit Sub                       '離開程序
14     End If
15     n = Range("D9").Value + 1          '訂票筆數加 1
16     Range("D9").Value = n
17     If OptionButton1.Value = True Then
18         Range("A" & 10 + n).Value = OptionButton1.Caption
19     Else
20         Range("A" & 10 + n).Value = OptionButton2.Caption
21     End If
22     Range("B" & 10 + n).Value = ListBox1.Text      '顯示車種
23     Range("C" & 10 + n).Value = ListBox2.Text      '顯示票種
24     num = SpinButton1.Value                        '取得票數
25     km = ScrollBar1.Value                          '取得里程數
26     Range("D" & 10 + n).Value = num                '顯示票數
```

```
27    Range("E" & 10 + n).Value = km              '顯示里程
28    Dim money, off As Double      '分別紀錄每公里費率和全半票
29    money = Choose(ListBox1.ListIndex + 1, 2.27, 2.27, 2.27, _
                                    1.75, 1.46, 1.46, 1.46, 1.06)
30    off = 1 '預設為全票
31    If ListBox2.ListIndex > 0 Then off = 0.5    '若不是選第一項就設為半票
32    If OptionButton1.Value = True Then          '若是單程票
33        total = km * money * off * num
34    Else
35        If ListBox1.ListIndex > 2 Then
36            total = km * 1.46 * off * 0.9 * num
37        Else
38            If km <= 70 Then                    '里程小於等於 70 公里
39                total = km * 1.46 * off * 0.9 * num
40            Else
41                total = (70 * 1.46 * off * 0.9 + _
                        (km - 70) * 2.27 * off) * num
42            End If
43        End If
44    End If
45    Range("F" & 10 + n).Value = total
46 End Sub
47
48 Private Sub BtnCln_Click()
49    Range("D9").Value = 0                       '設訂票筆數為 0
50    Range("A11:F16").Value = ""                 '清除儲存格範圍的內容
51 End Sub
```

説明

1. 第 1~7 行：在 SpinButton1 和 ScrollBar1 的 Change 事件中，在對應的儲存格顯示控制項的 Value 屬性值。

2. 第 9~51 行：在 BtnAdd 命令按鈕方塊控制項的 Click 事件程序中，編寫根據使用者設定狀況計算票價的程式碼。

3. 第 11~16 行：整數變數 n 記錄訂票筆數，數值儲存在 D9 儲存格中。當訂票筆數等於 6，就用 Msgbox 顯示提示訊息，並用 Exit Sub 離開程序。

4. 第 17~21 行：根據 OptionButton1 的 Value 屬性值，設定訂票紀錄的 A 欄儲存格為被選取選項按鈕的 Caption 標題屬性值，顯示車票類型。

5. 第 22~23 行：在訂票紀錄的 B、C 欄儲存格分別設定為 ListBox1、ListBox2 控制項的 Text 屬性值，顯示車種和票種的選項。

6. 第 24~27 行：由 ScrollBar1 和 SpinButton1 的 Value 屬性值，分別取得票數(num) 和里程數(km)，並在訂票紀錄的 D、E 欄儲存格顯示。

7. 第 29 行：使用 Choose 函數根據 ListBox1 的 ListIndex 屬性值，來取得對應車種的車票費率。

8. 第 30~31 行：off 變數值設為 1 預設為全票，若 ListBox2 的 ListIndex 屬性值大於 0，就將 off 變數值設為 0.5 表為半票。

9. 第 32~45 行：如果 OptionButton1 的 Value 屬性值為 True，表示選單程票，票價就是 km(里程數) X money(費率) X off(全半票) X num(票數)。如果是電子票證時，若 ListBox1 的 ListIndex 大於 2 表搭自強以下車種，就用 1.46 費率並打九折計算票價。如果是搭自強以上車種時，若里程小於等於 70 公里，也是用 1.46 費率並打九折計算，超過 70 公里部分用 2.27 費率並不打折計算票價。最後在訂票紀錄的 F 欄儲存格顯示票價。F9 儲存格的公式設為「=SUM(F11:F16)」，會統計票價的總計。

10. 第 48-51 行：在 BtnCln 的 Click 事件程序中，設訂票筆數為 0 並清除訂票紀錄儲存格範圍的內容。

11. ListBox 和 ComboBox 控制項的清單項目都存在 List 屬性中，屬性值為陣列索引值由 0 開始。使用者選取的項目內容可由 Text 或 Value 屬性取得。若想知道是陣列的第幾個項目，則可以使用 ListIndex 屬性。

11.6 瀏覽和列印圖書介紹

⊙ **範例**：11-6 圖書介紹.xlsm

設計一個優良圖書介紹的瀏覽和列印程式，在「簡介」工作表可瀏覽圖書資料，而資料來源為「資料」工作表。「資料」工作表中有圖書的「書號」、「書名」、「作者」、「ISBN」、「出版日」、「出版社」和「價格」等資料。在「簡介」工作表中使用捲軸控制項來瀏覽圖書資料，並載入圖書封面圖檔，瀏覽時會顯示目前筆數和總筆數。使用者可以按「預覽列印」鈕，來預覽圖書介紹的列印情形。

執行結果

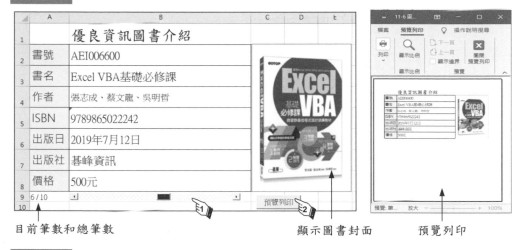

目前筆數和總筆數　　　　　　　顯示圖書封面　　　　預覽列印

上機操作

Step 01　開啟範例「11-6 圖書介紹(練習檔)」活頁簿檔案，內含「簡介」工作表和「資料」工作表。如下：

11-23

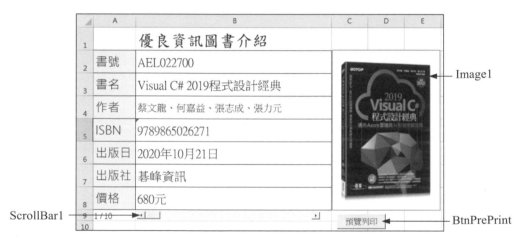

	B	C	D	E	F	G
1	書名	作者	ISBN	出版日	出版社	價格
2	Visual C# 2019程式設計經典	蔡文龍、何嘉益、張志成、張力元	9789865026271	2020/10/21	碁峰資訊	680
3	Python從基礎到資料庫專題	蔡文龍、何嘉益、張志成、張力元	9789865025236	2020/6/23	碁峰資訊	300
4	Visual C# 2019基礎必修課	蔡文龍、何嘉益、張志成、張力元、歐志信	9789865024307	2020/3/17	碁峰資訊	530
5	Python基礎必修課	蔡文龍、張志成、何嘉益、張力元、吳明哲	9789865022921	2019/11/4	碁峰資訊	450
6	Java SE 12基礎必修課	蔡文龍、何嘉益、張志成、張力元、吳明哲	9789865022686	2019/10/2	碁峰資訊	540
7	Excel VBA基礎必修課	張志成、蔡文龍、吳明哲	9789865022242	2019/7/12	碁峰資訊	500
8	C語言基礎必修課	蔡文龍、何嘉益、張志成、張力元、吳明哲	9789864769780	2018/11/26	碁峰資訊	420
9	C & C++程式設計經典	蔡文龍、張力元、吳明哲	9789864768110	2018/5/25	碁峰資訊	600
10	程式設計實習	蔡文龍、何嘉益、張志成、張力元	9789865027766	2021/5/24	碁峰資訊	洽業務
11	Visual Basic 6基礎必修課	林義証、蔡文龍、何叡、張傑瑞、黃世陽	9789862764152	2012/2/7	碁峰資訊	400

Step 02 在 C2 儲存格建立一個 Image1 影像控制項。在 B9 儲存格建立一個 ScrollBar1 捲軸控制項。在 C9 儲存格建立一個 BtnPrePrint 命令按鈕控制項。

	A	B	C	D	E	
1		優良資訊圖書介紹				
2	書號	AEL022700				← Image1
3	書名	Visual C# 2019程式設計經典				
4	作者	蔡文龍、何嘉益、張志成、張力元				
5	ISBN	9789865026271				
6	出版日	2020年10月21日				
7	出版社	碁峰資訊				
8	價格	680元				
ScrollBar1 → 9	1/10		預覽列印			← BtnPrePrint
10						

Step 03 複製圖檔

① 在 11-6 圖書介紹.xlsm 檔案所在的路徑建立 pic 子資料夾,然後將書附範例中的十個圖書圖檔複製到該資料夾中。

② 為方便程式讀取對應的圖書圖檔,所以用書號為主檔名而附檔名為 jpg。

Step 04 撰寫 ThisWorkbook 程式碼

【 ThisWorkbook 程式碼 】

```
01  Private Sub Workbook_Open()
02      Sheets("簡介").Image1.PictureSizeMode = 1
03      With Sheets(1).ScrollBar1
```

04	.Min = 1
05	.Max = Sheets("資料").Range("A1").End(xlDown).Row - 1
06	.Value = 2
07	End With
08	**End Sub**

説明

---

1. 第 2 行：設 Image1 的 PictureSizeMode 屬性值為 1，使圖片和控制項相同大小，其他屬性值還有 0(不變，預設)、3(等比例縮放)。

2. 第 3~7 行：設定 ScrollBar1 的 Min、Max 和 Value 屬性值，其中 Max 屬性值設為「資料」工作表資料範圍的最下列數減 1，如此當圖書資料增減時就會隨之調整。

Step 05　撰寫 工作表 1(簡介) 程式碼

【 工作表 1 程式碼 】

01	**Private Sub SpinButton1_Change()**
02	Dim n As Integer
03	n = ScrollBar1.Value　　　　　　'取得 Value 屬性值
04	Range("A9").Value = n & " / " & ScrollBar1.Max　　　　'顯示筆數
05	For r = 1 To Sheets("資料").Range("A1").End(xlToRight).Column
06	Range("B" & r + 1).Value = Sheets(2).Cells(n + 1, r).Value
07	Next
08	Image1.Picture = LoadPicture(ThisWorkbook.Path & "\pic\" & _ 　　　　　　　　　　　　　　　　Range("B2") & ".jpg")
09	**End Sub**
10	
11	**Private Sub BtnPrePrint_Click()**
12	ScrollBar1.Visible = False　　　'隱藏捲軸控制項
13	BtnPrePrint.Visible = False　　'隱藏命令按鈕控制項
14	Dim str As String
15	str = Range("A9").Value　　　　'儲存 A9 儲存格值
16	Range("A9").Value = ""　　　　　'清空 A9 儲存格
17	Sheets(1).PrintPreview　　　　'預覽列印第一個工作表
18	ScrollBar1.Visible = True　　　'顯示捲軸控制項
19	BtnPrePrint.Visible = True　　'顯示命令按鈕控制項

| 20 | Range("A9").Value = str | '復原 A9 儲存格值 |

21 **End Sub**

説明

1. 第 1~9 行：在 ScrollBar1 的 Change 事件程序中，編寫瀏覽資料的程式碼。

2. 第 2~4 行：ScrollBar1 的 Value 屬性值表目前顯示第幾筆資料，而 ScrollBar1 的 Max 屬性值表資料總筆數，將瀏覽資訊顯示在 A9 儲存格中。

3. 第 5~7 行：用 For 迴圈從「資料」工作表逐一讀取資料，到「簡介」工作表中顯示。其中終值用 End(xlToRight).Column 屬性取得最右邊的欄數，當圖書資料項目有增減時就能隨之調整。

4. 第 8 行：Image1 的 Picture 屬性用 LoadPicture 方法載入圖檔，圖檔路徑用 ThisWorkbook.Path 取得 Excel 檔的路徑，再加上子目錄「\pic\」即可。

5. 第 11~21 行：在 BtnPrePrint 按鈕方塊控制項的 Click 事件程序中，編寫預覽列印「簡介」工作表的程式碼。

6. 第 12~16 行：將捲軸和按鈕控制項的 Visible 屬性值設為 False，來隱藏控制項避免列印出。並將 A9 儲存格值存在 str 變數後，將儲存格清空。

7. 第 17 行：用 PrintPreview 方法預覽列印「簡介」工作表，如果改用 PrintOut 方法則可直接印出。

8. 第 18~20 行：將捲軸控制項、按鈕控制項和 A9 儲存格復原顯示。

VBA 活用實例 - 資料整理

12.1　資料整理的常用方法

　　Excel 工作表中可以存放眾多資料，利用 Excel 提供的方法可以快速搜尋、排序、篩選出想要的資料，因此大大提高工作的效率。

12.1.1　SpecialCells 方法

　　使用 Range 物件的 SpecialCells 方法，會傳回儲存格範圍內和指定的類型及值相符的所有儲存格，傳回值 r 為 Range 物件，其語法為：

> **語法**
>
> r = 儲存格範圍.SpecialCells(Type[, Value])

說明

1. Type 引數為必要的引數是指定傳回儲存格類型，常用的引數值有 xlCellTypeConstants(含常值)、xlCellTypeFormulas(含公式)、xlCellTypeVisible(可見)、xlCellTypeBlanks(空白)、xlCellTypeLastCell (右下角儲存格)、xlCellTypeAllFormatConditions(設定格式)...。

2. 如果 Type 引數值為 xlCellTypeConstants 或 xlCellTypeFormulas 時，可用 Value 引數進一步指定儲存格類別。Value 引數值有：xlNumbers(數值)、xlTextValues(字串)、xlLogical(邏輯值)、xlErrors(錯誤值)。

【例 1】將使用儲存格範圍內的空白儲存格設定值為 0：

```
UsedRange.SpecialCells(xlCellTypeBlanks).Value = 0
```

【例 2】將使用儲存格範圍內含公式且值為錯誤的儲存格，設為紅色字：

```
UsedRange.SpecialCells(xlCellTypeFormulas, xlErrors).Font.Color = vbRed
```

【例 3】加總儲存格範圍內含數值的儲存格：

```
total = Application.SUM(UsedRange.SpecialCells(xlCellTypeConstants, _
                        xlNumbers))
```

12.1.2 Sort 方法

Excel 的工作表可以做為一個簡易的資料庫，只要將工作表的第一列建立為資料的欄位 (標題)，第二列起為各個欄位的資料值即可。使用 Range 物件的 Sort 方法會針對指定儲存格範圍，根據指定的條件進行資料的排序，其語法為：

語法

```
儲存格範圍.Sort([ Key1] [, Order1] [, Key2] [, Type] [, Order2] _
[, Key3] [, Order3] [, Header] [, OrderCustom] [, MatchCase] _
[, Orientation] [,SortMethod] [, DataOption1] [, DataOption2] _
[, DataOption3])
```

說明

1. Key1 引數是指定第一個排序依據欄位(主要鍵)，通常 Key 引數都是指定標題的儲存格或欄位名稱。Key2 引數是第二個排序依據欄位(次要鍵)，Key3 引數是第三個排序依據欄位(第三鍵)。

2. Order1 引數是指定主要鍵的排序順序，引數值有 xlAscending (遞增，預設值)、xlDescending (遞減)。Key1 搭配 Order1 成為一組引數，Key2、Key2 則分別搭配 Order2 和 Order3。

3. Header 引數是設定是否有標題列，引數值有 xlNo(沒有標題，預設值)、xlYes (有標題)、xlGuess (由系統判斷)。

4. MatchCase 引數設定是否區分英文字母大小寫,引數值有 True(區分)、False(不區分)。

5. Orientation 引數是設定排序方向,引數值有 xlSortRows(列,預設值)、xlSortColumns(欄)。

6. SortMethod 引數是設定中文字的排序依據,引數值有 xlPinYin(注音,預設值)、xlStroke(筆畫)。

7. DataOption1 引數是設定 Key1 引數的文字和數字排序規則,引數值有 xlSortNormal (數字和文字資料分開,預設值)、xlSortTextAsNumbers (文字視為數字)。DataOption2、DataOption3 引數分別搭配 Key2、Key3 引數。

8. 使用 Sort 方法後,系統會保留 Header、Order1、Order2、Order3、OrderCustom 和 Orientation 等引數的設定值,供下次使用 Sort 方法時延用。如果要避免前次保留值影響排序結果時,就要完整指定這些引數值。

9. Rang 物件的 Sort 方法最多只能指定 3 個排序欄位,當需要排序的欄位超過 3 個時,就可以執行 Sort 方法多次來達成。

10. 執行 Sort 方法時工作表畫面會隨之不斷異動,想加快速度可以在執行前,先將 Application 物件的 ScreenUpdating 屬性值設為 False,執行 Sort 方法後再重設為 True。

【例 1】A1:D10 儲存格範圍根據 A 欄做遞減排序(有標題列):

```
Range("A1:D10").Sort Key1:=Rangc("A1"), Order1:=xlDescending, _
                     Header:=xlYes
```

【例 2】A 到 E 欄主要依 B 欄遞增,次要依 D 欄遞減排序(無標題列):

```
Columns("A:E").Sort Key1:=Columns("B"), Order1:=xlAscending, _
                    Key2:=Columns("D"), Order2:=xlDescending, Header:=xlNo
```

【例 3】A 到 G 欄依 B、C、D、E 欄的優先順序做遞增排序:

```
Columns("A:G").Sort Key1:=Range("D1"), Key2:=Range("E1")
'先處理優先順序較低的欄位,優先順序高的後處理
Columns("A:G").Sort Key1:=Range("B1"), Key2:=Range("C1")
```

【例 4】在標題欄上快按兩下，就依照該欄做遞增排序：

```
Private Sub Worksheet_BeforeDoubleClick(ByVal Target As Range, _
                                Cancel As Boolean)
    Dim dataRng As Range
    Set dataRng = UsedRange              ' 取得資料儲存格範圍
    Dim colCount As Integer
    colCount = dataRng.Columns.Count    ' 取得資料儲存格範圍的欄位數
    '若是第一列欄位
    If Target.Row = 1 And Target.Column <= colCount Then
        Cancel = True
        dataRng.Sort Key1:=Target, Header:=xlYes    '依 Target 欄位排序
    End If
    Set dataRng = nothing
End Sub
```

12.1.3 AutoFilter 方法

使用 Range 物件的 AutoFilter 方法，可以根據準則篩選工作表中的資料，將不符合條件的資料以整列方式隱藏，只顯示出符合條件的資料。就像是執行「自動篩選」功能，其語法為：

> **語法**
>
> 儲存格範圍.AutoFilter([Field][, Criteria1][, Operator][, Criteria2] _
>   [, VisibleDropDown])

說明

1. Field 引數是指定篩選依據的欄位，引數值為整數。如果要指定 A 欄引數值應設為 1，B 欄為 2…依此類推。

2. Criteria1 引數是指定篩選的準則，引數可為數值、字串、陣列等，可搭配 Operator 引數。例如"通過"、"電*"(以電字開頭)、"<0"(數值小於 0) 、"="(空白儲存格)、"<>"(非空白儲存格)、"><"(無資料儲存格)，省略時預設為全部。

3. Operator 引數搭配 Criteria1 引數指定篩選的類型，或兩個篩選準則的邏輯運算。常用的引數值為 xlAnd(Criteria1 和 Criteria2 篩選準則做 AND 邏輯運算)、xlOr(Criteria1 和 Criteria2 篩選準則做 OR 邏輯運算)、xlTop10Items

(顯示 Criteria1 指定數量的最高值項目)、xlBottom10Items(顯示 Criteria1 指定數量的最低值項目)、xlTop10Percent(顯示 Criteria1 指定百分比的最高值項目)、xlBottom10Percent(顯示 Criteria1 指定百分比的最低值項目)、xlFilterValues(條件值)、xlFilterCellColor(儲存格的色彩)、xlFilterFontColor (字型的色彩)、xlFilterDynamic(動態篩選)。例如 Operator 引數值為 xlTop10Items，Criteria1 引數值為 3，表篩選出前三大的資料。

4. Criteria2 引數是指定第二個篩選準則，搭配 Criteria1 及 Operator 引數。

5. VisibleDropDown 引數設定是否顯示篩選欄位的下拉鈕，引數值有 True(顯示，預設值)、False(隱藏)。

6. 若 AutoFilter 方法沒有任何引數值時，只會切換篩選下拉鈕的顯示狀態，可用來取消自動篩選。工作表使用自動篩選時，該工作表的 AutoFilterMode 屬性值為 True，若設為 False 可取消自動篩選。使用工作表的 ShowAllData 方法會顯示全部資料，但仍屬自動篩選狀態所以還會顯示篩選下拉鈕。

【例 1】將使用儲存格依 A 欄篩選，準則是值大於 100，並隱藏下拉鈕：

```
UsedRange.AutoFilter Field:=1, Criteria1:=">=100", VisibleDropDown:=False
```

【例 2】將使用儲存格依 B 欄篩選，準則是最小值的後 3 個項目：

```
UsedRange.AutoFilter Field:=2, Criteria1:= 3, Operator:=xlBottom10Items
```

【例 3】將使用儲存格依 C 欄篩選，準則是最大值的前 25%項目：

```
UsedRange.AutoFilter Field:=3, Criteria1:= 25, Operator:=xlTop10Percent
```

【例 4】將使用儲存格依 A 欄篩選，準則是字型為紅色的項目：

```
UsedRange.AutoFilter Field:=1, Criteria1:= vbRed, _
                Operator:= xlFilterFontColor
```

【例 5】將使用儲存格依 B 欄篩選，準則是高於平均值的項目：

```
UsedRange.AutoFilter Field:=2, Criteria1:= 33, _
                Operator:=xlFilterDynamic   '33 表高於平均、34 表低於平均
```

【例 6】將使用儲存格依 C 欄篩選,準則是姓氏為張、何的項目:

```
UsedRange.AutoFilter Field:=3, Criteria1:= Array("張*", "何*"), _
                Operator:=xlFilterValues
```

【例 7】將使用儲存格依 A 欄篩選,準則是倫敦、紐約、東京的項目:

```
Dim aryC(3) As String: aryC(0)= "倫敦": aryC(1)= "紐約": aryC(2)= "東京"
UsedRange.AutoFilter Field:=1, Criteria1:= aryC, Operator:=xlFilterValues
```

【例 8】將使用儲存格依 B 欄篩選,準則是值超出 0~100 的項目:

```
UsedRange.AutoFilter Field:=2, Criteria1:=" <0", Operator:=xlOr, _
                Criteria2:=" >100"
```

【例 9】將使用儲存格依 C 欄篩選,準則是日期為 2021 年的項目:

```
UsedRange.AutoFilter Field:=3, Criteria1:=">=01/01/2021", _
                Operator:=xlAnd, Criteria2:="<=12/31/2021"
```

【例 10】若工作表有使用自動篩選,就顯示全部資料:

```
If  ActiveSheet.AutoFilterMode = True  Then  ActiveSheet.ShowAllData
```

【例 11】若工作表有使用自動篩選,就取消自動篩選:

```
If Not ActiveSheet.AutoFilter Is Nothing Then
     ActiveSheet.AutoFilterMode = False
End If
```

12.2　篩選基金績效

範例:12-2 基金績效篩選.xlsm

活頁簿中有「篩選」、「複製」、「資料」三個工作表。在「篩選」工作表中按微調按鈕,可以設定篩選的百分比 (10 ~ 100,預設值 50)。在「一個月」~「sharp」欄位快按兩下,會依該欄遞減排序並篩選出前指定百分比的項目。按 複製 鈕會將篩選後的資料複製到「複製」工作表中。按 復原 鈕會將「資料」工作表的原始資料,複製到「篩選」工作表。

執行結果

遞減排序

上機操作

Step 01　開啟範例「12-2 基金績效篩選(練習檔)」活頁簿檔案，內含「篩選」、「複製」、「資料」三個工作表。

Step 02　建立 ActiveX 控制項

① 在 N1 儲存格建立 SpinButton1 微調按鈕控制項，設定 Min＝10(最小值)、Max＝100(最大值)、Value－50(預設值)、SmallChange＝10(增減值)、LinkedCell＝"M1"(連結 M1 儲存格)等屬性值。

② 在 N1~O1 儲存格建立 BtnCopy、BtnUndo 兩個命令按鈕控制項。

| | SpinButton1 | BtnUndo |

H	I	J	K	L	M	N	O
三年	自成立日	標準差	sharpe	前幾%:	50 ▲▼	複製	復原

BtnCopy

Step 03　撰寫程式碼

【 工作表 1 程式碼 】

```
01 Private Sub Worksheet_BeforeDoubleClick(ByVal Target As Range, _
       Cancel As Boolean)
02    Cancel = True                      '關閉編輯狀態
03    Dim col As Integer
04    col = Target.Column                '取得快按兩下的儲存格的欄數
05    If Target.Row = 1 And (col >= 3 And col <= 11) Then
06       Range("A:K").Sort Key1:=Cells(1, col), Order1:=xlDescending, _
              Header:=xlYes
07       Range("A:K").AutoFilter field:=col, _
              Criteria1:=SpinButton1.Value, Operator:=xlTop10Percent
08    End If
09 End Sub
```

10	
11	`Private Sub BtnCopy_Click()`
12	`    Range("A:K").Copy Destination:=Worksheets("複製").Range("A1")`
13	`    Worksheets("複製").Columns("A:K").AutoFit        '自動調整大小`
14	`End Sub`
15	
16	`Private Sub BtnUndo_Click()`
17	`    If Not ActiveSheet.AutoFilter Is Nothing Then`
18	`        ActiveSheet.AutoFilterMode = False        '取消自動篩選`
19	`    End If`
20	`    Worksheets("資料").UsedRange.Copy _`
	`            Destination:=Worksheets("篩選").Range("A1")`
21	`End Sub`

説明

1. 第 1~9 行：使用者在工作表快按兩下時，會觸發 Worksheet_BeforeDoubleClick 事件。

2. 第 3~4 行：Target 參數代表快按兩下的儲存格，用 Column 屬性取得欄數 col。

3. 第 5~8 行：若快按兩下的儲存格在第一列且為 3~11 欄，就做排序和篩選。

4. 第 6 行：使用 Sort 方法依 Target 儲存格做遞減排序，指定有標題列。

5. 第 7 行：使用 AutoFilter 方法依 col 欄位做篩選，準則為前 SpinButton1.Value 百分比的項目。

6. 第 11~14 行：按「複製」鈕時會用 Copy 方法，將篩選後的資料複製到「複製」工作表中。然後用 AutoFit 方法自動調整 A 到 K 欄的大小。

7. 第 16~21 行：按「復原」鈕時，若「篩選」工作表有自動篩選就取消，然後用 Copy 方法將「資料」工作表的資料複製到「篩選」工作表。

12.3 快按兩下標題欄位彙整銷售資料

範例：12-3 銷售資料彙整.xlsm

在「資料」工作表的「業務員」、「月份」、「地區」、「品名」標題欄位上快按兩下，會依該欄位的項目建立工作表，並將相關的資料複製至對應的工作表中。

執行結果

標題欄位快按兩下

	A	B	C	D	E	F	G
1	業務員	月份	地區	品名	單價/箱	數量	銷售金額
2	張志成	1月	松山區	八寶粥	260	12	3120
3	何嘉益	2月	萬華區	茶裏王	395	46	18170
4	張力元	3月	中正區	八寶粥	260	15	3900
5	張志成	1月	松山區	可口口樂	320	43	13760

資料　1月　2月　3月　⊕

產生工作表

上機操作

Step 01　開啟範例「12-3 銷售資料彙整(練習檔)」活頁簿檔案，內含「資料」
工作表。

Step 02　撰寫程式碼

【 工作表 1 程式碼 】

```
01 Private Sub Worksheet_BeforeDoubleClick(ByVal Target As Range, _
           Cancel As Boolean)
02     Application.Calculation = xlCalculationManual      '停止公式自動計算
03     Application.ScreenUpdating = False          ' 停止畫面更新
04     Application.DisplayStatusBar = False        ' 停止更新狀態列
05     Application.EnableEvents = False            ' 停止事件處理
06     Cancel = True                               ' 關閉編輯狀態
07     Dim col, fRow As Integer
08     col = Target.Column '取得快按兩下的儲存格的欄數
09     fRow = UsedRange.Rows.Count                 '最下列數
10     If Target.Row = 1 And (col >= 1 And col <= 4) Then
11         Dim dic
12         Set dic = CreateObject("scripting.dictionary")    '建立字典
13         For Each cel In Range(Cells(2, col), Cells(fRow, col))
14             dic.Item(cel.Value) = 1
15         Next
16         Dim IsExist As Boolean              '紀錄工作表是否存在
17         For Each d In dic.keys              '根據字典的鍵值逐一處理
18             IsExist = False                 '預設工作表不存在
19             For i = 1 To Worksheets.Count
```

20	`If Worksheets(i).Name = d Then`
21	`IsExist = True` `'設工作表存在`
22	`Exit For`
23	`End If`
24	`Next`
25	`If IsExist = False Then` `'若工作表不存在`
26	`Worksheets.Add(after:=Worksheets(Worksheets.Count)).Name = d`
27	`Else`
28	`Worksheets(d).Cells.Clear` `'將工作表內容清空`
29	`End If`
30	`Range("A:G").AutoFilter field:=col, Criteria1:=d`
31	`Range("A:G").Copy Destination:=Worksheets(d).Range("A1")`
32	`Range("A:G").AutoFilter`
33	`Next`
34	`End If`
35	`Application.Calculation = xlCalculationAutomatic` `'恢復公式自動計算`
36	`Application.ScreenUpdating = True` `'恢復畫面更新`
37	`Application.DisplayStatusBar = Truee` `'恢復更新狀態列`
38	`Application.EnableEvents = True` `'恢復事件處理`
39	**`End Sub`**

説明

1. 第 1~39 行：使用者在工作表快按兩下時，會觸發 Worksheet_BeforeDoubleClick 事件。

2. 第 2~5、35~38 行：VBA 程式執行時，Excel 也會執行其對應的功能。為避免影響執行速度，可以先停止 Excel 的部分功能，程式執行後再恢復功能。

3. 第 10~34 行：若快按兩下的儲存格在第一列且為 1~4 欄位才彙整資料。

4. 第 11~12 行：建立字典 dic，字典(dictionary)是儲存「鍵」(key)和「值」(value)成對的資料結構，一個「鍵」只會對應到一個「值」，也就是「鍵」是唯一不能重複。因為要找出指定欄中不重複的項目，利用字典資料結構最簡便。

5. 第 13~15 行：將指定欄中的所有儲存格值作為「鍵」，「值」為 1(可用其它固定值)，逐一放入 dic 字典，因為「鍵」是唯一所以重複資料會自動被刪除。

6. 第 17~34 行：逐一取出 dic 字典中所有的「鍵」值，先檢查有無以「鍵」值
   為名的工作表，如果沒有就新增，如果已經存在就清空內容。然後以「鍵」
   值篩選資料後，將資料複製到對應的工作表中。

7. 第 19~24 行：逐一取得工作表的 Name 屬性值來比對「鍵」值，就能得知工
   作表是否存在。

8. 第 25~29 行：如果工作表不存在時就用 Add 方法新增，並指定 Name 屬性值
   來設定名稱；存在時用 Cells 的 Clear 方法將工作表內容清空。

9. 第 30~32 行：用 AutoFilter 方法篩選資料，然後用 Copy 方法複製資料到對應
   的工作表中。最後取消自動篩選的功能。

12.4　用快速鍵整理基金資料

📥 **範例**：12-4 **基金資料整理**.xlsm

設計按快速鍵 Ctrl + ⇧ Shift + B 時，會整理由網路下載的基金評等資
料。整理時先刪除空白列，新增一個「基金類別」標題欄位，然後將多
餘的標題列和基金類別列刪除。

執行結果

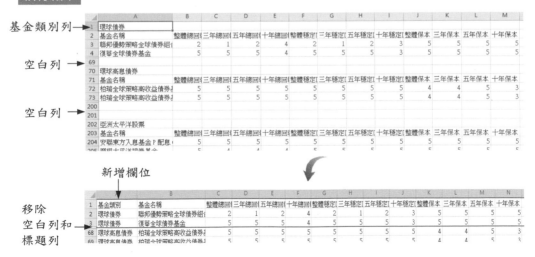

上機操作

Step 01　開啟範例「12-4 基金資料整理(練習檔)」活頁簿檔案。

Step 02　在 ThisWorkbook 中建立 Workbook_Open 和 Workbook_BeforeClose
兩個事件程序。

【 ThisWorkbook 程式碼 】

```
01 Private Sub Workbook_Open()
02     Application.OnKey "^+{b}", "ArrangeData"
03 End Sub
04
05 Private Sub Workbook_BeforeClose(Cancel As Boolean)
06     Application.OnKey "^+{b}"
07 End Sub
```

說明

1. 第 1~3 行：想要按快速鍵就執行 Sub 程序，必須在 Workbook_Open 事件程序中，使用 Application 物件的 OnKey 方法。OnKey 方法的引數 "^+{b}"表按 Ctrl + ⇧ Shift + B 鍵(若是 Alt 鍵則用%)，"ArrangeData"表執行的程序。注意設定的快速鍵會蓋掉 Excel 預設的快速鍵，所以可以使用較少用的按鍵組合。

2. 第 5~7 行：在 Workbook_BeforeClose 事件程序中，使用 OnKey 方法取消快速鍵的設定，來恢復 Excel 預設的快速鍵。

3. Workbook_Open 事件程序只有在開啟活頁簿時才會執行，所以寫完程式要測試前，必須關閉活頁簿再重新開啟。

Step 03　在活頁簿名稱上按右鍵，執行【插入/模組】指令，然後新增 Sub 程序 ArrangeData()。

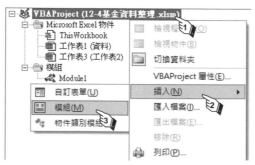

【 模組 Module1 程式碼 】

```
01  Private Sub ArrangeData()
02      Range("A:A").SpecialCells(xlCellTypeBlanks).EntireRow.Delete
03      Range("A1").EntireColumn.Insert shift:=xlToRight      '插入 A 欄
04      Range("A2").Value = "基金類別"               '新增標題欄位
05      Dim fRow As Integer
06      fRow = Range("B1").End(xlDown).Row
07      Dim kind As String                       '紀錄基金類別
08      For i = 1 To fRow - 2
09          If Cells(i + 1, 2).Value = "基金名稱" Then
10              kind = Cells(i, 2)                  '取得基金類別
11          End If
12          Cells(i + 2, 1).Value = kind           '寫入基金類別
13      Next
14      Rows(1).Delete                          '刪除第一列
15      fRow = Range("B1").End(xlDown).Row
16      For i = fRow To 2 Step -1
17          If Cells(i, 2).Value = "基金名稱" Then
18              Rows(i).Delete                     '刪除多餘的標題列
19              Rows(i - 1).Delete                  '刪除基金類別列
20          End If
21      Next
22  End Sub
```

說明

1. 第 1~22 行：使用者按 `Ctrl` + `⇧ Shift` + `B` 快速鍵，所執行的 ArrangeData 程序要寫在模組中。

2. 第 2 行：使用 A 欄的 SpecialCells 方法，指定引數為 xlCellTypeBlanks 取得空白儲存格。然後用 EntireRow.Delete 方法，將空白儲存格所在列刪除，一行程式就可以移除所有的空白列。

3. 第 3~4 行：使用 Insert 方法插入 A 欄，然後在 A2 儲存格設定「基金類別」標題欄位。

4. 第 7~13 行：用 For 迴圈由第 1 列到倒數第 2 列，若下一列 B 欄儲存格值為 "基金名稱"，就讀取 B 欄儲存格值(即基金類別)到 kind 變數，然後寫到下兩列的 A 欄儲存格中。

	A	B	C	D	E	F	G	H	I
1	複 製	環球債券							
2	基金類別	基金名稱	整體總回	三年總回	五年總回	十年總回	整體穩定[	三年穩定[	五年穩
3		聯邦優勢策	2	1	2	4	2	1	
4		復華全球債	5	5	5	4	5	5	

5. 第 16~21 行：刪除多餘的標題列時，因為列數會不斷減少，所以用 For 迴圈由下而上刪除，程式碼會比較簡潔。

12.5 用快捷功能表搜尋錯誤資料

📥 **範例**：12-5 搜尋錯誤資料.xlsm

設計一個使用快捷功能表，來搜尋錯誤資料或執行指定功能。按右鍵會出現快捷功能表，有「空白儲存格」(標記空白儲存格)、「日期錯誤」(標記日期錯誤儲存格)、「公式值錯誤」(標記公式值錯誤儲存格)、「刪除字串中空白」(刪除字串中空白字元)、「轉大寫字母」(英文字母轉成大寫)和「轉全形字」(英、數字轉成全形字)等功能項目，執行時會對按右鍵所在欄的資料執行指定功能。

執行結果

	A	B	C	D	E	F
1	日期	編號	品名	單價	數量	小計
2	2000/13/20	a		15	2	30
3	2000/2/30	E	包	30	5	150
4	2000/1/1	a	餅	24	7	168
5	2000/1/32	b	ten		9	#VALUE!
6	2000/12/31	c	1 2		12	#VALUE!
7	2000/2/31	C	+	119	5	595
8						

快捷功能表：
- 空白儲存格
- 日期錯誤
- 公式值錯誤
- 刪除字串中空白
- 轉大寫字母
- 轉全形字

	A	B	C	D	E	F
1	日期	編號	品名	單價	數量	小計
2	2000/13/20	a001	五香 乖乖	15	2	30
3	2000/2/30	B001	味丹雙響泡	30	5	150
4	2000/1/1	a002	中祥 蔬菜 餅	24	7	168
5	2000/1/32	b002	飛壘泡泡糖	ten	9	#VALUE!
6	2000/12/31	c001		1 2	12	#VALUE!
7	2000/2/31	C002	樹頂 蘋果汁	119	5	595

標記錯誤資料

	A	B	C	D	E	F
1	日期	編號	品名	單價	數量	小計
2	2000/13/20	a001	五香乖乖	15	2	30
3	2000/2/30	B001	味丹雙響泡	30	5	150
4	2000/1/1	a002	中祥蔬菜餅	24	7	168
5	2000/1/32	b002	飛壘泡泡糖	ten	9	#VALUE!
6	2000/12/31	c001		1 2	12	#VALUE!
7	2000/2/31	C002	樹頂蘋果汁	119	5	595

刪除字串中空白字元

上機操作

Step 01 開啟範例「12-5 搜尋錯誤資料(練習檔)」活頁簿檔案。

Step 02 撰寫工作表 1 程式碼

【 工作表 1 程式碼 】

```
01 Private Sub Worksheet_BeforeRightClick(ByVal Target As Range, _
                          Cancel As Boolean)
02    Cancel = True
03    On Error Resume Next                '錯誤產生時跳過
04    Application.CommandBars("myMenu").Delete      '刪除 myMenu 功能表
05    With Application.CommandBars.Add("myMenu", msoBarPopup)
06       With .Controls.Add               '新增功能項目
07          .Caption = "空白儲存格"        '項目文字
08          .OnAction = "BlankCells"      '執行程序
09       End With
10       With .Controls.Add
11          .Caption = "日期錯誤"
12          .OnAction = "ErrorDate"
13       End With
14       With .Controls.Add
15          .Caption = "公式值錯誤"
```

12-15

16	.OnAction = "ErrorFormula"	
17	End With	
18	With .Controls.Add	
19	.Caption = "刪除字串中空白"	
20	.OnAction = "DelStrBlank"	
21	End With	
22	With .Controls.Add	
23	.Caption = "轉大寫字母"	
24	.OnAction = "Upper"	
25	End With	
26	With .Controls.Add	
27	.Caption = "轉全形字"	
28	.OnAction = "Wide"	
29	End With	
30	.ShowPopup	'顯示快捷功能表
31	End With	
32	Application.CommandBars("myMenu").Delete	'刪除 myMenu 功能表
33	On Error GoTo 0	'恢復錯誤機制
34	Target.Select	
35	**End Sub**	

説明

1. 第 1~35 行：使用者在工作表上按右鍵，會觸發 Worksheet_BeforeRightClick 事件，在程序中編寫顯示快捷功能表的程式碼。

2. 第 3~4 行：使用 CommandBars 的 Delete 方法刪除 myMenu 功能表，如果該 功能表不存在時會產生錯誤，所以第 3 行設定錯誤產生時跳過錯誤敘述。

3. 第 5~31 行：使用 CommandBars 物件的 Add 方法新增 myMenu 功能表，並在 其中新增功能項目。

4. 第 5 行：CommandBars 的 Add 方法指定各種引數值，"myMenu"引數值表功 能表的名稱，msoBarPopup 引數值表為快捷功能表型態。

5. 第 6~9 行：使用 Controls 的 Add 方法新增功能項目，設 Caption 屬性值指定 項目文字為「空白儲存格」，設 OnAction 屬性值指定執行 BlankCells 程序。

6. 第 10~29 行：使用 Controls 的 Add 方法，繼續新增功能項目。

7. 第 30 行：使用 ShowPopup 方法顯示快捷功能表。

8. 第 32 行：使用 CommandBars 的 Delete 方法刪除 myMenu 功能表。

9. 第 34 行：選取按右鍵的儲存格。

Step 03　撰寫 Module1 程式碼

【 模組 Module1 程式碼 】

```
01 Private Function ColRng() As Range
02    Dim fRow As Integer, c As Integer
03    fRow = ActiveSheet.UsedRange.Rows.Count        '取得使用儲存格的最下列
04    c = ActiveCell.Column                          '取得作用儲存格所在欄
05    Set ColRng = Range(Cells(2, c), Cells(fRow, c))
06 End Function
07
08 Private Sub BlankCells()
09    On Error Resume Next                           '錯誤產生時跳過
10    ColRng.SpecialCells(xlCellTypeBlanks).Interior.ColorIndex = 6
11    On Error GoTo 0                                '恢復錯誤機制
12 End Sub
13
14 Private Sub ErrorDate()
15    On Error Resume Next
16    ColRng.SpecialCells(xlCellTypeConstants, 2).Interior.ColorIndex = 7
17    On Error GoTo 0
18 End Sub
19
20 Private Sub ErrorFormula()
21    On Error Resume Next
22    ColRng.SpecialCells(xlCellTypeFormulas, 16).Interior.ColorIndex = 8
23    On Error GoTo 0
24 End Sub
25
26 Private Sub DelStrBlank()
27    ColRng.Replace What:=" ", Replacement:="", Lookat:=xlPart
28 End Sub
29
30 Private Sub Upper()
```

```
31    For Each c In ColRng
32        c.Value = UCase(c.Value)           '使用 UCase 函數轉成大寫字母
33    Next
34 End Sub
35
36 Private Sub Wide()
37    For Each c In ColRng
38        c.Value = StrConv(c.Value, vbWide)   '使用 StrConv 函數轉成全形字
39    Next
40 End Sub
```

説明

1. 第 1~40 行：功能項目指定執行的程序，要寫在模組(Module)中。

2. 第 1~6 行：ColRng 自定 Function 程序會傳回作用儲存格所在欄有資料的儲存格範圍。

3. 第 8~12 行：BlankCells 程序使用 SpecialCells(xlCellTypeBlanks)方法選取空白儲存格，然後設定儲存格的背景色。因為若沒有空白儲存格執行時會產生錯誤，所以要先設定錯誤產生時跳過。

4. 第 14~18 行：ErrorDate 程序使用 SpecialCells(xlCellTypeConstants, 2)方法選取日期錯誤的儲存格，然後設定儲存格的背景色。

5. 第 20~24 行：ErrorFormula 程序使用 SpecialCells(xlCellTypeFormulas, 16) 方法選取錯誤公式值的儲存格，然後設定儲存格的背景色。

6. 第 26~28 行：DelStrBlank 程序使用 Replace 方法，逐一取代儲存格中的空白字元為空字串，來達成刪除空白字元的效果。

7. 第 30~34 行：Upper 程序使用 Ucase 函數，在 For Each 迴圈中逐一將儲存格中的字母轉為大寫。

8. 第 36~40 行：Wide 程序使用 StrConv 函數引數值設為 vbWide，在 For Each 迴圈中逐一將儲存格中的英數字轉為全形字。

12.6 身分證字號檢查

⬇ **範例**：12-6 身分證字號檢查.xlsm

設計在有身分證字號的儲存格快按兩下後，會往下檢查儲存格內身分證字號是否正確。正好有錯誤時改為紅色字，並加入錯誤的註解文字(長度不對、第 2 個字起為數字、第 2 個字不是 1 或 2、字母不對、錯誤)。身分證字號檢查的規則說明如下：

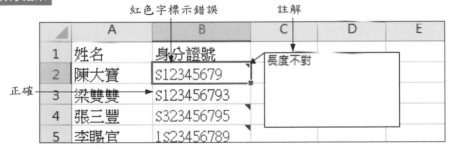

	大寫字母	1 或 2				九個數字				
統一證號	A	1	2	3	4	5	6	7	8	9
字母轉代碼	1	0	1	2	3	4	5	·6	7	8	9
乘加權值	x1	x9	x8	x7	x6	x5	x4	x3	x?	x1	x1
加總(=130)	= 1	= 0	= 8	= 14	= 18	= 20	= 20	= 18	= 14	= 8	= 9
檢驗	若加總值 Mod 10 為 0 表證號正確；非 0 表證號不正確。 130 Mod 10 = 0 ，所以本例證號正確。									

執行結果

紅色字標示錯誤　　　　　註解

	A	B	C	D	E
1	姓名	身分證號			
2	陳大寶	S12345679	長度不對		
3	梁雙雙	S123456793			
4	張三豐	S323456795			
5	李賜官	1S23456789			

正確 →(指向第3列)

上機操作

Step 01　開啟範例「12-6 身分證字號檢查(練習檔)」活頁簿檔案。

Step 02　撰寫程式碼

【工作表 1 程式碼】

```
01 Private Sub Worksheet_BeforeDoubleClick(ByVal Target As Range, _
            Cancel As Boolean)
02    Cancel = True
03    Dim rng As Range            '宣告 rng 變數為範圍
```

```vba
04      Set rng = Target                   '設 rng 為快按兩下的儲存格
05      Dim chkStr As String
06      Do
07          chkStr = CheckID(rng.Value)
08          If chkStr = "" Then        '當 CheckID 傳回值是空字串時 (ID 正確)
09              rng.Font.ColorIndex = 1        '設為黑色字
10              rng.ClearComments              '刪除註解
11          Else
12              rng.Font.ColorIndex = 3        '設為紅色字
13              rng.AddComment                 '增加註解
14              rng.Comment.Text chkStr        '設定註解內容
15          End If
16          Set rng = rng.Offset(1, 0)     '將儲存格下移一列
17      Loop Until rng.Value = ""          '直到儲存格是空白就結束迴圈
18  End Sub
19
20  Private Function CheckID(id As String) As String
21      If Len(id) <> 10 Then                '身分證字號一共有 10 碼
22          CheckID = "長度不對"             '傳回錯誤訊息
23          Exit Function
24      End If
25      If IsNumeric(Right(id, 9)) = False Then
26          CheckID = "第 2 個字起為數字"       '傳回錯誤訊息
27          Exit Function
28      End If
29      If Val(Mid(id, 2, 1)) > 2 Or Val(Mid(id, 2, 1)) < 1 Then
30          CheckID = "第 2 個字不是 1 或 2"      '傳回錯誤訊息
31          Exit Function
32      End If
33      Dim city As String
34      Select Case Left(id, 1)                   '字母轉代碼
35          Case "A": city = "10"
36          Case "B": city = "11"
37          Case "C": city = "12"
38          Case "D": city = "13"
39          Case "E": city = "14"
```

40	Case "F": city = "15"
41	Case "G": city = "16"
42	Case "H": city = "17"
43	Case "I": city = "34"
44	Case "J": city = "18"
45	Case "K": city = "19"
46	Case "L": city = "20"
47	Case "M": city = "21"
48	Case "N": city = "22"
49	Case "O": city = "35"
50	Case "P": city = "23"
51	Case "Q": city = "24"
52	Case "R": city = "25"
53	Case "S": city = "26"
54	Case "T": city = "27"
55	Case "U": city = "28"
56	Case "V": city = "29"
57	Case "W": city = "32"
58	Case "X": city = "30"
59	Case "Y": city = "31"
60	Case "Z": city = "33"
61	Case Else: CheckID = "字母不對": Exit Function
62	End Select
63	Dim w(11) As Integer　　　　　　'記錄各統號的加權值
64	w(0) = 1: w(1) = 9: w(2) = 8: w(3) = 7: w(4) = 6
65	w(5) = 5: w(6) = 4: w(7) = 3: w(8) = 2: w(9) = 1: w(10) = 1
66	Dim idNum As String　　　　　　'統號
67	idNum = city & Right(id, 9)　　'統號為字母代碼加數字
68	Dim idSum As Integer　　　　　　'記錄各統號加權後的總計
69	idSum = 0
70	For n = 0 To 10
71	idSum = idSum + Val(Mid(idNum, n + 1, 1)) * w(n)
72	Next
73	If idSum Mod 10 = 0 Then　　'統號加權總計除以 10 的餘數為 0
74	CheckID = ""　　　　　　'傳回空字串表檢查結果為正確
75	Else

76	CheckID = "錯誤"	'傳回錯誤訊息
77	End If	
78	**End Function**	

説明

1. 第 1~18 行：使用者快按兩下時，會觸發 Worksheet_BeforeDoubleClick 事件，在事件程序中檢查該欄儲存格的身分證字號是否正確。

2. 第 6~17 行：用 Do...Loop 迴圈逐一檢查證號是否正確，直到儲存格是空白才結束迴圈。其中第 16 行用 Offset(1, 0)屬性，將儲存格下移一列。

3. 第 7 行：呼叫 CheckID 自定 Function 程序，將儲存格的值傳入程序檢查證號是否正確，傳回值存在 chkStr 字串變數中。

4. 第 8~15 行：如果 CheckID 程序的傳回值為空字串(表證號正確)，就設定儲存格為黑色字，並用 ClearComments 方法刪除註解。如果 CheckID 程序的傳回值不是空字串(表證號不正確)，就設定儲存格為紅色字，並用 AddComment 方法增加註解，再指定 Comment.Text 屬性值來設定註解內容。

5. 第 20~78 行：為自定 Function 程序 CheckID，用來檢查傳入的 id 字串是否為正確的證號，傳回值為錯誤訊息字串，如果正確就傳回空字串。

6. 第 21~24 行：使用 Len 函數檢查 id 長度是否為 10，因為身分證字號為 10 碼。

7. 第 25~28 行：使用 IsNumeric 函數檢查 Right(id, 9)(右邊 9 個字元)是否為數值，因為身分證字號後 9 碼為數字。

8. 第 29~32 行：使用 Val 函數檢查 Mid(id, 2, 1) (第 2 個字元)是否大於 2 或小於 1，因為身分證字號第 2 個字元不是 1 或 2。

9. 第 33~62 行：用 Select 結構將第一個英文字母轉為指定的兩位數的代碼。第 61 行如果不是字母就傳回錯誤訊息，並離開 Function 程序。

10. 第 63~65 行：宣告 w(11) 整數陣列，記錄各統號的加權值。

11. 第 66~67 行：將字母代碼(2 個字元)加上數字，就成為 11 個字元的統號 idNum。

12. 第 68~72 行：用 For 迴圈逐一將統號乘以加權值，然後累加到 idSum 變數中。

13. 第 73~77 行：如果 idSum 統號加權總計值除以 10 的餘數為 0，表身分證字號正確就傳回空字串；若不為 0 則傳回錯誤訊息。

VBA 活用實例 - 圖表、樞紐分析

13.1 圖表物件的使用

13.1.1 圖表物件簡介

俗語說:「一圖勝於千言萬語」,將數據資料以圖形方式進行呈現資料,透過圖表將資料化繁為簡進而解讀複雜數據,更能表達其數據所代表的意義,因此圖表是 Excel 非常重要的工具之一。

圖表是工作表中的一個物件,Excel 最常使用的即是內嵌圖表。所謂的「內嵌圖表」(或稱嵌入圖表)是圖表和數據資料放在同一個工作表中,或是有多個圖表同時顯現時使用。每一個內嵌圖表就是一個 Chart 物件,包含在 ChartObject 物件中。ChartObject 物件是 Chart 物件的容器,透過 ChartObject 物件的屬性和方法可以設定內嵌圖表的外觀和大小。每個工作表都有一個 ChartObjects 集合,ChartObject 物件會存在其中。

13.1.2 圖表物件的建立

建立內嵌圖表時可以使用 ChartObjects 集合的 Add 方法,其語法如下:

> **語法**
>
> 工作表物件.ChartObjects.Add(圖表 x 座標, 圖表 y 座標, 圖表寬, 圖表高)

說明

1. 圖表建立時 Excel 會自動為該圖表命名，預設名稱依序為圖表 1、圖表 2...依此類推，要注意的是數字前會有一個空白字元，當然也可以使用 Name 屬性自行命名。若目前是作用的圖表，則可用 ActiveChart 表示。

2. 內嵌圖表會存放於 ChartObjects 集合中，因此可以使用索引值來指定內嵌圖表。例如：Worksheets(1).ChartObjects(1) 可以指定第一個內嵌圖表。

3. 欲在 <工作表 1> 座標值(50, 100)上，建立寬度 300 點、高度為 200 點的空白內嵌圖表，圖表物件名稱為 ch，其寫法如下：

```
Dim ws As Worksheet            '宣告工作表物件 ws
'取得活頁簿的工作表 1 物件並指定給 ws
Set ws = ThisWorkbook.Worksheets("工作表 1")

Dim co As ChartObject          '宣告圖表物件 co
'在座標值(50,100)建立圖表，其圖表寬 300 高 400，並指定給 co
Set co = ws.ChartObjects.Add(50, 100, 300, 200)

Set ch = co.Chart              '指定 ch 為 co 的圖表
```

4. 逐一選取 <工作表 1> 中的每個內嵌圖表，其寫法如下：

```
For Each co In ThisWorkbook.Worksheets("工作表 1").ChartObjects
    co.Select
Next
```

5. 欲刪除 <工作表 1> 的所有圖表，其寫法如下：

```
'若工作表 1 的圖表數量大於 0 則刪除全部圖表
If ThisWorkbook.Worksheets("工作表 1").ChartObjects.Count > 0 Then
    ThisWorkbook.Worksheets("工作表 1").ChartObjects.Delete
End If
```

13.1.3 圖表資料來源的設定

建立空白圖表之後，接著使用 SetSourceData 方法設定圖表的資料來源：

語法

圖表物件.SetSourceData Source:=工作表儲存格範圍 [, 繪製資料方式]

說明

1. 指定 ch 圖表物件的資料來源為<工作表 1>的 A1:E4 儲存格範圍，且資料數列在欄中，其寫法如下：

> ch.SetSourceData Source:= ThisWorkbook.Worksheets("工作表 1").Range("A1:E4")

2. 指定繪製資料的方式，其引數值可指定 xlRows(類別軸的項目依水平列，預設值)和 xlColumns(類別軸的項目依垂直欄)。指定 ch 圖表物件的資料來源為<工作表 1>的 A1:E4 儲存格範圍，且資料數列在欄中，其寫法如下：

> ch.SetSourceData Source:= ThisWorkbook .Worksheets("工作表 1").Range("A1:E4"), _
> PlotBy:=xlRows

13.1.4　圖表物件的組成

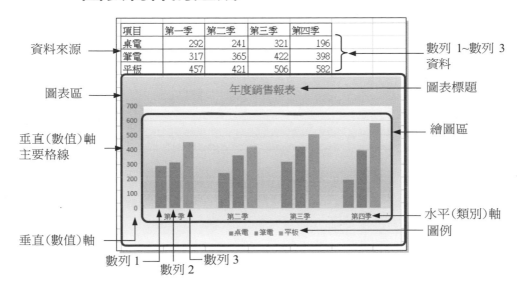

範例 ：13-1 chart01.xlsm

按　　**圖表**　　鈕會將北中南東四區每季的營業額即 A1:F5 儲存格範圍的資料建立成一個內嵌圖表。若原來已有圖表存在即會先將原來的圖表刪除。圖表位置接在 A1:E5 儲存格範圍下面即 A6 的位置，圖表寬度 400 點、高度 400 點。

執行結果

BtnChar

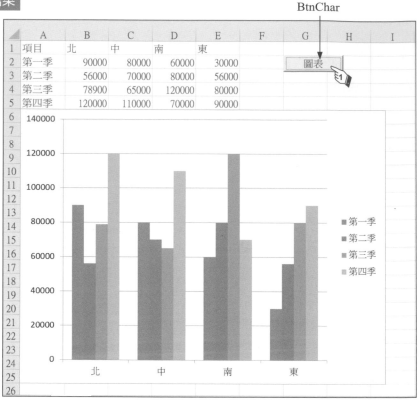

上機操作

| Step 01 | 開啟範例「13-1 chart01(練習檔)」活頁簿檔案,其 <工作表 1> 已含有北中南東四區每季營業額的資料。 |

| Step 02 | 在 <工作表 1> 的 G2 儲存格建立一個 ┌─ 圖表 ─┐ 命令按鈕控制項,並將該按鈕命名為 BtnChart。 |

| Step 03 | 撰寫程式碼 |

【 工作表 1 程式碼 】

```
01 Private Sub BtnChart_Click()
02
03    Dim ws As Worksheet                ' 宣告工作表物件 ws
04    ' 取得活頁簿的工作表 1 物件並指定給 ws
05    Set ws = ThisWorkbook.Worksheets("工作表 1")
```

```
06
07     ' 若 ws 工作表 1 的圖表數量大於 0 則刪除全部圖表
08     If ws.ChartObjects.Count > 0 Then
09         ws.ChartObjects.Delete
10     End If
11
12     Dim co As ChartObject                    ' 宣告圖表物件 co
13     ' 在 A6 儲存格處建立圖表,其圖表寬 400 高 300,並指定給 co
14     Set co = ws.ChartObjects.Add(ws.Range("A6").Left, _
              ws.Range("A6").Top, 400, 300)
15
16     Set ch = co.Chart      ' 指定 ch 為 co 的圖表,ch 圖表來源為 A1:E5 儲存格範圍
17     ch.SetSourceData Source:=ws.Range("A1:E5")
18
19 End Sub
```

13.2 圖表物件的標題與類型

一、圖表物件標題

　　圖表物件的 HasTitle 屬性可設定是否(True | False)顯示圖表標題,當 HasTitle 設為 True 時即可使用 ChartTitle.Text 屬性來設定圖表標題的文字內容。例如:欲將 ch 圖表物件的圖表標題文字設為「年度報表」,其寫法如下:

```
ch.HasTitle = True
ch.ChartTitle.Text = "年度報表"
```

二、圖表物件類型

　　圖表物件可使用 ChartType 屬性進行設定或讀取圖表類型,其預設值為 xlColumnClustered(群組直條圖),至於其他圖表類型的屬性值可參考微軟說明文件網站:https://docs.microsoft.com/zh-tw/office/vba/api/excel.xlcharttype。例如:欲將 ch 圖表物件的圖表類型設為折線圖,其寫法如下:

```
ch.ChartType = xlLine
```

📥 **範例**：13-2 chart02.xlsm

延續上例，建立圖表類型下拉式清單方塊有 xlColumnClustered(群組直條圖；預設值)、xl3DBarClustered(立體群組橫條圖)、xl3DColumn(立體直條圖)、xlLine(折線圖)四種圖表類型。使用者可自行由下拉式清單中選取圖表類型並按下 圖表 鈕，此時會根據下拉式清單的選項建立圖表，且圖表標題設為「碁峰公司各區營業額」。

執行結果

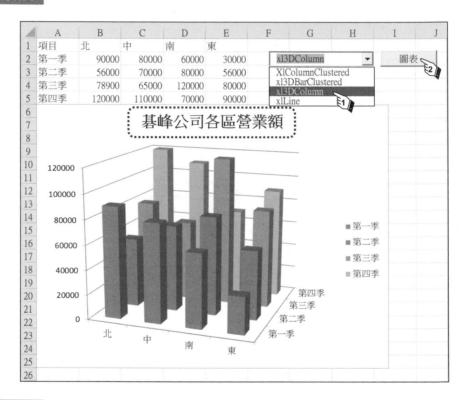

上機操作

Step 01 延續上例或開啟範例「13-2 chart02(練習檔)」活頁簿檔案。

Step 02 在 <工作表 1> 的 圖表 BtnChart 命令按鈕控制項左側新增下拉式清單，並將該下拉式清單命名為 CboChartType。結果如下圖：

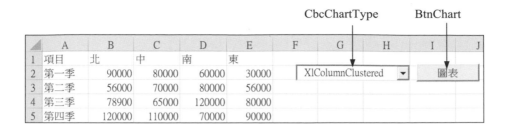

Step 03　撰寫 ThisWorkbook 程式碼

【 ThisWorkbook 程式碼 】

01	**Private Sub Workbook_Open()**	'開啟活頁簿時執行
02	Dim aryChartType As Variant	'宣告自由變數 aryChartType
03	'aryChartType 指定為字串陣列，陣列元素存放圖表型態的名稱	
04	aryChartType = Array("XlColumnClustered", "xl3DBarClustered", _ "xl3DColumn", "xlLine")	
05		
06	'指定目前活頁簿中工作表 1 的 CboCharType 下拉式清單屬性	
07	With ThisWorkbook.Worksheets("工作表 1").CboChartType	
08	.List = aryChartType	'將 aryChartType 設為下拉式清單的項目
09	.ListIndex = 0	'預設選取下拉式清單中的第一個項目
10	End With	
11	**End Sub**	

説明

1. 第 1~11 行：活頁簿開啟執行 Workbook_Open()事件程序。

2. 第 2~4 行：建立一個字串陣列 aryChartType，來儲存各圖表類型的名稱。

3. 第 7~10 行：指定<工作表 1>CboChartType 下拉式清單的項目為 aryChartType 字串陣列的內容。

Step 04　撰寫工作表 1 程式碼

　　　　　新增如下灰底處程式碼指定圖表類型以及設定圖表標題。

【 工作表 1 程式碼 】

01	**Private Sub BtnChart_Click()**	
02		
03	Dim ws As Worksheet	' 宣告工作表物件 ws

```
04      ' 取得活頁簿的工作表 1 物件並指定給 ws
05      Set ws = ThisWorkbook.Worksheets("工作表 1")
06
07      '若 ws 工作表 1 的圖表數量大於 0 則刪除全部圖表
08      If ws.ChartObjects.Count > 0 Then
09          ws.ChartObjects.Delete
10      End If
11
12      Dim co As ChartObject                '宣告圖表物件 co
13      ' 在 A6 儲存格處建立圖表，其圖表寬 400 高 300，並指定給 co
14      Set co = ws.ChartObjects.Add(ws.Range("A6").Left, _
                ws.Range("A6").Top, 400, 300)
15
16      Dim aryChartType As Variant          '宣告自由變數 aryChartType
17      'aryChartType 指定為圖表陣列，陣列元素存放圖表型態
18      aryChartType = Array(xlColumnClustered, xl3DBarClustered, _
                xl3DColumn, xlLine)
19
20      Set ch = co.Chart                    ' 指定 ch 為 co 的圖表
21
22      ' 指定 ch 圖表各屬性
23      With ch
24          '依清單索引設定 aryChartType 陣列的圖表型態
25          .ChartType = aryChartType(CboChartType.ListIndex)
26          .HasTitle = True    '顯示圖表標題
27          .ChartTitle.Text = "碁峰公司各區營業額"        '指定圖表標題
28          .SetSourceData Source:=ws.Range("A1.E5")       'ch 圖表來源為 A1:E5
29      End With
30
31 End Sub
```

説明

1. 第 1~31 行：按 | 圖表 | 鈕執行 BtnChart_Click()事件程序。

2. 第 16~18 行：建立 aryChartType 指定為圖表陣列，其陣列元素存放圖表型態。

3. 第 25 行：利用 aryChartType 和下拉式清單方塊的清單索引值，設定圖表的 ChartType 屬性值為 aryChartType (索引值)就可以指定圖表類型。

4. 第 26~27 行：顯示圖表標題並設定圖表標題為「碁峰公司各區營業額」。

13.3 圖表物件的常用成員

13.3.1 立體圖表的設定

當圖表類型指定立體圖表時，則可使用 Rotation、Elevation、Perspective 屬性設定或取得立體圖表的旋轉角度、仰角度數與遠近景深。(關於立體圖表的類型可參考微軟說明文件網站：https://docs.microsoft.com/zh-tw/office/vba/api/excel.xlcharttype)

1. 圖表物件的 Rotation 屬性可設定和取得立體圖表的旋轉角度。屬性值由 0 至 360，但立體橫條圖僅由 0 至 44，預設屬性值為 20。例如：欲設定 <工作表 1> 圖表集合第 1 個立體圖表物件的旋轉角度為 70，其寫法如下：

```
ThisWorkbook.Worksheets("工作表 1").ChartObjects(1).Chart.Rotation = = 70
```

2. 圖表物件的 Elevation 屬性可設定和取得立體圖表的仰角度數。屬性值由 -90 至 90，但立體橫條圖僅由 0 和 44 之間，大多數立體圖表類型屬性預設值為 15。例如：顯示 <工作表 1> 第 1 個圖表的仰角度數，其寫法如下：

```
MsgBox ThisWorkbook.Worksheets("工作表 1") _
    .ChartObjects(1).Chart.Elevation
```

3. 圖表物件的 Perspective 屬性可設定和取得立體圖表的遠近景深，屬性值由 0 到 100，屬性預設值為 30。當 RightAngleAxes 屬性(座標軸是否為直角)為 True 時，則 Perspective 屬性無效。例如：使用對話方塊顯示 <工作表 1> 第 1 個圖表的景深，其寫法如下：

```
With ThisWorkbook.Worksheets("工作表 1").ChartObjects(1).Chart
    .RightAngleAxes = False
    MsgBox "圖表的景深：" & .Perspective
End With
```

範例 ：13-3 chart03.xlsm

延續上例，將下拉式清單的圖表類型改為 xl3DArea、xl3DBarClustered、xl3DColumn、xl3DColumnStacked，並建立微調按鈕。透過微調按鈕的增減鈕可改變立體區域圖表的旋轉角度，每次增減值為 10 度。

執行結果

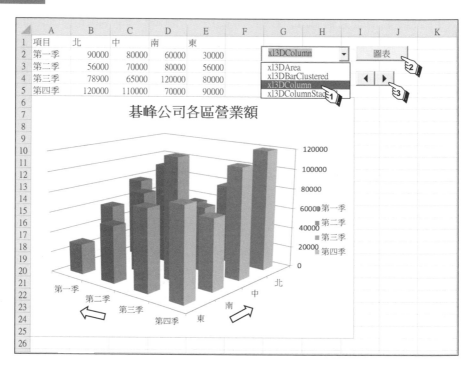

上機操作

Step 01 延續上例或開啟範例「13-3 chart03(練習檔)」活頁簿檔案。

Step 02 在 <工作表 1> 的 ▢圖表▢ BtnChart 命令按鈕控制項下方新增
◀│▶ 微調鈕，並將該微調按鈕命名為 SpnRotation。結果如下圖：

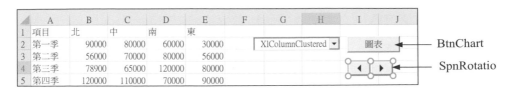

Step 03 撰寫 ThisWorkbook 程式碼

編修與新增如下灰底處程式碼指定下拉式清單中 3D 圖表類型名稱
以及微調鈕最大最小以及每次調整值。

【 ThisWorkbook 程式碼 】

```
01  Private Sub Workbook_Open()          '開啟活頁簿時執行
02      Dim aryChartType As Variant      '宣告自由變數 aryChartType
03      'aryChartType 指定為字串陣列，陣列元素存放 3D 立體圖表型態的名稱
04      aryChartType = Array("xl3DArea", "xl3DBarClustered", _
                      "xl3DColumn", "xl3DColumnStacked")
05
06      '指定目前活頁簿中工作表 1 的 CboCharType 下拉式清單屬性
07      With ThisWorkbook.Worksheets("工作表 1").CboChartType
08          .List = aryChartType          '將 aryChartType 設為下拉式清單的項目
09          .ListIndex = 0                '預設選取下拉式清單中的第一個項目
10      End With
11
12      ' 指定目前活頁簿中工作表 1 的 SpnRotation 微調按鈕的屬性
13      With ThisWorkbook.Worksheets("工作表 1").SpnRotation
14          .Min = 0                      '最小值 0
15          .Max = 360                    '最大值 360
16          .SmallChange = 10             '每次調整 10
17      End With
18  End Sub
```

説明

1. 第 13~17 行：活頁簿開啟時指定微調鈕 SpnRotation 最小值為 0、最大值為
360，每次調整值為 10。

Step 04 撰寫工作表 1 程式碼

編修與新增如下灰底處程式碼，指定下拉式清單中 3D 圖表類型，並撰寫微調按鈕的 SpnRotation_Change 事件程序，使微調按鈕的值修改時，立體圖表的旋轉角度亦跟著變動。

【 工作表 1 程式碼 】

```
01  Private Sub BtnChart_Click()
02
03      Dim ws As Worksheet                      ' 宣告工作表物件 ws
04      ' 取得活頁簿的工作表 1 物件並指定給 ws
05      Set ws = ThisWorkbook.Worksheets("工作表1")
06
07      '若 ws 工作表 1 的圖表數量大於 0 則刪除全部圖表
08      If ws.ChartObjects.Count > 0 Then
09          ws.ChartObjects.Delete
10      End If
11
12      Dim co As ChartObject                    '宣告圖表物件 co
13      ' 在 A6 儲存格處建立圖表，其圖表寬 400 高 300，並指定給 co
14      Set co = ws.ChartObjects.Add(ws.Range("A6").Left, _
                  ws.Range("A6").Top, 400, 300)
15
16      Dim aryChartType As Variant              '宣告自由變數 aryChartType
17      'aryChartType 指定為圖表陣列，陣列元素存放 3D 立體圖表型態
18      aryChartType = Array(xl3DArea, xl3DBarClustered, xl3DColumn, _
                  xl3DColumnStacked)
19
20      Set ch = co.Chart                        ' 指定 ch 為 co 的圖表
21
22      ' 指定 ch 圖表各屬性
23      With ch
24          '依清單索引設定 aryChartType 陣列的圖表型態
25          .ChartType = aryChartType(CboChartType.ListIndex)
26          .HasTitle = True                     '顯示圖表標題
27          .ChartTitle.Text = "碁峰公司各區營業額"     '指定圖表標題
28          .SetSourceData Source:=ws.Range("A1.E5")    'ch 圖表來源為 A1:E5
```

```
29    End With
30
31 End Sub
32
33 Private Sub SpnRotation_Change()        ' 微調鈕的值更動時執行
34    ThisWorkbook.Worksheets("工作表1").ChartObjects(1).Chart.Rotation = _
                SpnRotation.Value         ' 設定圖表的角度為微調鈕的 Value 值
35 End Sub
```

說明

1. 第 33~35 行：按 ◀ ▶ 鈕執行 SpnRotation_Change()事件程序，此事件設定圖表角度為微調按鈕的 Value 值。

13.3.2 圖表數列格式的設定

使用圖表的 SeriesCollection 方法會傳回圖表的單一數列物件(Series 物件)，或是所有數列物件(SeriesCollection 集合)。SeriesCollection 是圖表中所有數列的集合，使用索引值可以指定其中的 Series 物件。例如：圖表物件.SeriesCollection(1)是指定 圖表物件 中的第一個數列。下面是 SeriesCollection、Series 常用的屬性和方法：

1. Count 屬性：
   使用 Count 屬性可以設定或取得圖表中數列的數量，例如：使用對話方塊顯示 ch 圖表的數列的數量，其寫法如下：

   ```
   MsgBox ch.SeriesCollection.Count
   ```

2. HasDataLabels 屬性：
   使用 HasDataLabels 屬性可以設定或取得指定數列是否顯示資料標籤。例如：顯示 ch 圖表中第一個數列的資料標籤，其寫法如下：

   ```
   ch.SeriesCollection(1).HasDataLabels = True
   ```

   如下圖為指定 SeriesCollection(1).HasDataLabels 為 True，會顯示圖表中第一個數列的資料標籤；右下圖指定 SeriesCollection(1).HasDataLabels 為 False，則不顯示第一個數列的資料標籤。

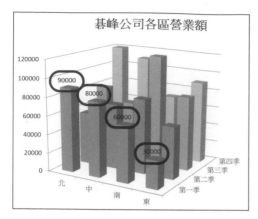

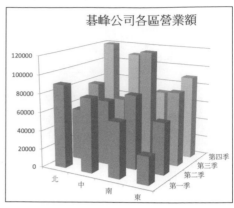

3. Interior 屬性：

   使用 Interior 屬性可以設定或取得指定數列的背景樣式。例如：ch 圖表中的第一個數列的背景色彩設定為綠色，其寫法如下：

   ```
   ch.SeriesCollection(1).Interior.Color = RGB(0, 255, 0)
   ```

4. Format.Fill 屬性

   使用 Format.Fill 屬性可以設定數列的樣式，其屬性值為 FillFormat 物件。常用的成員如下：

   ① ForeColor 屬性設定數列前景色。

   ② BackColor 屬性設定數列背景色。

   ③ Solid 方法設定填滿前景色。

   ④ TwoColorGradient 方法，設定為前景色至背景色的漸層效果。

   Format.Fill 設定漸層效果的語法如下：

   > **語法**
   >
   > 圖表物件.SeriesCollection(索引).Format.Fill.TwoColorGradient _
   >   (漸層樣式列舉, 漸增變化)

   ❶ 漸層樣式列舉型別，常用為 msoGradientHorizontal(水平)、msoGradientVertical(垂直)、msoGradientDiagonalUp(右斜)、msoGradientDiagonalDown(左斜)、msoGradientFromCenter(從中央)、msoGradientFromCorner(從角落)。

❷ 漸層的變化可使用 1~4(或 2)的整數代表。

⑤ 使用 UserPicture 方法可以設定數列中填滿圖片，方法的引數為圖檔含路徑的字串。

⑥ 使用 PictureType 屬性可以設定數列內圖片格式，屬性值有 xlStretch(縮放，預設值)、xlStack(堆疊)。

⑦ 例如：設定 ch 圖表物件各個數列的格式，其寫法如下：

```
With ch
    ' 第 1 數列填滿前景色
    .SeriesCollection(1).Format.Fill.Solid
    ' 第 1 數列前景色為藍色
    .SeriesCollection(1).Format.Fill.ForeColor.RGB = RGB(0, 0, 255)
    '第 2 數列漸層
    .SeriesCollection(2).Format.Fill.TwoColorGradient msoGradientHorizontal, 1
    ' 第 2 數列前景色為綠色
    .SeriesCollection(2).Format.Fill.ForeColor.RGB = RGB(0, 255, 0)
    ' 第 2 數列背景色為紅色
    .SeriesCollection(2).Format.Fill.BackColor.RGB = RGB(255, 0, 0)
    ' 設第 3 數列填滿圖片，圖檔為活頁簿位置的 pc.jpg
    .SeriesCollection(3).Format.Fill.UserPicture ThisWorkbook.Path & "/pc.jpg"
    '設圖片格式為堆疊
    .SeriesCollection(3).PictureType = xlStack
End With
```

💾 **範例** ：13-3 chart04.xlsm

延續上例，開啟活頁簿時預設圖表顯示北中南東四區每季的營業額。如左下圖點按其中一季時會顯示北中南東區該季的營業額;如右下圖按 A1 儲存格(項目)會顯示預設的北中南東四區每季的營業額。

執行結果

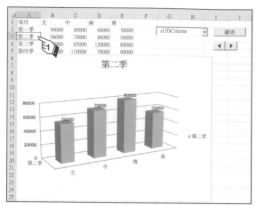 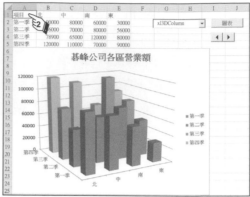

上機操作

Step 01 延續上例或開啟範例「13-3 chart04(練習檔)」活頁簿檔案。

Step 02 ThisWorkbook 程式碼同上例不需更動,指定 CboChartType 下拉式清單顯示 3D 立體圖表名稱,以及設定 SpnRotation 微調按鈕最小值為 0、最大值為 360,每次調整值為 0。

Step 03 撰寫 Module1 程式碼
按下 圖表 鈕與 A1 儲存格皆會建立北中南東四區每季的營業額的立體圖表,因此請新增 Module1,並在 Module1 內撰寫如下 SetChart()程序用來建立北中南東四區每季的營業額的立體圖表。

【 Module1 程式碼 】

```
01  Public Sub SetChart()          ' SetChart 程序必須宣告為 Public 才能被呼叫
02      Dim ws As Worksheet         ' 宣告工作表物件 ws
03      ' 取得活頁簿的工作表 1 物件並指定給 ws
04      Set ws = ThisWorkbook.Worksheets("工作表 1")
05
06      ' 若 ws 工作表 1 的圖表數量大於 0 則刪除全部圖表
07      If ws.ChartObjects.Count > 0 Then
08          ws.ChartObjects.Delete
09      End If
10
```

11	Dim co As ChartObject ' 宣告圖表物件 co
12	' 在 A6 儲存格處建立圖表，其圖表寬 400 高 300，並指定給 co
13	Set co = ws.ChartObjects.Add(ws.Range("A6").Left, _ 　　　　ws.Range("A6").Top, 400, 300)
14	
15	Dim aryChartType As Variant '宣告自由變數 aryChartType
16	' aryChartType 指定為圖表陣列，陣列元素存放圖表型態
17	aryChartType = Array(xl3DArea, xl3DBarClustered, xl3DColumn, _ 　　　　xl3DColumnStacked)
18	
19	Set ch = co.Chart ' 指定 ch 為 co 的圖表
20	' 指定 ch 圖表各屬性
21	With ch
22	'依清單索引設定 aryChartType 陣列的圖表型態
23	.ChartType = aryChartType(ThisWorkbook._ 　　　　Worksheets("工作表 1").CboChartType.ListIndex)
24	.HasTitle = True ' 顯示圖表標題
25	.ChartTitle.Text = "碁峰公司各區營業額" ' 指定圖表標題
26	.SetSourceData Source:=ws.Range("A1:E5") ' 圖表來源為 A1:E5 儲存格
27	' 設定圖表的角度為微調鈕的 Value 值
28	.Rotation = ThisWorkbook.Worksheets("工作表 1").SpnRotation.Value
29	End With
30	**End Sub**

Step 04　撰寫工作表 1 程式碼

　　編修與新增如下灰底處程式碼。按下　| 圖表 |　BtnChart 鈕即呼叫
SetChart()程序顯示各區每季的立體圖表；並依所點選每季的儲存
格在圖表顯示各區的營業額。

【 工作表 1 程式碼 】

01	**Private Sub BtnChart_Click()**
02	' 呼叫 SetChart 程序，顯示圖表
03	SetChart
04	**End Sub**
05	
06	' 微調鈕的值更動時執行

```
07 Private Sub SpnRotation_Change()
08    ThisWorkbook.Worksheets("工作表1").ChartObjects(1).Chart.Rotation = _
         SpnRotation.Value              ' 設定圖表的角度為微調鈕的 Value 值
09 End Sub
10
11 ' 選取儲存格執行
12 Private Sub Worksheet_SelectionChange(ByVal Target As Range)
13    Dim ws As Worksheet              ' 宣告工作表物件 ws
14    Set ws = ThisWorkbook.Worksheets("工作表1")' 指定 ws 工作表物件為工作表 1
15
16    ' 宣告與建立圖表
17    Dim ch As Chart
18    Set ch = ws.ChartObjects(1).Chart
19
20    ' 將選取的儲存格指定給 t
21    Set t = Target
22
23    If t = Range("A1") Then          ' 選取儲存格 A1，所有四區各季營業額
24       SetChart
25    ElseIf t = Range("A2") Then      ' 選取儲存格 A2，即第一季營業額
26       With ch
27          .SetSourceData Source:=ws.Range("A1:E2")
28          '.HasLegend = False
29          .ChartTitle.Text = t.Value
30          .SeriesCollection(1).Interior.Color = RGB(255, 0, 0) ' 紅
31          .SeriesCollection(1).HasDataLabels = True
32       End With
33    ElseIf t = Range("A3") Then      ' 選取儲存格 A3，即第二季營業額
34       With ch
35          .SetSourceData Source:=ws.Range("A1:E1,A3:E3")
36          '.HasLegend = False
37          .ChartTitle.Text = t.Value
38          .SeriesCollection(1).Interior.Color = RGB(0, 255, 0)    ' 綠
39          .SeriesCollection(1).HasDataLabels = True
40       End With
41    ElseIf t = Range("A4") Then      ' 選取儲存格 A4，即第三季營業額
```

```
42      With ch
43          .SetSourceData Source:=ws.Range("A1:E1,A4:E4")
44          '.HasLegend = False
45          .ChartTitle.Text = t.Value
46          .SeriesCollection(1).Interior.Color = RGB(0, 255, 255)'亮藍
47          .SeriesCollection(1).HasDataLabels = True
48      End With
49  ElseIf t = Range("A5") Then          ' 選取儲存格 A5,即第四季營業額
50      With ch
51          .SetSourceData Source:=ws.Range("A1:E1,A5:E5")
52          .HasLegend = False
53          .ChartTitle.Text = t.Value
54          .SeriesCollection(1).Interior.Color = RGB(255, 255, 0) '黃
55          .SeriesCollection(1).HasDataLabels = True
56      End With
57  End If
58 End Sub
```

13.4　樞紐分析表的建立

　　樞紐分析表是 Excel 非常強大的功能,可以將大量的記錄資料,依照指定的資料樣式重新分類整合。只要確定了新分類的表格樣式,透過拖曳欄位就可以輕鬆地產生新的報表。雖然樞紐分析表的功能已經非常完整,但是如果能夠配合 VBA 程式碼的操作,將可以擴大樞紐分析表的功能,以及縮短操作時間。本書預設讀者已經熟悉樞紐分析表的操作方法,主要在介紹 VBA 程式碼的配合運用,如果對樞紐分析表的操作仍不熟悉,請先自行參考其他書籍。

　　Excel VBA 可透過使用工作表的 PivotTableWizard 方法建立 PivotTable 物件,PivotTable 就是樞紐分析表,建立後再設定樞紐分析各區域的欄位和屬性。使用 PivotTableWizard 方法時,要在資料來源所在的工作表執行

PivotTableWizard 方法，執行後會新增一個工作表，並在其中建立一個 PivotTable 物件，但是不會顯示「樞紐分析表欄位」清單窗格。

例如：以 <工作表 1> 為樞紐分析表的資料來源，在欄區域為「員工姓名」欄位，列區域為「產品名稱」欄位，值區域為「交易額」欄位，篩選區域為「產品類別」欄位。其寫法如下：

```
Dim pvtTable As PivotTable
Set pvtTable = ThisWorkbook.Worksheets("工作表 1").PivotTableWizard
With pvtTable
    .PivotFields("員工姓名").Orientation = xlColumnField  ' 設定欄區域欄位
    .PivotFields("產品名稱").Orientation = xlRowField      ' 設定列區域欄位
    .PivotFields("交易額").Orientation = xlDataField        ' 設定值區域欄位
    .PivotFields("產品類別").Orientation = xlPageField      ' 設定篩選區域欄位
End With
```

	A	B	C	D	E	F
1	產品類別	(全部) ▼				
2						
3	加總 - 交易額	員工姓名 ▼				
4	產品名稱 ▼	王志銘	林珊珊	張志成	廖美昭	總計
5	acer E5-575G-56VD		167400		613800	781200
6	acer Iconia One 10	47940	23970		87890	159800
7	acer K50-20-575N			174300	99600	273900
8	acer TC220			27800	41700	69500
9	acer TC705		79600		119400	199000
10	ASUS K31CD				24900	24900
11	ASUS M32BC		109500			109500
12	ASUS X541UV		167200	146300		313500
13	ASUS X556UV	37800	94500			132300
14	ASUS ZenPad 10		27960	34950	6990	69900
15	總計	85740	670130	383350	994280	2133500

⬇️ **範例**：13-4 PivotTable01.xlsm

將上述撰寫成完整程式。當在 <建立樞紐分析表> 按下 [樞鈕分析表] 鈕會使用 <工作表 1> 的產品銷售記錄建立樞鈕分析表，同時配合對話方塊觀察設定欄區域為「員工姓名」欄位，列區域為「產品名稱」欄位，值區域為「交易額」欄位，篩選區域為「產品類別」欄位產生樞鈕分析表的變化情形。

執行結果

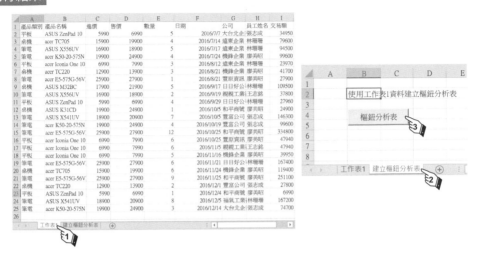

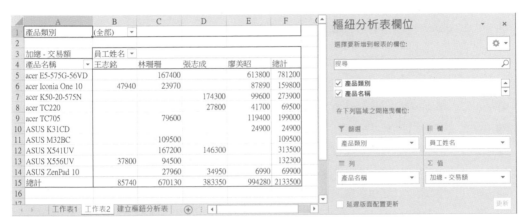

上機操作

Step 01 開啟範例「13-4 PivotTable01 (練習檔)」活頁簿檔案,內含<工作表 1> 產品銷售記錄。

Step 02 新增 <建立樞紐分析表> 並在該工作表新增 樞紐分析表 BtnPivot 命 令按鈕控制項,結果如下圖:

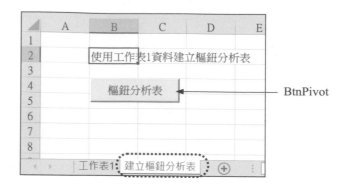

BtnPivot

Step 03 撰寫建立樞鈕分析表程式碼

【 建立樞鈕分析表程式碼 】

```
01 Private Sub BtnPivot_Click()
02    Dim pvtTable As PivotTable
03    Set pvtTable = ThisWorkbook.Worksheets("工作表 1").PivotTableWizard
04    MsgBox "使用 PivotTableWizard 方法建立 PivotTable 物件", , _
             "PivotTableWizard 方法"
05    With pvtTable
06       .PivotFields("員工姓名").Orientation=xlColumnField '設定欄區域欄位
07       MsgBox "在欄區域加入「員工姓名」欄位", , "PivotTableWizard 方法"
08       .PivotFields("產品名稱").Orientation = xlRowField   '設定列區域欄位
09       MsgBox "在列區域加入「產品名稱」欄位", , "PivotTableWizard 方法"
10       .PivotFields("交易額").Orientation = xlDataField    '設定值區域欄位
11       MsgBox "在值區域加入「交易額」欄位", , "PivotTableWizard 方法"
12       .PivotFields("產品類別").Orientation=xlPageField '設定篩選區域欄位
13       MsgBox "在篩選區域加入「產品類別」欄位", , "PivotTableWizard 方法"
14    End With
15 End Sub
```

13.5 股票 K 線圖

📥 **範例**：中鋼股價.xlsm

K 線是根據股價某一周期走勢所形成的開盤價、最高價、最低價、收盤價(開、高、低、收)四個價位繪製而成。本例台灣證券交易所下載 112 年 3 月的股票代號 2002 中鋼股價進行繪製月 K 線圖。

執行結果

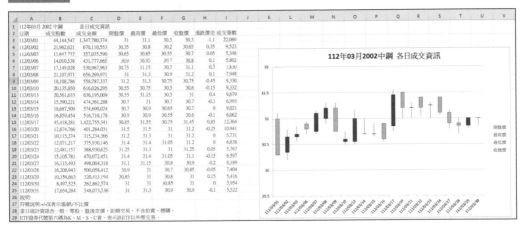

上機操作

Step 01　下載股票資訊

① 開啟瀏覽器並連結到「https://www.twse.com.tw/zh/trading/historical/ stock-day.html」個股日交易資訊網頁。

② 依下圖操作，下載 112 年 3 月 2002 中鋼股價的 STOCK_DAY_2002_ 202303.csv 檔，或依自己需求下載所需的股價資料。(也可以直接使用 ch13/STOCK_DAY_2002_202303.csv 進行練習)

Step 02　建立啟用巨集活頁簿檔案格式

1. 開啟 STOCK_DAY_2002_202303.csv 檔，並另存為「中鋼股價.xlsm」。
   (啟用巨集活頁簿檔案)

2. 此活頁簿檔案 <STOCK_DAY_2002_202303> 工作表內含 112 年 3 月 2002
   中鋼股價資料。其中本例要使用日期、開盤價、最高價、最低價、收盤
   價進行繪製月 K 線圖。

	A	B	C	D	E	F	G	H	I
1	112年03月	2002 中鋼	各日成交資訊						
2	日期	成交股數	成交金額	開盤價	最高價	最低價	收盤價	漲跌價差	成交筆數
3	112/03/01	44,144,547	1,347,780,374	31	31.1	30.3	30.3	-1.1	22,069
4	112/03/02	21,962,621	670,110,553	30.35	30.8	30.2	30.65	0.35	9,523
5	112/03/03	11,642,232	357,035,590	30.65	30.85	30.55	30.7	0.05	5,348
6	112/03/06	14,010,538	431,777,665	30.9	30.95	30.7	30.8	0.1	5,802
7	112/03/07	17,149,028	530,967,963	30.75	31.15	30.7	31.1	0.3	7,830
8	112/03/08	21,107,971	656,269,971	31	31.3	30.9	31.2	0.1	7,948
9	112/03/09	18,108,786	558,787,337	31.2	31.3	30.75	30.75	-0.45	9,330
10	112/03/10	20,135,850	616,026,295	30.55	30.75	30.5	30.6	-0.15	9,332
11	112/03/13	20,561,633	636,195,009	30.55	31.15	30.5	31	0.4	9,679
12	112/03/14	15,390,221	474,361,288	30.7	31	30.7	30.7	-0.3	6,993
13	112/03/15	18,687,509	574,690,024	30.7	30.9	30.65	30.7	0	9,021
14	112/03/16	16,859,454	516,710,178	30.9	30.9	30.55	30.6	-0.1	6,062

Step 03　撰寫程式碼

【ThisWorkbook 程式碼】

```
01 Private Sub Workbook_Open()
```

```
02
03    Dim ws As Worksheet                    ' 宣告工作表物件 ws
04    ' 將目前活頁簿的 <STOCK_DAY_2002_202303> 工作表物件指定給 ws
05    Set ws = ThisWorkbook.Worksheets("STOCK_DAY_2002_202303")
06
07    ' 若工作表中圖表數量大於 0 則刪除全部圖表
08    If ws.ChartObjects.Count > 0 Then
09        ws.ChartObjects.Delete
10    End If
11
12    Dim co As ChartObject                  ' 宣告圖表物件 co
13    ' 在 K5 儲存格處建立圖表，其圖表寬 600 高 400，並指定給 co
14    Set co = ws.ChartObjects.Add(ws.Range("K5").Left, _
              ws.Range("K5").Top, 600, 400)
15
16    Set ch = co.Chart                      ' 指定 ch 為 co 的圖表
17
18    ' 指定 ch 圖表各屬性
19    With ch
20        .HasTitle = True ' 顯示圖表標題
21        .ChartTitle.Text="112 年 03 月 2002 中鋼　各日成交資訊"    '指定圖表標題
22        ' ch 的圖表來源為 A2:A24,D2:G24 儲存格範圍
23        .SetSourceData Source:=ws.Range("A2:A24,D2:G24")
24        ' 股票圖表顯示類型為開盤、最高、最低、收盤
25        .ChartType = xlStockOHLC
26    End With
27
28 ' 將股票上漲區域設為紅色
29 ch.ChartGroups(1).UpBars.Interior.Color = RGB(255, 0, 0)
30 ' 將股票上漲區域設為綠色
31 ch.ChartGroups(1).DownBars.Interior.Color = RGB(0, 255, 0)
32
33 End Sub
```

本例亦可配合 Excel 爬蟲技術達到動態查詢各股票資訊。

VBA 活用實例 - 初階爬蟲

14.1 Excel VBA 爬蟲簡介

14.1.1 何謂網路爬蟲

　　網路爬蟲 (web crawler)又稱為網路蜘蛛(spider)，是指用來搜尋網路資料的程式。爬蟲定義有三，一是使用程式自動取得網路上的資料；二是使用程式模擬用戶端使用者操作網頁的行為來取得網頁的資料；三是使用程式連結網路進行解析網頁來取得網頁的資料。簡單說，網路爬蟲就是能快速自動收集資料的程式。

　　隨著網際網路的蓬勃發展，各網站的內容已成為我們收集資料的地方，但單靠人力進行資料收集，不僅高成本、低效率、費時。因此透過網路爬蟲以程式自動化的方式在網路上進行收集資料並進行應用與分析。例如：由股票網站中取得股票、月報表以及財報表進行追蹤股票趨勢；爬取所有飯店找出最便宜的房間；定期監控指定商品進行比價，當降價或優惠時即馬上通知使用者...等，上述這些都是我們日常生活中常見的例子。

14.1.2 何謂 HTTP

　　學習使用 Excel VBA 進行網路爬蟲之前，有必要先了解什麼是 HTTP。HTTP(HyperText Transfer Protocol，超文本傳輸協定)是全球資訊網數據通信的基礎，用來傳輸超媒體文件(例如 HTML 網頁)的應用程式協定，其標準依照用戶端(Client)/伺服器(Server)模式。當用戶端發出一個請求(Request)給伺服器端，伺服器端處理完後會回傳一個回應(Response)給用戶端。其運作模式舉列說明就是當使用者透過瀏覽器操作網頁向伺服器進行查詢商品資料(發出請求，Request)，伺服器由資料庫找出相關產品資料之後即回傳給用戶端(進行回應，Response)。如下圖：

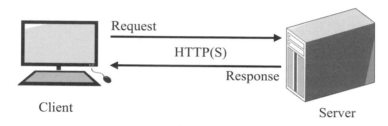

14.1.3 HTTP 請求方法 GET 與 POST

　　HTTP 定義了 GET、POST、PUT、DELETE 四種方法，四種方法即是對網路資源進行查詢、新增、修改以及刪除的操作，而在網路爬蟲的操作中最常使用即是 GET 與 POST 方法。

　　GET 方法的請求應用於取得資料，其傳遞資料方式是以 QueryString(查詢字串)的方式進行，QueryString 是以參數名稱對應值(name)的方式表示，而 QueryString 會放在 URL 網址後的「?」符號再進行跟伺服器請求，因為傳遞資料是放在網址後且以明文表示，因此無法傳送大量資料且安全性低。

　　例如開啟瀏覽器連結「https://tw.stock.yahoo.com/q/ts?s=2002」查詢下圖中鋼當日 60 分鐘前的股票資訊，其中「https://tw.stock.yahoo.com/q/ts」就是 URL 網址，「?」後的「s=2002」就是 QueryString，s 是傳送的參數名稱(name)，2002 是中鋼股票代號就是參數值(value)。

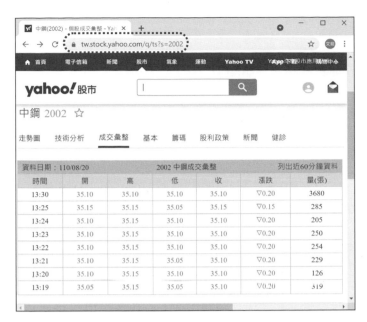

　　若 QueryString 有多組的欄位名稱與值，則必須使用「&」符號進行分隔。例如下圖「https://www.twse.com.tw/rwd/zh/afterTrading/STOCK_DAY?date=20230324&stockNo=2002&response=html」網頁有 date、stockNo、response 三組欄位與值。

至於 POST 方法應用於傳送或異動資料，由於是將網頁表單的資料放在 Message-Body 中再進行傳送，因此傳送資料的長度不受限制，再加上瀏覽器網址不會顯示傳送的參數，因此比 GET 方法更加安全。

14.1.4 Excel VBA 爬蟲方式

　　想要從網際網路上取得資料並放入到 Excel 的工作表中，常見的就是使用複製貼上的方式，但這種方式非常沒有效率。在 Excel 中另提供如下三種方式可讓您更有效率且快速的進行網路爬蟲。

一、Web 查詢

　　Excel 的「Web 查詢」或稱「Web Query」是一種外部資料查詢的功能，可將網際網路上網頁中的表格資料匯入到工作表中指定的儲存格位置。此種是最簡單的網路爬蟲方式，可配合錄製巨集方式產生程式碼，同時配合 GET 與 POST 方式傳遞查詢參數，以便取得不同網頁的資料，缺點是效率差，無法取得 JavaScript 動態產生的資料。本章介紹此種網路爬蟲方式。

二、模擬操作 IE 瀏覽器

　　此種方式簡單的說就是模擬人操作瀏覽器的方式來取得資料，Excel VBA 可建立 IE 物件，並透過 VBA 模擬操作 IE 瀏覽器來取得想要的資料。如下即是使用瀏覽器查詢中鋼股價的操作步驟以及 VBA 對應說明：

步驟	實際操作	VBA
1	開啟瀏覽器	建立 IE 物件
2	輸入奇摩股市網址	指定 IE 物件連結奇摩股市

步驟	實際操作	VBA
3	在表單輸入中鋼股票代號 (或是以 QueryString 將查詢參數接 在網址後進行查詢)	使用 DOM 解析 HTML 取得表單欄位 或網址欄位並使用 GET 或 POST 傳 送中鋼股票代號資料
4	瀏覽器顯示中鋼股價資訊	使用 DOM 解析 HTML 取得中鋼股價 資料並填入 Excel 工作表

　　此種方式是模擬人操作瀏覽器的方式來取得資料，因此只是要看得到的資料就一定就捉得到，並不像 Web 查詢只能捉到表格資料，同時也能執行 JavaScript 程式碼，執行效率優於 Web 查詢。其缺點就是無法透過錄製巨集方式產生程式碼，必須自行撰寫爬蟲程式碼；且必須具備 HTML、CSS 網頁設計的基礎，才能透過 DOM 解析網頁內容取得想要的資料。下一章介紹此種網路爬蟲方式。

三、使用 XmlHttpRequest 物件

　　Excel VBA 中可使用 XmlHttpRequest 物件在不開啟瀏覽器的狀況下向伺服器發出 HTTP 請求，而且可接收任何類型的資料，也可以和 Web 服務、API 或者是網站進行溝通，其最大優勢可動態更新網頁內容。此種方式執行效率是三種中最佳的、亦支援同步與非同步傳輸、可和瀏覽器共享標頭(Header)或 Cookie 等資訊、無需開啟瀏覽器，也可以動態增加 Request Header 資訊。缺點必須具備較多知識，如網頁設計、網路知識、網站流程，因本書為入門書，故不做介紹，有興趣的讀者可自行參閱相關進階書籍。

14.2 Web 查詢取得當月股票資訊

範例：WebQuery01.xlsm

　　練習使用 Web 查詢由台灣證券交易所取得中鋼每日的股票資料，資料含有日期、成交股數、成交金額、開盤價、最高價、最低價、收盤價、漲跌價差以及成交筆數等。

執行結果

	Header			日期	成交股數	成交金額	開盤價	最高價	最低價	收盤價	漲跌價差	成交筆數
6	112年03月 2002 中鋼		各日成交資訊	112/03/01	44144547	1347780374	31	31.1	30.3	30.3	-1.1	22069
7	112年03月 2002 中鋼		各日成交資訊	112/03/02	21962621	670110553	30.35	30.8	30.2	30.65	0.35	9523
8	112年03月 2002 中鋼		各日成交資訊	112/03/03	11642232	357035590	30.65	30.85	30.55	30.7	0.05	5348
9	112年03月 2002 中鋼		各日成交資訊	112/03/06	14010538	431777665	30.9	30.95	30.7	30.8	0.1	5802
10	112年03月 2002 中鋼		各日成交資訊	112/03/07	17149028	530967963	30.75	31.15	30.7	31.1	0.3	7830
11	112年03月 2002 中鋼		各日成交資訊	112/03/08	21107971	656269971	31	31.3	30.9	31.2	0.1	7948
12	112年03月 2002 中鋼		各日成交資訊	112/03/09	18108786	558787337	31.2	31.3	30.75	30.75	-0.45	9330
13	112年03月 2002 中鋼		各日成交資訊	112/03/10	20135850	616026295	30.55	30.75	30.5	30.6	-0.15	9332
14	112年03月 2002 中鋼		各日成交資訊	112/03/13	20561633	636195009	30.55	31.15	30.5	31	0.4	9679
15	112年03月 2002 中鋼		各日成交資訊	112/03/14	15390221	474361288	30.7	31	30.7	30.7	-0.3	6993
16	112年03月 2002 中鋼		各日成交資訊	112/03/15	18687509	574690024	30.7	30.9	30.65	30.7	0	9021
17	112年03月 2002 中鋼		各日成交資訊	112/03/16	16859454	516710178	30.9	30.9	30.55	30.6	-0.1	6062
18	112年03月 2002 中鋼		各日成交資訊	112/03/17	45418281	1422755341	30.85	31.55	30.75	31.45	0.85	12364
19	112年03月 2002 中鋼		各日成交資訊	112/03/20	12874766	401284031	31.5	31.5	31	31.2	-0.25	10941
20	112年03月 2002 中鋼		各日成交資訊	112/03/21	10115274	315234366	31.2	31.3	31	31.2	0	5731
21	112年03月 2002 中鋼		各日成交資訊	112/03/22	12071217	375930146	31.4	31.4	31.05	31.2	0	6838
22	112年03月 2002 中鋼		各日成交資訊	112/03/23	12481157	388930625	31.25	31.3	31	31.25	0.05	5767
23	112年03月 2002 中鋼		各日成交資訊	112/03/24	15105781	470072451	31.4	31.4	31.05	31.1	-0.15	6597

上機操作

Step 01 建立檔案

在 ch14 資料夾下建立「WebQuery01.xlsm」進行練習。

Step 02 取得股票資訊網址

① 開啟瀏覽器並連結到「https://www.twse.com.tw/zh/trading/historical/stock-day.html」台股各股日交易資訊網頁。(台灣證券交易所官網：https://www.twse.com.tw/zh/)

② 依下圖操作，查詢 112 年 3 月 2002 中鋼股價資料，最後將查股票網頁網址複製起來。

③ 網址 ? 後的 QueryString 有三個參數，說明如下。

https://www.twse.com.tw/rwd/zh/afterTrading/STOCK_DAY?date=20230324&
stockNo=2002&response=html

❶ date=20230324：指定 date 參數名稱的值為 20230324，表示要查詢當
月 2023/03/01 到 2022/03/24 的股票；若實際日期還未到達 2023/03/24
即會取得當月到目前日期最新股票資料。

❷ stockNo=2002：指定 stockNo 參數名稱的值為 2002，表示要查詢股票
代號 2002 中鋼股價資料。

❸ response=html：指定 response 參數名稱的值為 html，表示回應為網頁
文件。若省略此參數則會顯示如下圖 JSON 資料回應。

{"stat":"OK","date":"20230324","title":"112年03月 2002 中鋼　　　各日成交資訊","fields":["日
期","成交股數","成交金額","開盤價","最高價","最低價","收盤價","漲跌價差","成交筆數"],"data":
[["112/03/01","44,144,547","1,347,780,374","31.00","31.10","30.30","30.30","-1.10","22,069"],
["112/03/02","21,962,621","670,110,553","30.35","30.80","30.20","30.65","+0.35","9,523"],
["112/03/03","11,642,232","357,035,590","30.65","30.85","30.55","30.70","+0.05","5,348"],
["112/03/06","14,010,538","431,777,665","30.90","30.95","30.70","30.80","+0.10","5,802"],
["112/03/07","17,149,028","530,967,963","30.75","31.15","30.70","31.10","+0.30","7,830"],
["112/03/08","21,107,971","656,269,971","31.00","31.30","30.90","31.20","+0.10","7,948"],
["112/03/09","18,108,786","558,787,337","31.20","31.30","30.75","30.75","-0.45","9,330"],
["112/03/10","20,135,850","616,026,295","30.55","30.75","30.50","30.60","-0.15","9,332"],
["112/03/13","20,561,633","636,195,009","30.55","31.15","30.50","31.00","+0.40","9,679"],
["112/03/14","15,390,221","474,361,288","30.70","31.00","30.70","30.70","-0.30","6,993"],
["112/03/15","18,687,509","574,690,024","30.70","30.90","30.65","30.70","0.00","9,021"],
["112/03/16","16,859,454","516,710,178","30.90","30.90","30.55","30.60","-0.10","6,062"],
["112/03/17","45,418,281","1,422,755,341","30.85","31.55","30.75","31.45","+0.85","12,364"],
["112/03/20","12,874,766","401,284,031","31.50","31.50","31.00","31.20","-0.25","10,941"],
["112/03/21","10,115,274","315,234,366","31.20","31.30","31.00","31.20","0.00","5,731"],
["112/03/22","12,071,217","375,930,146","31.40","31.40","31.05","31.20","+0.05","6,838"],
["112/03/23","12,481,157","388,930,625","31.25","31.30","31.00","31.25","+0.05","5,767"],
["112/03/24","15,105,781","470,072,451","31.40","31.40","31.05","31.10","-0.15","6,597"]],"notes":
["符號說明:+/-/X表示漲/跌/不比價","當日統計資訊含一般、零股、盤後定價、鉅額交易，不含拍賣、標購。","ETF證券
代號第六碼為K、M、S、C者，表示該ETF以外幣交易。"],"total":18}

省略 response=html

Step 03 　執行 Web 查詢匯入網頁表格資料

① 如下圖操作先點選「資料」標籤頁，再點選「從 Web」指令。

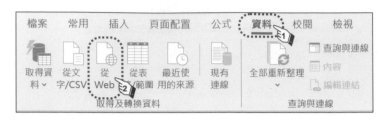

② 接著開啟如下圖「從 Web」視窗，請點選「基本」選項按鈕，並在 URL 文字方塊內貼上 Step2 複製的網址，最後按 確定 鈕。

③ 接著出現導覽視窗，此視窗右側有「Web 檢視」標籤頁可檢視網頁的內容，網頁內容會呈現「Table」即表示該表格可匯入的表格資料。

④ 匯入方式建議採用資料表檢視方式。請點選「資料表檢視」標籤頁並點選「Table 0」，此時右側可預覽網頁中要匯入的表格資料，最後再點選下拉 載入 ▼ 鈕的「載入至...」指令。

⑤ 接著出現「匯入資料」視窗，請依下圖操作將資料匯入到指定的儲存格位置，本例將資料放置於儲存格「A5」處。

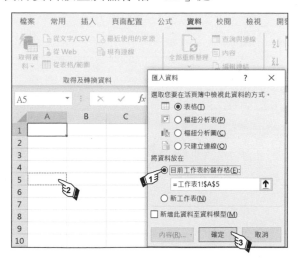

⑥ 最後指定的股票資料即會匯入到工作表指定的儲存格內。

14.3 錄製巨集取得指定的股票資訊

透過 Web 查詢可匯入網頁中指定的表格資料，因此可配合錄製巨集方式來動態產生 Web 查詢的 VBA 程式碼，接著依需求自行修改對應的 VBA 程式，藉此讓捉取資料更有彈性。

📥 **範例**：WebQuery02.xlsm

使用 Web 查詢與錄製巨集的方式製作可依日期與股票代號來查詢股票的 Excel 範例。按下 查詢股票 鈕，會出現 InputBox 輸入框詢問您要查詢的日期(年月日)與股票代號，接著即會出現查詢股票資料。如下圖即是查詢台積電股價資訊的操作。

執行結果

上機操作

| Step 01 | 在 ch14 資料夾下建立「WebQuery02.xlsm」進行練習。

Step 02 取得股票資訊網址 (操作方式同 WebQuery01.xlsm 範例 Step02)

① 開啟瀏覽器並連結到「https://www.twse.com.tw/zh/trading/historical/
stock-day.html」台股各股日交易資訊網頁。
(台灣證券交易所官網：https://www.twse.com.tw/zh/)

② 查詢 112 年 3 月 2002 中鋼股價資料，最後將查股票網頁網址複製起來。
(網址為 https://www.twse.com.tw/rwd/zh/afterTrading/STOCK_DAY?
date=20230324&stockNo=2002&response=html)

Step 03 錄製巨集

① 點選「開發人員」標籤頁，再點選「錄製巨集」指令開啟「錄製巨集」
視窗，請將巨集名稱設為「GetStock」，最後再按下 ▢確定▢ 鈕進行錄製。

② 依下圖操作執行 Web 查詢功能，並匯入中鋼股票資料到 A5 儲存格處。

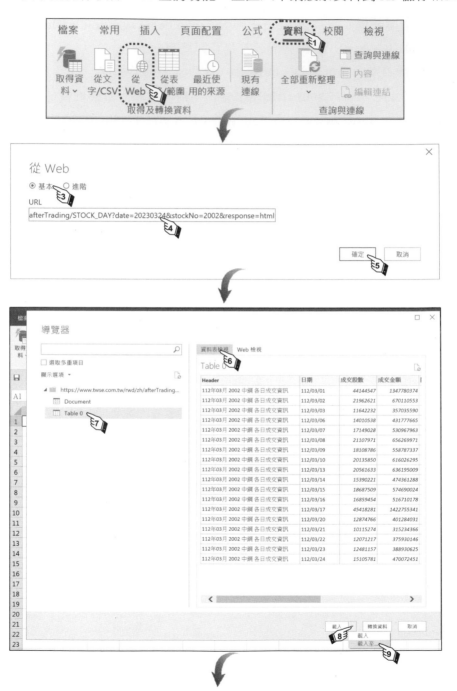

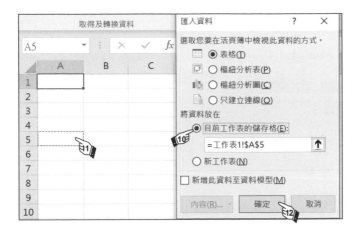

③ 點選「開發人員」標籤頁，再點選「停止錄製」指令，最後按下「Visual Basic」指令開啟 VBA 程式碼編輯視窗。

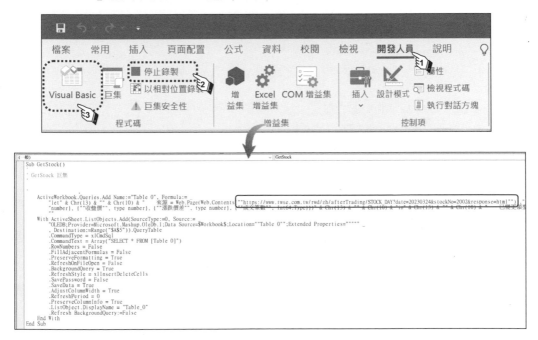

④ 在上圖可以發現 VBA 程式是連結到該網址去匯入表格資料，在前一節理解 QueryString 參數字串的意義之後，只要修改 date 與 stockNo 參數名稱的值，即可動態查詢指定日期的股價資訊。

https://www.twse.com.tw/rwd/zh/afterTrading/STOCK_DAY?
date=20230324&stockNo=2002&response=html

Step 04 在 <工作表 1> 建立 | 查詢股票 | BtnSearch 命令按鈕控制項。

Step 05 撰寫 Module1 程式碼

新增如下灰底處程式碼。

【 Module1 程式碼 】

```
01  Sub GetStock()
02  '
03  ' GetStock 巨集
04  '
05      For i = 1 To ActiveWorkbook.Queries.Count
06        ActiveWorkbook.Queries.Item(i).Delete
07      Next
08
09      Cells.Clear
10
11      Dim dateStr As String
12      dateStr = InputBox("請輸入查詢日期(格式 yyyymmdd，例如 20230324)")
13
14      Dim sNo As String
15      sNo = InputBox("請輸入查詢股票代號：")
16  '
17      ActiveWorkbook.Queries.Add Name:="Table 0", Formula:= _
        "let" & Chr(13) & "" & Chr(10) & "    來源 =
Web.Page(Web.Contents(""https://www.twse.com.tw/rwd/zh/afterTrading/STOC
K_DAY?date=" & dateStr & "&stockNo=" & sNo & "&response=html""))," & Chr(13)
& "" & Chr(10) & "    Data0 = 來源{0}[Data]," & Chr(13) & "" & Chr(10) & "
已變更類型 = Table.TransformColumnTypes(Data0,{{""Header"", type text}, {""
日期"", type text}, {""成交股數"", Int64.Type}, {""成交金額"", Int64.Type}, {""
開盤價"", type number}, {""最高價"", type number}, {""最低價"", type " & _
        "number}, {""收盤價"", type number}, {""漲跌價差"", type number}, {""
成交筆數"", Int64.Type}})" & Chr(13) & "" & Chr(10) & "in" & Chr(13) & "" &
Chr(10) & "    已變更類型" & _
        ""
18      With ActiveSheet.ListObjects.Add(SourceType:=0, Source:= _
19        "OLEDB;Provider=Microsoft.Mashup.OleDb.1;Data
Source=$Workbook$;Location=""Table 0"";Extended Properties=""""" _
20        , Destination:=Range("$A$5")).QueryTable
21        .CommandType = xlCmdSql
```

22	.CommandText = Array("SELECT * FROM [Table 0]")
23	.RowNumbers = False
24	.FillAdjacentFormulas = False
25	.PreserveFormatting = True
26	.RefreshOnFileOpen = False
27	.BackgroundQuery = True
28	.RefreshStyle = xlInsertDeleteCells
29	.SavePassword = False
30	.SaveData = True
31	.AdjustColumnWidth = True
32	.RefreshPeriod = 0
33	.PreserveColumnInfo = True
34	.ListObject.DisplayName = "Table_0"
35	.Refresh BackgroundQuery:=False
36	End With
37	
38	**End Sub**

說明

1. 第 5~7 行：執行 Web 查詢會產生查詢表格，因為每次執行 GetStock 程序(巨集)即會重新匯入資料並重新產生查詢表格會使查詢表格名稱重複，因為建立查詢表格時必須先將舊有的查詢表格全部刪除。

2. 第 9 行：清除所有儲存格內容。

3. 第 11~12 行：產生 InputBox 輸入框取得使用者輸入的日期並存入 dateStr 字串變數。

4. 第 14~15 行：產生 InputBox 輸入框取得使用者輸入的股票代號並存入 sNo 字串變數。

5. 第 17 行：修改網址列 date 與 stockNo 參數值，此時即會依照其參數取得指定日期 dateStr(格式 yyyyddmm)與股票代號 sNo 的股價資料。

14-15

Step 06　撰寫工作表 1 程式碼

【 工作表 1 程式碼 】

```
01 Private Sub BtnSearch_Click()
02    GetStock
03 End Sub
```

説明

1. 第 1~3 行：按 查詢股票 鈕執行 BtnSearch_Click() 事件程序，此時會呼叫 GetStock 程序在 <工作表 1> 儲存格 A5 處顯示使用者查詢日期與股票代號的股價資訊。

📥 範例 ：WebQuery03.xlsm

延續上例，依查詢股票日期、開盤價、最高價、最低價、收盤價(開、高、低、收)四個價位繪製成股票 K 線圖。

執行結果

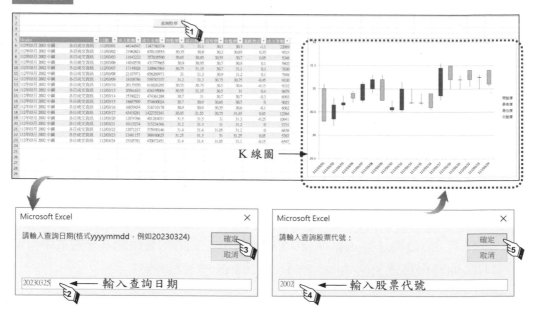

K 線圖

上機操作

Step 01 延續上例或開啟「 WebQuery03(練習檔).xlsm」進行練習。

Step 02 撰寫工作表 1 程式碼

在 查詢股票 鈕的 BtnSearch_Click 事件程序新增如下灰底處程式碼，程式碼會依照股票日期、開盤價、最高價、最低價、收盤價繪製 K 線圖。

【 工作表 1 程式碼 】

```vba
01  Private Sub BtnSearch_Click()

02      GetStock   ' 呼叫 GetStock 程序(巨集)取得股價資料

03

04      ' 若工作表中圖表數量大於 0 則刪除全部圖表

05      If ThisWorkbook.Worksheets("工作表 1").ChartObjects.Count > 0 Then

06          ThisWorkbook.Worksheets("工作表 1").ChartObjects.Delete

07      End If

08

09      Dim ws As Worksheet         ' 宣告工作表物件 ws

10      ' 將目前活頁簿的工作表 1 物件指定給 ws

11      Set ws = ThisWorkbook.Worksheets("工作表 1")

12

13      Dim co As ChartObject       ' 宣告圖表物件 co

14      ' 在 L5 儲存格處建立圖表，其圖表寬 600 高 400，並指定給 co

15      Set co = ws.ChartObjects.Add(ws.Range("L5").Left, _
            ws.Range("L5").Top, 600, 400)

16

17      Set ch = co.Chart   ' 指定 ch 為 co 的圖表

18

19      Dim rowCount As Integer

20      rowCount = Range("B5").End(xlDown).Row

21      ' 指定 ch 圖表各屬性

22      With ch

23          ' 指定 ch 的圖表來源為日期、開盤、最高、最低、收盤的儲存格範圍

24          .SetSourceData Source:= _
                ws.Range("B5:B" & rowCount & ",E5:H" & rowCount)

25          ' 股票圖表顯示類型為開盤、最高、最低、收盤
```

26	.ChartType = xlStockOHLC
27	End With
28	
29	'股票上漲區設為紅色
30	ch.ChartGroups(1).UpBars.Interior.Color = RGB(255, 0, 0)
31	'股票下跌區域設綠色
32	ch.ChartGroups(1).DownBars.Interior.Color = RGB(0, 255, 0)
33	**End Sub**

説明

1. 第 19~27 行：指定圖表來源為日期、開盤價、最高價、最低價、收盤價的儲存格範圍。

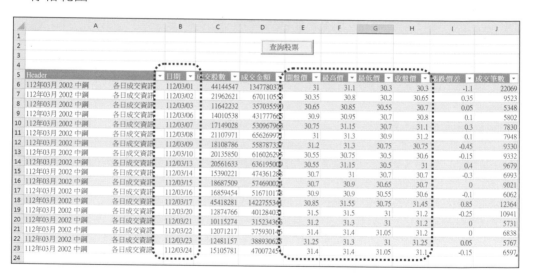

VBA 活用實例 - 進階爬蟲

15.1 VBA 建立 IE 瀏覽器

　　Excel VBA 可建立 IE 瀏覽器物件進行網路爬蟲，此種方式是模擬人操作瀏覽器的方式來取得資料，因此只是要看得到的資料就一定就捉得到，此種方式是屬於較進階的網路爬蟲，必須自行撰寫爬蟲程式碼，同時必須有 HTML、CSS 網頁設計的基礎知識，才能透過 DOM 解析網頁內容取得想要的資料。如下是建立 IE 瀏覽器物件進行爬蟲的步驟：

1. 建立 IE 瀏覽器物件：
   使用 CreateObject()函數建立名稱為 ie 的 IE 瀏覽器物件
   (InternetExplorer)。

```
Dim ie As Object
Set ie = CreateObject("internetexplorer.application")
```

2. 連結要爬蟲或進行操作的網頁：
   執行 Navigate 方法連結要瀏覽的網頁，若要顯示瀏覽器可將 Visible 屬性設為 True。

```
ie.Visible = True
ie.Navigate "網址"
```

3. 等待網頁更新完成：

使用迴圈判斷網頁是否忙錄或還沒下載完成，若成立則在此迴圈不斷執行，一直等待網頁更新完成後便離開此迴圈。本步驟主要是要讓網頁全部下載完成，以利步驟 4 進行爬蟲。

```
Do While ie.Busy Or ie.ReadyState <> 4
    DoEvents
Loop
```

4. 解析 HTML 網頁，再將捉取的網頁資料放入指定的儲存格：

使用瀏覽器 Document 物件所指供的 GetElementById、GetElements ByTagName…方法來解析網頁 DOM 元素進行爬蟲，並將爬取的資料放入指定的儲存格。此步驟於下節做介紹。

5. 關閉瀏覽器並釋放瀏覽器資源：

爬取資料後可執行 Quit 方法關閉瀏覽器物件，最後將瀏覽器物件指定為 Nothing 釋放瀏覽器物件資源。

```
ie.Quit
Set ie = Nothing
```

上述 步驟 2~步驟 5 都是使用瀏覽器物件的 ie 變數來操作，因此可使用 With…End With 敘述來簡化寫法，如下：

```
01 Dim ie As Object
02 ' 建立 ie 瀏覽器物件
03 Set ie = CreateObject("internetexplorer.application")
04
05 With ie
06     .Visible = True                         ' 顯示瀏覽器
07     .Navigate "網址"                         ' 指定瀏覽的網頁
08     Do While .Busy Or .ReadyState <> 4       ' 等待網頁下載完成
09         DoEvents
10     Loop
11
12     ' 取得網頁中的元素，並進行操作網頁元件，此步驟下節介紹
13
```

14	.Quit	' 關閉瀏覽器
15	End With	
16	Set ie = Nothing	' 釋放瀏覽器物件資源

⬇️ **範例**：ieQuery01.xlsm

　　將上述步驟撰寫成完整程式，當按 維基百科查詢 鈕會開啟維基百科網頁「https://zh.wikipedia.org/wiki/」。

執行結果

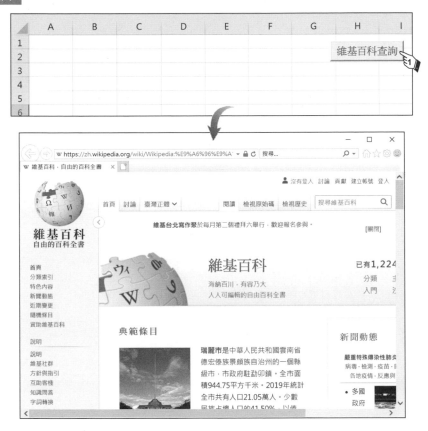

上機操作

Step 01　建立檔案

　　在 ch15 資料夾下建立 ieQuery01.xlsm 進行練習。

15-3

Step 02 建立 ActiveX 控制項

在 <工作表 1> 新增 維基百科查詢 BtnWiki 命令按鈕控制項。

Step 03 撰寫工作表 1 程式碼

【 工作表 1 程式碼 】

```vba
01 Private Sub BtnWiki_Click()
02
03     Const url As String = "https://zh.wikipedia.org/wiki/"
04
05     ' 建立 ie 瀏覽器物件
06     Dim ie As Object
07     Set ie = CreateObject("internetexplorer.application")
08
09     ' 指定 ie 瀏覽器物件相關屬性
10     With ie
11         .Visible = True     ' 顯示 ie 瀏覽器物件
12         .Navigate url       ' 指定瀏覽的網頁
13         ' 使用迴圈判斷網頁是否忙錄或還沒下載完成，若成立則在此迴圈執行
14         ' 一直等待網頁更新完成後便離開此迴圈
15         Do While .Busy Or .ReadyState <> 4
16             DoEvents
17         Loop
18
19         ' 捉完資料後可關閉 ie 瀏覽器物件
20         '.Quit
21     End With
22
23     ' 釋放 ie 瀏覽器物件資源
24     ' Set ie = Nothing
25
26 End Sub
```

說明

1. 第 20,25 行：將此兩行敘述進行註解，否則瀏覽器會開啟後即馬上關閉。

15.2　解析網頁內容

　　IE 瀏覽器下的 Document 子物件即是代表一份網頁，Document 物件提供 GetElementById、GetElementsByTagName 以及 GetElementsByClassName 三個方法來取得網頁標籤(元素)，同時可配合 InnerText 屬性取得網頁標籤中的內容，或是透過 Value 屬性與 Click 方法進行操作。說明如下：

1. GetElementById 方法：
   取得網頁中指定 id 名稱的標籤。如下寫法即是建立 txt 物件用來取得網頁中 id 為 txtName 的標籤。

   Set **txt** = ie.Document.GetElementById("**txtName**")

   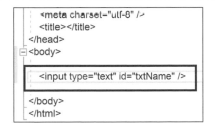
   ```
   <meta charset="utf-8" />
   <title></title>
   </head>
   <body>

       <input type="text" id="txtName" />

   </body>
   </html>
   ```

2. GetElementsByTagName 方法：
   取得網頁中指定的標籤。由於網頁中可能會有多個標籤，因此此方法會傳回陣列。如下寫法即是建立 pTags 陣列物件取得網頁中<p>標籤。

   Set **pTags**= ie.Document.GetElementsByTagName ("**p**")
   ' pTags(0)為 <p>Excel VBA 必修課</p>
   ' pTags(1)為 <p>Python 必修課</p>
   ' pTags(2)為 <p>C# 必修課</p>

   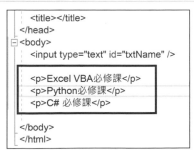
   ```
       <title></title>
   </head>
   <body>
       <input type="text" id="txtName" />

       <p>Excel VBA必修課</p>
       <p>Python必修課</p>
       <p>C# 必修課</p>

   </body>
   </html>
   ```

3. GetElementsByClassName 方法：

取得網頁套用 css 類別名稱的標籤。由於網頁中的標籤可能會有多個 css 類別，因此此方法會傳回陣列。如下寫法即是建立 myClass 陣列物件用來取得網頁中套用 txtblue 類別的標籤。

```
Set myClass = ie.Document.GetElementsByClassName("txtblue")
' myClass(0)為 <input type="text" id="txtName" class="txtblue" />
' myClass(1)為 <p class="txtblue">Excel VBA 必修課</p>
' myClass(2)為 <p class="txtblue">Python 必修課</p>
```

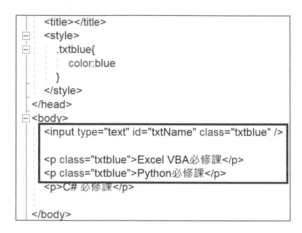

```
<title></title>
<style>
    .txtblue{
        color:blue
    }
</style>
</head>
<body>
    <input type="text" id="txtName" class="txtblue" />

    <p class="txtblue">Excel VBA必修課</p>
    <p class="txtblue">Python必修課</p>
    <p>C# 必修課</p>

</body>
```

4. InnerText 屬性：

取得標籤中的文字內容。如下寫法即是取得第二個套用 txtblue 類別的標籤的文字內容，最後再將文字內容指定給 data 變數。

```
Set myClass = ie.Document.GetElementsByClassName("txtblue")
data = myClass(1).InnerText ' data 為 Excel VBA 必修課
```

5. Value 屬性：

此屬性可指定文字方塊的值(內容)。如下寫法即是將網頁中 id 名稱為 txtName 文字方塊的值指定為 "蔡文龍"。

```
Set  txt = ie.Document.GetElementById("txtName")
txt.Value="蔡文龍"
```

6. Click 方法：

此方法執行表示將指定的按鈕按一下。如下寫法即是將網頁中 id 名稱
為 btnOk 的按鈕按一下。

```
Set btn = ie.Document.GetElementById("btnOk")
btn.Click
```

📥 **範例**：ieQuery02.xlsm

使用瀏覽 IE 瀏覽器方式進行網頁爬蟲，當在文字方塊輸入關鍵字並按
維基百科查詢 鈕會開啟維基百科網頁「https://zh.wikipedia.org/wiki/」進行查
詢，且同時將 Excel 中文字方塊的關鍵字自動帶入到維基百科網頁的文字
方塊並自動按下查詢 🔍 鈕，網頁爬蟲完畢會將關鍵字的前三段內容置於儲
存格中。

執行結果

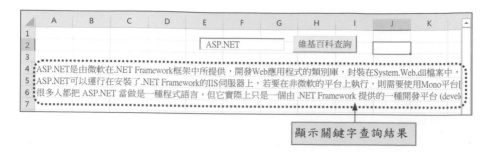

顯示關鍵字查詢結果

上機操作

Step 01 延續上例，或開啟 ieQuery02(練習檔).xlsm 進行練習。

Step 02 建立 ActiveX 控制項

在 <工作表 1> 新增文字方塊，名稱為 TxtKeywork。如下圖：

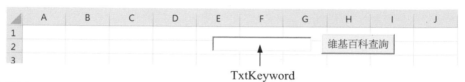

TxtKeyword

Step 03 分析網頁標籤

① 使用 Chrome 瀏覽器連結到維基百科網頁

https://zh.wikipedia.org/wiki/，接著在查詢關鍵字文字方塊按滑鼠右鍵

執行「檢查」指令，接著開啟瀏覽器「Elements」標籤頁檢視該文字方

塊的 id 名稱為「searchInput」。

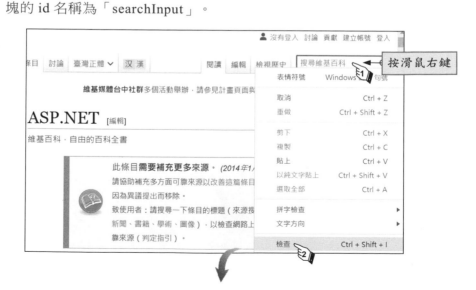

② 同上述方式，在查詢 🔍 鈕按滑鼠右鍵執行「檢查」指令，接著開啟瀏覽器「Elements」標籤頁檢視該按鈕的 id 名稱為「searchButton」。

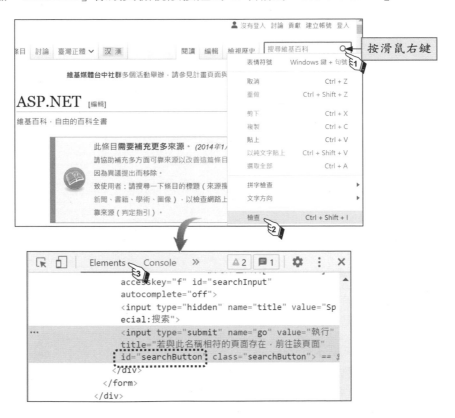

③ 使用 Chrome 瀏覽器在維基百科測試查詢(例如在文字方塊輸入 ASP.NET 並按下 🔍 鈕),接著在查詢結果網頁空白處按下滑鼠右鍵並執行「檢視網頁原始碼」,進入程式碼檢視畫面再按下 `Ctrl` + `F` 開啟尋找功能並尋找<P>標籤,結果發現前四個<p>標籤即是查詢結果的說明,本例只取前三個<p>標籤。

Step 04 撰寫工作表 1 程式碼

【 工作表 1 程式碼 】

```
01 Private Sub BtnWiki_Click()
02 On Error GoTo ErrorHandler    ' 啟用錯誤處理
03
```

```
04      If TxtKeyword.Value = "" Then
05          MsgBox ("文字欄不可為空白")
06          Exit Sub
07      End If
08
09      Cells.Clear    ' 清除所有儲存格
10
11      Const url As String = "https://zh.wikipedia.org/wiki/"
12
13      ' 建立 ie 瀏覽器物件
14      Dim ie As Object
15      Set ie = CreateObject("internetexplorer.application")
16
17      ' 指定 ie 瀏覽器物件相關屬性
18      With ie
19          .Visible = True    ' 顯示 ie 瀏覽器物件
20          .Navigate url      ' 指定瀏覽的網頁
21          ' 使用迴圈判斷網頁是否忙錄或還沒下載完成，若成立則在此迴圈執行
22          ' 一直等待網頁更新完成後便離開此迴圈
23          Do While .Busy Or .ReadyState <> 4
24              DoEvents
25          Loop
26
27          ' 取得網頁中的元素，並進行操作網頁元件
28          Set txt = .Document.GetElementById("searchInput")
29          txt.Value = TxtKeyword.Value
30
31          Set btn = .Document.GetElementById("searchButton")
32          btn.Click
33
34          ' 等待 3 秒，等網頁回應
35          Application.Wait Now() + TimeValue("00:00:03")
36
37          ' 取得要捉取的網頁元素
38          Set pTags = .Document.GetElementsByTagName("p")
39          Dim i As Integer
```

40	`For i = 0 To 2`
41	`Cells(4 + i, 1) = pTags(i).InnerText`
42	`Next`
43	
44	`' 捉完資料後可關閉 ie 瀏覽器物件`
45	`.Quit`
46	`End With`
47	
48	`' 釋放 ie 瀏覽器物件資源`
49	`Set ie = Nothing`
50	
51	`ErrorHandler:` `' 錯誤處理的程式碼`
52	`MsgBox "錯誤 " & Err.Number & ":" & Err.Description & vbNewLine _` `& "請將錯誤回報系統開發者"`
53	`Resume Next` `' 繼續往下執行`
54	**`End Sub`**

說明

1. 第 35 行：28~32 行將 Excel 文字方塊的資料放入維基百科網頁後再自動按查詢鈕,因此必須等待網頁的查詢結果,所以使用 Application.Wait 方法由目前時間開始等待 3 秒。

2. 第 38 行：取得網頁中所有<p>標籤並放入 pTags 陣列。

3. 第 39~42 行：將 pTags(0)~pTags(2)即前三個<p>標籤內的文字顯示在 Cells(4, 1)~Cells(6,1) 儲存格中。

15.3 IE 瀏覽器爬蟲取得指定的股票資訊

📥 **範例**：ieQuery03.xlsm

設計依股票代號來查詢股票的 Excel 範例。在文字方塊輸入股票代號並按下 查詢股票 鈕,接著即會出現該股票當月最新的記錄以及 K 線圖。如下圖是查詢中鋼股價資訊的操作。

執行結果

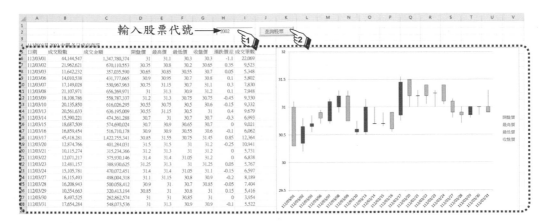

上機操作

Step 01　建立檔案

在 ch15 資料夾下建立 ieQuery03.xlsm 進行練習。

Step 02　建立 ActiveX 控制項

在<工作表 1>新增名稱為 TxtStockNo 文字方塊，以及 BtnSearch
查詢股票 命令按鈕。如下圖：

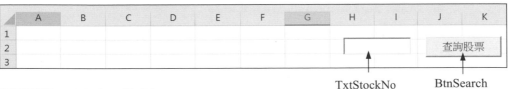

　　　　　　　　　　　　　　　　　　　　TxtStockNo　　BtnSearch

Step 03　分析網頁標籤

① 使用 Chrome 瀏覽器連結到下圖台灣證券交易所的個股日成交資訊，網
址「https://www.twse.com.tw/rwd/zh/afterTrading/STOCK_DAY?
date=20230316&stockNo=2002&response=html」有 date、stockNo、
response 三組欄位與值。

❶ date=20230316：指定 date 參數名稱的值為 20230316，表示要查詢
當月 2023/03/01 到 2023/03/16 的股票；若實際日期還未到達
2023/03/16 即會取得當月到目前日期最新股票資料。

❷ stockNo=2002：指定 stockNo 參數名稱的值為 2002，表示要查詢股票代號 2002 中鋼股價資料。

❸ response=html：指定 response 參數名稱的值為 html，表示回應為網頁文件。若省略此參數則會以 JSON 資料回應。

② 在要取得的表格按滑鼠右鍵執行「檢查」指令，接著開啟瀏覽器「Elements」標籤頁檢視中鋼股票資料是放在<table>標籤內。

③ 在上圖網頁按下滑鼠右鍵並執行「檢視網頁原始碼」，進入程式碼檢視畫面再按下 Ctrl + F 開啟尋找功能並輸入「<table」來尋找 <table>標籤，結果發現第 1 個<table>標籤即是本例所要的資料。

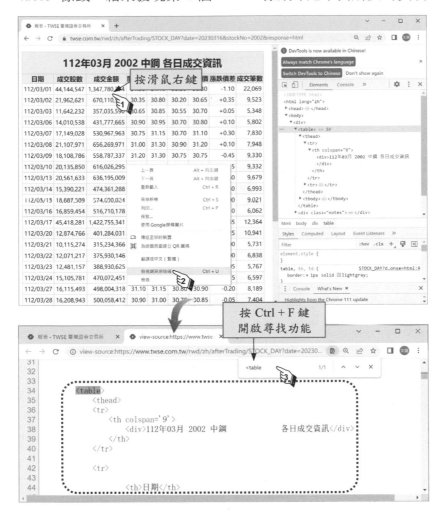

Step 04　撰寫工作表 1 程式碼

【工作表 1 程式碼】

```
01 Private Sub BtnSearch_Click()
02    On Error GoTo ErrorHandler    ' 啟用錯誤處理
03
04    Cells.Clear
```

```vba
05   If TxtStockNo.Value = "" Then
06       MsgBox ("股票代號不可為空白")
07       Exit Sub
08   End If
09
10   Dim dateStr As String
11   dateStr = Format(Now, "yyyymmdd")
12
13   Dim url As String
14   url = "https://www.twse.com.tw/rwd/zh/afterTrading/STOCK_DAY?date=" & _
         dateStr & "&stockNo=" & TxtStockNo.Value & "&response=html"
15
16   Dim ie As Object
17   Set ie = CreateObject("internetexplorer.application")
18
19   With ie
20       .Visible = True
21       .navigate url
22
23       Do While .Busy Or .ReadyState <> 4
24           DoEvents
25       Loop
26       ' 取得<table>的內容
27       Dim tableTags As Object
28       Set tableTags = .Document.getElementsByTagName("table")(0)
29       ' 將<table>列和欄所有資料都放入儲存格
30       Dim i As Integer
31       Dim j As Integer
32       With ActiveSheet
33           For i = 0 To tableTags.Rows.Length - 1
34               For j = 0 To tableTags.Rows(i).Cells.Length - 1
35                   Cells(i + 4, j + 1) = _
                       tableTags.Rows(i).Cells(j).innerText
36               Next
37           Next
38       End With
39
40       .Quit
```

```
41    End With
42
43    Set tableTags = Nothing
44    Set ie = Nothing
45
46    ' 若工作表中圖表數量大於 0 則刪除全部圖表
47    If ThisWorkbook.Worksheets("工作表 1").ChartObjects.Count > 0 Then
48        ThisWorkbook.Worksheets("工作表 1").ChartObjects.Delete
49    End If
50
51    Dim ws As Worksheet          ' 宣告工作表物件 ws
52    ' 將目前活頁簿的工作表 1 物件指定給 ws
53    Set ws = ThisWorkbook.Worksheets("工作表 1")
54
55    Dim co As ChartObject        ' 宣告圖表物件 co
56    ' 在 L5 儲存格處建立圖表，其圖表寬 600 高 400，並指定給 co
57    Set co = ws.ChartObjects.Add(ws.Range("K5").Left, _
        ws.Range("K5").Top, 600, 400)
58
59    Set ch = co.Chart   ' 指定 ch 為 co 的圖表
60
61    Dim rowCount As Integer
62    rowCount = Range("A5").End(xlDown).Row
63
64    ' 指定 ch 圖表各屬性
65    With ch
66        ' 指定 ch 的圖表來源為日期、開盤、最高、最低、收盤的儲存格範圍
67        .SetSourceData Source:=ws.Range _
68            ("A5:A" & rowCount & ",D5:G" & rowCount)
69        ' 股票圖表顯示類型為開盤、最高、最低、收盤
70        .ChartType = xlStockOHLC
71    End With
72
73    ch.ChartGroups(1).UpBars.Interior.Color = RGB(255, 0, 0)
74    ch.ChartGroups(1).DownBars.Interior.Color = RGB(0, 255, 0)
```

75	Exit Sub ' 離開事件程序
76	
77	ErrorHandler:　　　　　' 錯誤處理的程式碼
78	
79	Set tableTags = Nothing
80	Set ie = Nothing
81	MsgBox "無法取得資料，請填寫正確股票代號"
82	On Error GoTo 0　　' 停用目前已啟用任何錯誤
83	
84	**End Sub**

說明

1. 第 10,11 行：取得目前日期然後存入 dateStr 字串變數。

2. 第 13,14 行：指定爬蟲的網址同時帶入 date 和 stockNo 參數。date 為目前日期 dateStr，stockNo 為股票代號 TxtStockNo 文字方塊的值。

3. 第 16,17 行：建立 IE 瀏覽器物件 ie。

4. 第 20 行：顯示瀏覽器。

5. 第 21 行：指定瀏覽器要連結 url 網址。

6. 第 23~25 行：使用迴圈等待網頁全部下載完成才繼續往後執行。

7. 第 27,28 行：取得網頁中第 1 個<table>標籤內容並放入 tableTags 表格物件。

8. 第 30~38 行：tableTags 表格中的第 i 列第 j 欄的資料放入儲存格內。

ChatGPT
在 Excel 的應用

「ChatGPT」AI 聊天機器人於 2022 年 11 月 30 日推出後，由於能夠快速自動處理文字生成、問題解答、摘要...等多重任務，所以瞬間爆紅僅上線兩個月就擁有上億使用者。由於 ChatGPT 的崛起，而且還不斷擴充其學習能力，人類因此產生可能被 AI (人工智慧) 取代的焦慮。

16.1　認識 ChatGPT

16.1.1　ChatGPT 是什麼

ChatGPT (Chat Generative Pre-trained Transformer，聊天生成型預訓練變換模型)，是由 OpenAI 人工智慧研究實驗室所開發的人工智慧聊天機器人程式。2022 年 11 月所推出的版本，是根據 GPT-3.5 架構的模型，以監督、強化、深度...等學習所訓練而成，目前 GPT-4.0 版已經推出 (版本會隨時更新)。ChatGPT 主要是以文字方式，用人類自然的對話方式來進行互動，可以完成複雜的工作，例如根據輸入的提問回覆可能的答案，或根據輸入的條件產生指定的企劃文案，甚至還能編寫電腦程式。使用者註冊登入 ChatGPT 後，推廣期間可以免費與 AI 機器人進行對話。OpenAI 會根據使用者運用的情形，繼續訓練和微調 ChatGPT，使得其功能和正確性可以不斷地增強。付費版 ChatGPT Plus，每月只需支付 20 美元，就可以享受優先使用權和更快的載入時間。

使用 ChatGPT 時,可以使用日常的語言輸入問題,ChatGPT 了解我們的意圖後,就會以文字為主必要時加上連結、表格、程式碼...等形式回覆問題。下面為幾種常用的提問方式:

1. 基本問答

　　詢問各種領域的基本知識,或是進行翻譯,例如:「Excel 的功能為何」、「將我愛妳翻譯成日文」、「推薦五部適合情人節觀看的電影」、「跟兔子有關的笑話」。

　　👤　將我愛妳翻譯成日文

　　⑤　"我愛妳"的日文翻譯為「私はあなたを愛しています」(Watashi wa anata o aishiteimasu)。　👍 👎
　　　　注意,日語中通常不會直接使用漢字「妳」,而是使用假名「あなた」表示「你」的意思。

2. 進階問答

　　可以進一步詢問需要整理、分析的問題,例如:「**使用 Excel 來管理學生成績的步驟**」、「**檢查 "There's some students in the classroom."的文法**」、「**分析西遊記中孫悟空的個性**」。

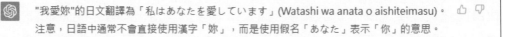

　　文龍　檢查"There's some students in the classroom. "的文法

　　⑤　"There's some students in the classroom" 這句話在口語上是可以接受的,但在書面語或正　👍 👎
　　　　式場合,可能需要更正確的表達方式。以下是可能的修正方式:

　　　1. "There are some students in the classroom." (把 "is" 改成 "are",因為 "students" 是複
　　　　　數形式)
　　　2. "Some students are in the classroom." (改成主動語態)
　　　3. "The classroom has some students in it." (重新組合句子)
　　　4. "Several students are present in the classroom." (使用 "several" 代替 "some",並加強
　　　　　表達方式)

3. 創意發想

　　提供各種具體條件後,由 ChatGPT 來構思和完成創意性工作,例如:「**規劃由台中出發到花蓮三日遊的行程**」、「**以雨、霧、太陽、微風**

為主題撰寫情歌歌詞」、「設計國小高年級體驗省水重要性的教
案」、「寫一篇關於友情和團隊合作的童話故事」。

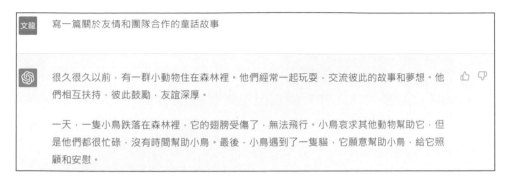

4. 情境模擬

ChatGPT 可以模擬指定風格、角色，來解決、建議或完成工作，例
如：「請你扮演資深 CEO 為手工餅乾店構思 3 個商業模式」、「請
以周杰倫風格創作一首檸檬汽水的廣告歌曲」。

16.1.2 ChatGPT 的優缺點

使用 ChatGPT 具有下列優點：

1. 提供多元資訊：ChatGPT 擁有龐大的資料庫，所以能夠回答使用者各種類型的問題，而且能在回答中提供更多的相關參考資訊。

2. 應用範圍廣泛：從基本的常識到複雜的技術問題，甚至是創意點子的發想，ChatGPT 都能從資料庫中整合出資訊，解決各種綜合性的問題。

3. 個別化回答：ChatGPT 能夠記住與使用者之間的對話，和它回答的內容，所以能夠提供個別化和深入的回答，以便有效解決使用者的問題。

4. 提高工作效率：使用 ChatGPT 可以在快速回答問題、產生文章、建議事項，來供我們參考可以大大提高工作效率。

目前 ChatGPT 有下列缺點，但是 ChatGPT 會不斷地優化：

1. 計算能力不佳：ChatGPT 擅長處理文字，但是對於複雜數字運算常常計算錯誤。

2. 局限性：雖然 ChatGPT 擁有龐大的資料庫，但是過於複雜或是冷門領域的問題，ChatGPT 可能給出不正確的答案。ChatGPT 對輸入和輸出的字元數量也是有所限制，但 GPT-4 版本已經大大改善。

3. 無法回答即時資訊：ChatGPT 目前是使用兩年前的資料庫訓練，因此知識限制在 2021 年前，所以無法回答有關最近所發生事件的問題。

4. 誤解使用者問題：ChatGPT 較難理解使用者模糊的問題，所以無法給出適切的解答。另外，ChatGPT 對中文的辨識度不如英文。

5. 不了解真實世界：ChatGPT 本身不能思考，對真實世界的認知是來自社會大眾的看法，它會篩選並運用這些資訊，所以 ChatGPT 只會根據大眾提供的資訊，說明社會大眾想聽的內容。

認識 AI 聊天機器人 ChatGPT 的特點後，我們應該不用懼怕 AI，反而要更加努力學習 AI 的相關知識。如此就可以坐在 AI 巨人的肩膀上，不但能走得更長久，而且能看得更遼闊！

16.1.3 ChatGPT 的註冊與使用

了解 ChatGPT 的功能和優缺點後，接著說明 ChatGPT 的註冊與使用方法。

Step 01　進入 **ChatGPT** 網站：開啟瀏覽器進入 ChatGPT 網站，輸入網址：https://chat.openai.com/auth/login，點按「Sign up」進行註冊。

Step 02　選擇註冊方式：註冊方式有三種，可以使用 Email 註冊，或是直接綁定 Google 或微軟帳號。

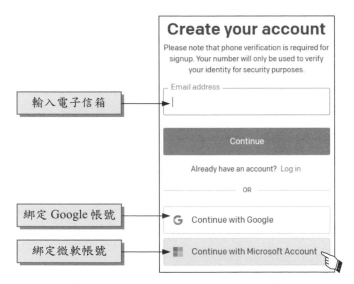

下面以使用微軟帳號為例說明註冊的步驟，其他註冊方式的操作步驟大致相同。

Step 03 身份驗證：首先輸入名字和姓氏，點按「Continue」繼續身份驗證。接著輸入手機號碼 (注意第一個 0 必須去掉)，點按「Send code」送出。手機會收到簡訊，將簡訊中六位數的驗證碼輸入，就完成身份驗證。

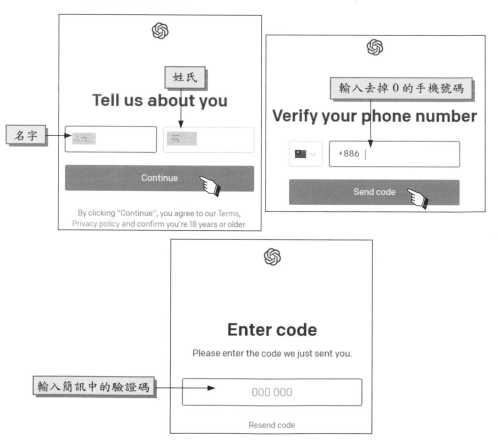

Step 04 提醒事項：完成後 ChatGPT 會提醒一些收集資料…等事項，就一直
點按「Next」繼續，最後點按「Done」完成註冊動作。

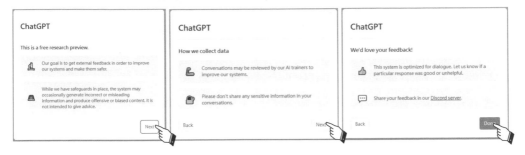

註冊成功後就會進入 ChatGPT 的操作平台頁面，平台的各項功能說明
如下圖。

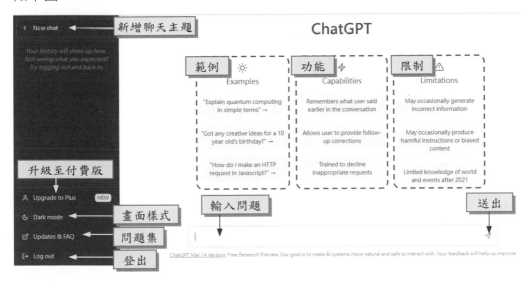

操作 ChatGPT 時應該注意下列事項，可以提高 ChatGPT 回答的正確
性：

1. **新增聊天主題**：因為 ChatGPT 會記住所有對話的內容，作為後續聊天
   的基礎，所以一個聊天主題中應盡量保持同一類型內容。點按左上角
   的「+ New chat」就可以新增一個聊天主題，聊天主題也可以重新命
   名或刪除。

新增聊天主題

聊天主題

命名

刪除

2. **要求重新回答**：對 ChatGPT 的回答不滿意，可以點按「Regenerate response」請 ChatGPT 重新回答。若發現 ChatGPT 的回答離題，或是題目有錯時，可以點按「Stop generating」來打斷 ChatGPT 的回答。

3. **詳細說明問題**：俗話說：「垃圾進垃圾出」，若希望 ChatGPT 的答案準確，那提問也必須要準確，提問前應該先想清楚問題的核心目標。另外，詞語的意義可能因為文化背景的不同，而有不同的含意，所以要使用明確的詞語來表達。例如「中華隊大勝韓國隊」、「中華隊大敗韓國隊」都是中華隊贏，就應該避免這類詞語。

4. **避免問題過於廣泛**：問題範圍過於廣泛會導致 ChatGPT 無法給出具體的回答，因此要縮小問題的範圍，例如將一個問題拆成幾個子問題。

5. **提供相關背景資料**：如果能夠提供人、事、時、地、物…等與問題相關的資料，可以幫助 ChatGPT 提供更具體的答案。

6. **善用追問**：因為 ChatGPT 會記錄對答的內容，所以若要了解 ChatGPT 答案的觀點，可以繼續追問：「為什麼會這麼認為？」、「有什麼具體的證據或事實？」、「如果沒有會如何？」。另外，ChatGPT 的答案需要做部分修改時，也可以利用追問來要求修正。

7. **驗證正確性**：ChatGPT 只是一個人工智能模型，它會盡量給出有用的回答，但是不一定都是正確。因此可以直接請 ChatGPT 附上數據、原理…等證明資料，或是自行運用搜尋引擎、書籍等其他管道查證。

16.1.4 第一次與 ChatGPT 聊天

了解 ChatGPT 的功能和優缺點後，接著說明使用 ChatGPT 的基本步驟。

Step 01 進入 **ChatGPT** 網站：開啟瀏覽器進入 ChatGPT 網站，輸入網址：
https://chat.openai.com/auth/login，然後點按「Log in」登入。

Step 02 提問：輸入問題內容後按 Enter↵ 鍵，或是按 ◁ 向 ChatGPT 提問。
例如輸入「**使用 Excel 管理資料**」：

> 使用Excel管理資料　　　　　　　　　　　　　　　　◁

ChatGPT 回答如下：(ChatGPT 回答的內容可能每次都不同)

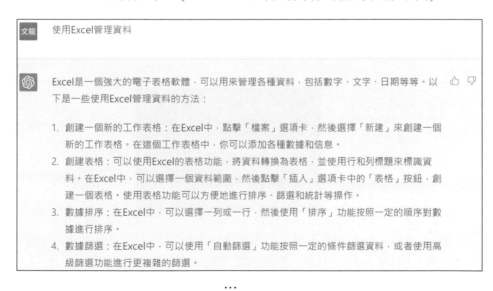

…

Step 03 追問：對於 ChatGPT 的回答滿意，可以複製下來做進一步運用。如果不滿意可以按「Regenerate response」，請 ChatGPT 重新回答。也可以將題目再詳細說明，或是將題目分拆成幾個步驟分別提問。例如再輸入「**如果是管理學生成績資料，有語文、數理和藝術成績**」：

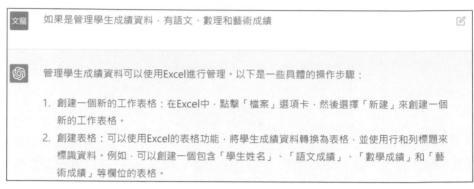

提問的內容越詳細，ChatGPT 的回答就會越精確，如果有需要可以繼續提問。

Step 04 **管理聊天主題**：提問後 ChatGPT 會自動為聊天主題命名，可以點按 ✎ 修改名稱，也可以點按 🗑 刪除目前聊天主題，如果要刪除所有聊天主題可點按左邊的 🗑 Clear conversations 指令。若要改變聊天的主題時，可以點按左上角的「+ New chat」新增一個聊天主題。

Step 01 **登出 ChatGPT 網站**：若要離開 ChatGPT，可以點按左下角的「Log out」登出，然後關閉 ChatGPT 網頁。

16.2　ChatGPT 與 Excel

　　ChatGPT 的功能強大，在前面已經略加介紹，本節將聚焦在 ChatGPT 如何來協助 Excel，使得 Excel 使用上更加方便。

16.2.1　建立 Excel 表格

　　Excel 中表格是最基本構成元素，下面介紹幾種使用 ChatGPT 協助建立 Excel 表格的方法。

1. 將資料整理成表格：

　　將資料輸入或複製到 ChatGPT 中，就可以整理成整齊的表格，就可以複製到 Excel 中使用。例如輸入：

將下列資料做成表格
姓名　語文　數理
Jack 101 -20
Mary -9 88
Max 85 199

換行時要使用 ⇧ Shift + Enter↵ 鍵

ChatGPT 會產生下列表格，就可以複製到 Excel 中使用。

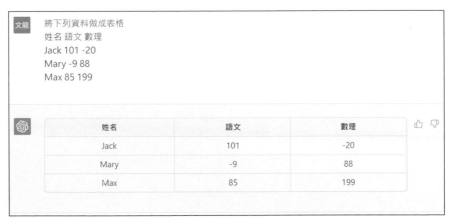

文龍　將下列資料做成表格
姓名 語文 數理
Jack 101 -20
Mary -9 88
Max 85 199

姓名	語文	數理
Jack	101	-20
Mary	-9	88
Max	85	199

2. 整理表格內資料：

　　在 ChatGPT 中的表格，可以要求 ChatGPT 整理其中的資料，例如西元年改為民國年、成績要介於 0~100、四捨五入…等。以上整理資料的動作，不用寫函數更不用巨集只要輸入要求，ChatGPT 就會協助整理資料。例如輸入「**語文和數理分數必須介於 0 到 100**」，ChatGPT 就會修正資料：

姓名	語文	數理
Jack	100	0
Mary	0	88
Max	85	100

3. 增加表格欄位：

ChatGPT 中的表格建立後，可以要求增加欄位，也可以指定計算公式，ChatGPT 會自動完成表格中的資料。例如輸入「**請加入總分欄位**」，ChatGPT 會加入總分欄位並自動加總：

姓名	語文	數理	總分
Jack	100	0	100
Mary	0	88	88
Max	85	100	185

4. 指定計算公式：

針對表格中欄位的計算公式，可以要求 ChatGPT 以指定的計算公式運算資料。例如輸入「**總分為(語文*2)+(數理*3)**」，ChatGPT 就會修正總分的計算公式：

姓名	語文	數理	總分
Jack	100	0	200
Mary	0	88	264
Max	85	100	415

5. 產生隨機資料：

只要給予表格欄位名稱，可以要求 ChatGPT 自動產生隨機資料，用於模擬測試非常方便。例如輸入「**表格有姓名、生日、電話、學歷、工**

作地等欄位，請隨機加入資料」，ChatGPT 就會產生有資料的表格：

姓名	生日	電話	學歷	工作地
張三	1990-01-01	0912-345-678	大學畢業	台北市信義區
李四	1995-05-10	0921-234-567	碩士畢業	新北市板橋區
王五	1988-12-25	0933-456-789	博士畢業	台中市北區
趙六	1998-07-07	0955-678-901	大學肄業	高雄市前鎮區
鄭七	1992-03-15	0988-123-456	高中畢業	新竹市東區

📥 **範例**：ChatGPT-Income.xlsx

由 ChatGPT 產生欄位為地區、第一季營收、第二季營收、第三季營收、第四季營收的表格，並填入假資料。然後要求營收資料沒有千位符號，並再加入總計和平均欄位。

執行結果

地區	第一季營收	第二季營收	第三季營收	第四季營收	年度營收總計	平均季營收
台北	500000	600000	700000	800000	2600000	650000
新北	400000	550000	750000	900000	2600000	650000

上機操作

Step 01 提問 ChatGPT：「**表格有地區、第一季營收、第二季營收、第三季營收、第四季營收等欄位，請隨機加入資料**」。(注意 ChatGPT 每次所產生的表格可能不同)

地區	第一季營收	第二季營收	第三季營收	第四季營收
台北	500,000	600,000	700,000	800,000
新北	400,000	550,000	750,000	900,000
桃園	450,000	650,000	850,000	950,000
台中	550,000	700,000	850,000	1,000,000
台南	300,000	400,000	500,000	600,000
高雄	450,000	550,000	650,000	750,000

...

Step 02 追問 ChatGPT：「**移除千位符號**」來修改資料。(ChatGPT 有時給的資料不會加上千位符號，可視情況是是否追問 **移除千位符號**)

地區	第一季營收	第二季營收	第三季營收	第四季營收
台北	500000	600000	700000	800000
新北	400000	550000	750000	900000
桃園	450000	650000	850000	950000

…

Step 03 追問 ChatGPT：「**加入總計和平均欄位**」來增加表格欄位。

地區	第一季營收	第二季營收	第三季營收	第四季營收	年度營收總計	平均季營收
台北	500000	600000	700000	800000	2600000	650000
新北	400000	550000	750000	900000	2600000	650000
桃園	450000	650000	850000	950000	2900000	725000

…

16.2.2 產生 Excel 公式

使用 Excel 時會使用各種函數，來對資料進行統計、篩選...等操作。但是 Excel 提供的函數眾多，而且有些函數的用法非常複雜，現在 ChatGPT 可以來協助解決這個問題。提問時要注意，ChatGPT 對 Excel 的 column 和 row 的中文名稱和我們習慣的「欄」、「列」不同，而是用「列」、「行」。下面是幾個使用範例：(範例檔：ChatGPT-Function.xlsx)

1. 提問：「**Excel 中 B3 為年利率，C3 為貸款期(年)，D3 為貸款總數，請在 B6 產生每月還款額**」【注意：貸款期後加註 **(年)**，來說明資料以年為單位】

 您可以使用Excel內建的"PMT"函數來計算每月還款金額。以下是步驟：

1. 選擇B6儲存格。
2. 在公式欄位中輸入"=PMT(B3/12,C3*12,D3,0)"。
3. 按下Enter鍵，即可計算出每月還款金額。

	B	C	D	E
	年利率	貸款期(年)	貸款總額	
	0.03	20	5000000	
	每月還款額			
	-$27,729.88			

公式欄：`=PMT(B3/12,C3*12,D3,0)`

2. 提問：「Excel 中 B3:B5 分數，若大於 89 為"優"、75~89 為"甲"、60~74 為"乙"、其餘為"丙"」

 您可以使用Excel的"IF"函數和"AND"函數來將分數轉換為等第。以下是步驟：

1. 選擇C3儲存格。
2. 在公式欄位中輸入「=IF(B3>89, "優", IF(B3>=75, "甲", IF(B3>=60, "乙", "丙")))」
3. 按下Enter鍵，即可計算出等第。

將公式複製到 C3 儲存格後，然後拖動到 C5 將公式複製至其他儲存格。

公式欄：`=IF(B3>89, "優", IF(B3>=75, "甲", IF(B3>=60, "乙", "丙")))`

	B	C	D	E	F	G	H
	分數	等第					
	92	優					
	78	甲					
	45	丙					

3. 提問：「Excel 中 E 列值為 B~D 列的總和，其中 D 列加權 2 倍」

 若您想要在Excel中計算E列的值為B~D列的總和，其中D列的值要加權2倍，可以按照以下步驟進行：

1. 在E1儲存格輸入以下公式：`=B1+C1+D1*2`，這將計算第1行的B、C、D三列的值總和，其中D列的值被加權了2倍。
2. 將公式復制到E2En儲存格中，即可計算整個E列的值為BD列的總和，其中D列的值加權2倍。

16-15

將公式複製到 E1 儲存格後，拖動到 E3 將公式複製至其他儲存格。

	:	× ✓ fx	=B1+C1+D1*2	
B	C	D	E	F
85	94	72	323	
62	77	95	329	
45	67	88	288	

16.2.3 產生 Excel VBA 程式碼

ChatGPT 除了可以產生函數和運算式外，還能幫忙編寫 VBA 程式碼。只要能將問題描述清楚，ChatGPT 就可以完成程式碼，真是很神奇！將 ChatGPT 產生的程式碼複製後，貼到 Excel VBA 程式編輯器中，可以利用下列方式執行程式碼：

1. **使用巨集程序**：在 Excel VBA 程式編輯器中先插入一個模組，然後將程式碼貼到該模組中，詳細作法請參考 2.4 節的說明。

2. **使用按鈕控制項**：先在活頁簿上建立一個按鈕控制項，然後將程式碼貼到 Click 事件程序中，詳細作法請參考 2.5 節的說明。

ChatGPT 所產生的程式碼並不一定正確，必須經過偵錯才能確認。如果程式碼有錯，除了可以自行修改外，也可以重新審視提問內容是否正確、周延，修正後再重新提問。下面為向 ChatGPT 提問產生 VBA 程式碼的範例：

1. 提問：「寫 Excel VBA 程式碼，將 A1:A6 儲存格中，奇數行的最大值寫到 B2 儲存格，偶數行的最小值寫到 B6 儲存格」

    【注意：ChatGPT 中 row 稱為行】

以下是一個 VBA 程式碼範例，可以將 A1:A6 儲存格中，奇數行的最大值寫到 B2 儲存格，偶數行的最小值寫到 B6 儲存格：

程式碼：ChatGPT-MaxMin.xlsm(注意 ChatGPT 所產生的程式碼可能不同)

```vba
Sub FindMinMax()
    Dim i As Integer
    Dim maxValue As Double
    Dim minValue As Double
    ' 奇數行最大值
    For i = 1 To 6 Step 2
        If Cells(i, 1).Value > maxValue Then
            maxValue = Cells(i, 1).Value
        End If
    Next i
    Range("B2").Value = maxValue
    ' 偶數行最小值
    minValue = Cells(2, 1).Value
    For i = 4 To 6 Step 2
        If Cells(i, 1).Value < minValue Then
            minValue = Cells(i, 1).Value
        End If
    Next i
    Range("B6").Value = minValue
End Sub
```

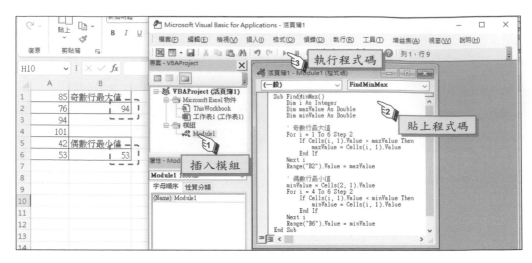

2. 試將 5.2 節的範例向 ChatGPT 提問：「寫 Excel VBA 程式碼，接受操作者輸入帳號、密碼，假設操作者的帳號是"boss"，密碼是 "168"，操作者最多有三次的輸入機會」

程式碼 ：ChatGPT-PassWord.xlsm(注意 ChatGPT 所產生的程式碼可能不同)

```vba
Sub Login()
    Dim username As String
    Dim password As String
    Dim attempt As Integer
    ' 最多輸入三次
    For attempt = 1 To 3
        username = InputBox("請輸入您的帳號：")
        password = InputBox("請輸入您的密碼：")
        ' 驗證帳號密碼
        If username = "boss" And password = "168" Then
            MsgBox "登入成功！"
            Exit Sub
        Else
            MsgBox "帳號或密碼錯誤，您還有 " & (3 - attempt) & " 次輸入機會。"
        End If
    Next attempt
    ' 輸入三次仍失敗
    MsgBox "您已輸入錯誤的帳號或密碼三次。"
End Sub
```

⏷ **範例**：ChatGPT-第一季空品.xlsm

　　將第一季空品.xlsx 活頁簿中，空白沒有資料的工作表刪除，然後將有資料的每個工作表，以各個工作表的名稱另存成新檔。

上機操作

Step 01　向 ChatGPT 提問：「**寫 Excel VBA 程式碼，先將活頁簿中空白沒有資料的工作表刪除，然後將有資料的每個工作表，以工作表的名稱另存成新檔**」。ChatGPT 產生的程式碼如下：(注意每次 ChatGPT 所產生的程式碼可能稍微不同)

程式碼

```vba
Sub DeleteEmptySheetsAndSaveAsNewFile()
  Dim wb As Workbook
  Dim ws As Worksheet
  Dim NewFilePath As String
  Set wb = ThisWorkbook
  ' Delete empty sheets
  For Each ws In wb.Worksheets
    If Application.WorksheetFunction.CountA(ws.Cells) = 0 Then
      ws.Delete
    End If
  Next ws
  ' Save non-empty sheets
  For Each ws In wb.Worksheets
    If Application.WorksheetFunction.CountA(ws.Cells) <> 0 Then
      NewFilePath = ThisWorkbook.Path & "\" & ws.Name & ".xlsx"
      ws.Copy
      ActiveWorkbook.SaveAs Filename:=NewFilePath,
FileFormat:=xlOpenXMLWorkbook
      ActiveWorkbook.Close
    End If
  Next ws
End Sub
```

Step 02　開啟第 9 章的第一季空品.xlsx 活頁簿，進入 Excel VBA 程式編輯器中先插入模組，再將 ChatGPT 產生的 DeleteEmptySheetsAndSaveAsNewFile 程序貼到該模組中。

Step 03　在 Excel VBA 程式編輯器中，點按 ▶ 執行程序。

Step 04　先檢查第一季空品.xlsx 活頁簿中，空白的工作表是否被刪除。然後開啟檔案總管，檢查是否新增 1 月~3 月三個 xlsx 檔案。如果以上兩個工作都完成，就表示 ChatGPT 產生的程式碼正確。

⊙ 範例：ChatGPT_Chart01.xlsm

　　由 ChatGPT 隨機產生產品表 5 筆記錄，產品表有編號，品名，銷售量欄位。再由 ChatGPT 依產品表產生繪製直條圖的 VBA 程式碼，執行結果如下圖。

執行結果

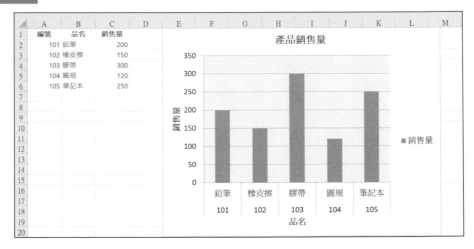

上機操作

Step 01　在 ch16 資料夾下建立「ChatGPT_Chart01.xlsm」進行練習。

Step 02　向 ChatGPT 提問：「**隨機產生產品表 5 筆記錄，有編號，品名，銷售量**」。結果 ChatGPT 產生 5 筆記錄。如下圖：

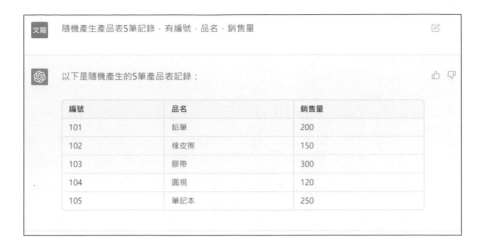

Step 03 將上述產品表的所有記錄複製到 Excel 工作表 A1 儲存格。

Step 04 向 ChatGPT 繼續提問:「**將上述產品表繪製直條圖,x 軸品名,y 軸為銷集量,請提供 Excel VBA 程式,直條圖繪製在 E1 儲存格**」,結果 ChatGPT 產生如下程式碼。(ChatGPT 產生的程式碼可能和本書不同,讀者可依情況自行修改)

Step 05 將 ChatGPT 產生的程式碼複製到 Excel VBA 編輯器,接著再測試程式執行結果。

程式碼

【 工作表 1 程式碼 】

```
Sub DrawBarChart()
    ' 宣告變數
    Dim chartRange As Range
    Dim chartTitle As String
    Dim chartObject As chartObject

    ' 設定資料範圍和標題
    Set chartRange = Range("A1:C6")
    chartTitle = "產品銷售量"

    ' 新增直條圖物件並設定位置
    Set chartObject =
ActiveSheet.ChartObjects.Add(Left:=Range("E1").Left,
Top:=Range("E1").Top, Width:=400, Height:=300)

    ' 設定圖表的資料來源和標題
    With chartObject.Chart
        .SetSourceData chartRange
        .chartTitle.Text = chartTitle
    End With

    ' 設定 x 軸和 y 軸標籤
    With chartObject.Chart.Axes(xlCategory)
        .HasTitle = True
        .AxisTitle.Text = "品名"
    End With

    With chartObject.Chart.Axes(xlValue)
        .HasTitle = True
        .AxisTitle.Text = "銷售量"
    End With

    ' 設定圖表類型為直條圖
    chartObject.Chart.ChartType = xlColumnClustered
```

```
    ' 設定圖表顏色和其他樣式
    chartObject.Chart.SeriesCollection(1).Interior.Color = RGB(91,
155, 213)
    chartObject.Chart.ChartArea.Font.Size = 12
    chartObject.Chart.PlotArea.Interior.Color = RGB(242, 242, 242)
End Sub
```

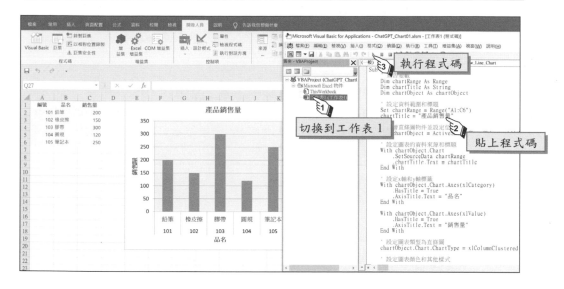

16.3　在 Excel 內建 ChatGPT

既然 ChatGPT 可以協助 Excel，如果 Excel 能內建 ChatGPT 那就會更加便利。微軟公司宣布 Office 365 支援 Copilot 工具，該工具已經整合 ChatGPT，而且是以最新的 GPT-4 模型為基礎。使用者可用文字或口語方式，在 Excel、Word、PowerPoint...等側邊欄的聊天介面輸入想要完成的動作，Copilot 就會完成指定的工作。

16.3.1　Excel 外掛 ChatGPT

Excel 目前可以使用外掛方式，將 ChatGPT 加入 Excel 的側邊欄。外掛 ChatGPT 的操作步驟說明如下：

Step 01 取得增益集：先點選「插入」索引標籤，再點按 田 取得增益集 圖示鈕，會開啟「Office 增益集」對話方塊。

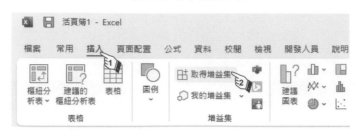

Step 02 新增「**BrainiacHelper**」增益集：在「Office 增益集」對話方塊中輸入：「brainiachelper」，然後點按 🔍 搜尋「BrainiacHelper」增益集，搜尋到後點選「新增」。

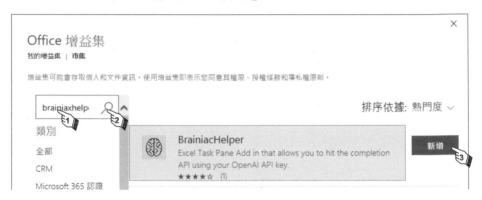

接著出現下圖「授權條款與隱私權原則」對話方塊，點按「繼續」即可。新增增益集後在「常用」索引標籤中會新增 Braniac Helper 圖示鈕，並出現 Braniac 側邊欄。

Step 03 取得金鑰：接著要到 OpenAI 網站取得金鑰。

① 在瀏覽器輸入網址 https://platform.openai.com/進入 OpenAI 網站，進入時也要如前面介紹的方式登入。登入後先點按右上角的「Personal」，然後在清單中點選「View API keys」。

② 在「API keys」網頁中點選「+ Create new secret key」。

③ 在「API key generated」對話方塊中，先點按 🗐 複製金鑰，然後再點按「OK」關閉對話方塊。

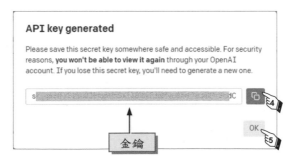

Step 04 將金鑰貼至 Brainiac 側邊欄 GPT-3 API Key 的文字方塊中，就完成外掛 ChatGPT 的動作。

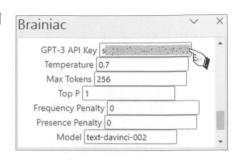

16.3.2 在 Excel 使用 ChatGPT

安裝完 ChatGPT 外掛後，就可以依照下面步驟來使用：

Step 01 **輸入提問**：在儲存格中輸入想提問的內容，記得題目必須說明詳細。

Step 02 **指定回答的儲存格**：點選提問儲存格右邊的儲存格，為 ChatGPT 回答的位置，例如在 A1 提問，就必須指定 B1 為回答儲存格。也就是說，ChatGPT 會回答目前儲存格左邊的提問。

Step 03 **取得回答**：點按 Braniac 側邊欄的「Run」，就可以得到 ChatGPT 的回答。如果對答案不滿意可以刪除，再按「Run」取得新的答案。

🔽 **範例**

欄位有姓名、性別、時數、時薪和薪資的表格，在 ChatGPT 協助下完成個人薪資，以及男性薪資加總的計算。

上機操作

Step 01 建立欄位為姓名、性別、時數、時薪和薪資的表格。

Step 02 在 G1 儲存格提問：「**儲存格為 A2:E5，C 欄為工作時數，D 欄為時薪，如何在 E 欄計算個人薪資**」，點選 H1 儲存格指定回答位置。ChatGPT 回答的內容如下：

	A	B	C	D	E	F	G	H
1	姓名	性別	時數	時薪	薪資		儲存格為A2:E5，C欄為工作時數，D欄為時薪，如何在E欄計算個人薪資	計算薪資？ 1. 在E2輸入公式：=C2*D2 2. 使用快捷鍵：Ctrl+D，拉動單元格E2:E5，即可完成E欄的計算
2	Jerry	男	8	182				
3	Peggy	女	10	196				
4	Helen	女	6	176				
5	Max	男	9	214				

Step 03 根據 ChatGPT 的回答，完成 E2 到 E5 的公式。

Step 04 先刪除 G1 和 H1 儲存格內容，在 G1 儲存格提問：「**儲存格為 A2:E5，B 欄為性別，E 欄為薪資，計算 B 欄中男性的薪資加總的公式**」。ChatGPT 回答的內容如下：

	A	B	C	D	E	F	G	H
1	姓名	性別	時數	時薪	薪資		儲存格為A2:E5，B欄為性別，E欄為薪資，計算B欄中男性的薪資加總的公式	為： =SUMIF(B:B,"男",E:E) 如果要計算女性的薪資加總，只要將公式中的男改為女即可。
2	Jerry	男	8	182	1456			
3	Peggy	女	10	196	1960			
4	Helen	女	6	176	1056			
5	Max	男	9	214	1926			

Step 05 根據 ChatGPT 的回答，完成 F2 的公式。

F2		✕ ✓ f_x	=SUMIF(B:B,"男",E:E)			
	A	B	C	D	E	F
1	姓名	性別	時數	時薪	薪資	
2	Jerry	男	8	182	1456	3382
3	Peggy	女	10	196	1960	
4	Helen	女	6	176	1056	
5	Max	男	9	214	1926	

Bing Chat 在 Excel 的應用

17.1 Bing Chat 介紹

微軟公司的 Bing 搜尋引擎的聊天服務(Bing Chat)也擁有像 ChatGPT 聊天機器人功能，同時微軟官方宣佈 Bing Chat 已升級為 OpenAI 的 GPT-4 技術。透過 Bing 可以切換使用搜尋或是聊天模式來查詢資料，也是種方便的操作方法，目前只支援微軟 Edge 瀏覽器。

17.1.1 透過 Bing 使用 ChatGPT 的步驟

Step 01 進入微軟 **Bing** 網站：開啟 Edge 瀏覽器進入 Bing 網站，網址為：https://www.bing.com/，然後點按 「聊天」 進行聊天模式。

Step 02 登入：會出現要求使用微軟帳號登入，登入方式如前面介紹。

如果是第一次使用，登入後會出現「只有當您能夠存取新的 Bing 時，才能使用聊天模式」頁面，點按「Sign in to chat」登入聊天模式。此時微軟會先將您加入等候清單，當同意時會以電子郵件通知。

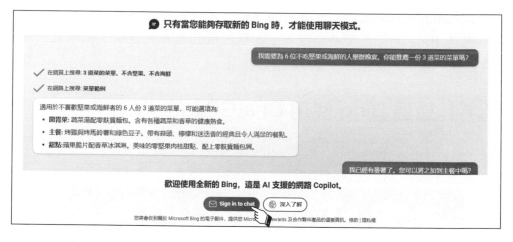

收到微軟邀請使用全新 Bing 的電子郵件時，點按其中的「Chat now」，就可以使用 Bing 的聊天模式。

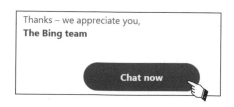

Step 03　進行聊天：進入 Bing 的聊天模式頁面，各項功能說明如下圖：

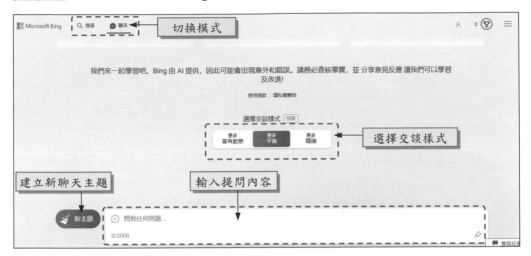

上圖的交談模式提供「更多富有創意」、「更多平衡」與「更多精確」會有不同的回答效果。更多富有創意適合用來設計文案，可請 Bing Chat 提供富創意與天馬行空的想法；更多精確提供準確的回應事實，但回答簡短且死板，適合用來尋找資料；更多平衡則是介於上述兩者之間。

17.1.2　使用 Bing 進行聊天

使用 Bing 進行聊天時，因為也是使用 GPT-4 模型所以注意事項相同：

1. **輸入聊天內容**：輸入問題內容後按 Enter 鍵，或是按 ➤ 向 Bing 提問。例如輸入「ChatGPT 可以協助 Excel 嗎？」：

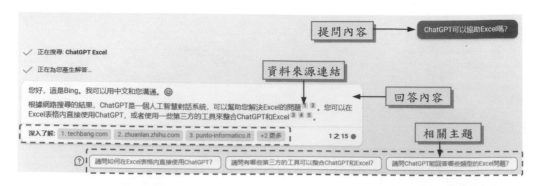

Bing Chat 是對話式 AI 搜尋引擎,所回應的答案多是由網路整理而來。Bing Chat 在回答同時會在「深入了解」的地方提供資料來源的連結,以便讓使用者進行查證。

2. **新增聊天主題**:點按左邊的 ✨ 新主題 圖示就可以新增一個聊天主題。

目前微軟公司的 Edge 瀏覽器已經釋出新版本,其中加入 Bing AI 的「Copilot」工具,將 ChatGPT 聊天機器人直接整合到瀏覽器中。只要點按工具列的 ⓑ 圖示,就會開啟 AI 聊天的側邊欄視窗,可以幫助使用者在瀏覽網頁時進行更多的操作。

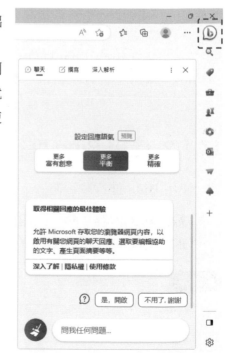

17.2 自動生成 Excel VBA 爬蟲程式

上一章示範使用 ChatGPT 提問產生 VBA 程式碼，在本節帶領讀者使用 Bing Chat 提供自動生成 Excel VBA 爬蟲程式。(有興趣的讀者也可以使用 ChatGPT 進行實驗)。

📥 **範例**：bing01.xlsm

使用 Bing Chat 提問，設計 14.3 節依日期與股票代號來查詢股票範例。

按下 查詢股票 鈕，會出現 InputBox 詢問您要查詢的日期(年月日)與股票代號，接著即會出現查詢股票資料，並依查詢股票日期、開盤價、最高價、最低價、收盤價(開、高、低、收)四個價位繪製成股票 K 線圖。

執行結果

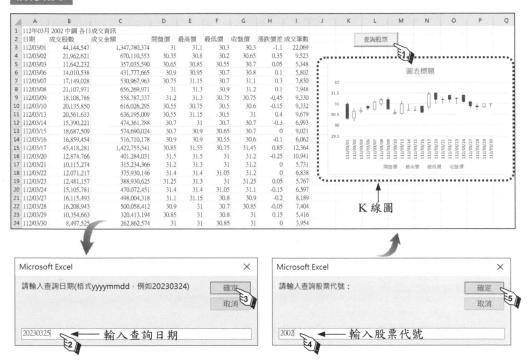

上機操作

| Step 01 | 在 ch17 資料夾下建立「bing01.xlsm」進行練習。

Step 02 取得股票資訊網址

① 開啟瀏覽器並連結到「https://www.twse.com.tw/zh/trading/historical/ stock-day.html」台股各股日交易資訊網頁。(台灣證券交易所官網： https://www.twse.com.tw/zh/)

② 依下圖操作，查詢 112 年 3 月 2002 中鋼股價資料，最後將查股票網頁 網址複製起來。

複製網址

③ 網址如下：

https://www.twse.com.tw/rwd/zh/afterTrading/STOCK_DAY?date=20230324&stockNo=2002&response=html

Step 03 在 <工作表 1> 建立 │ 查詢股票 │ BtnSearch 命令按鈕控制項。

Step 04 向 Bing Chat 進行提問，但每次回答可能會不一樣，讀者可自行判斷。(也可向 ChatGPT 提問)

① 交談模式選擇「更多精確」。

② 提問：

「https://www.twse.com.tw/rwd/zh/afterTrading/STOCK_DAY?date=20230324&stockNo=2002&response=html，請提供取得上述網頁資料的 Excel VBA 程式碼」。回答結果如下：

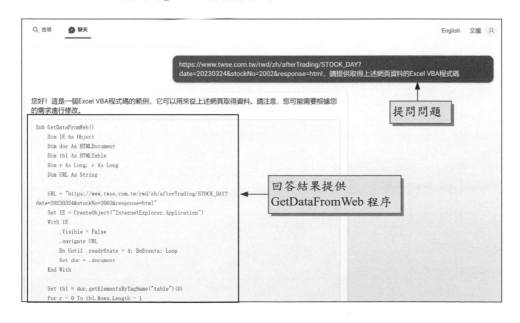

③ 上述回答結果提供 GetDataFromWeb 程序，請將此程序複製到 VBA 編
輯器，並在 ┌查詢股票┐ BtnSearch_Click()事件處理程序呼叫
GetDataFromWeb 程序進行測試。

```vba
(一般)                                                    ∨  GetDataFromWeb
Private Sub BtnSearch_Click()
    GetDataFromWeb
End Sub


Sub GetDataFromWeb()
    Dim IE As Object
    Dim doc As HTMLDocument
    Dim tbl As HTMLTable
    Dim r As Long, c As Long
    Dim URL As String

    URL = "https://www.twse.com.tw/rwd/zh/afterTrading/STOCK_DAY?date=20230324&stockNo=2002&response=html"
    Set IE = CreateObject("InternetExplorer.Application")
    With IE
        .Visible = False
        .navigate URL
        Do Until .readyState = 4: DoEvents: Loop
        Set doc = .document
    End With

    Set tbl = doc.getElementsByTagName("table")(0)
    For r = 0 To tbl.Rows.Length - 1
        For c = 0 To tbl.Rows(r).Cells.Length - 1
            Cells(r + 1, c + 1) = tbl.Rows(r).Cells(c).innerText
        Next c
    Next r

    IE.Quit
End Sub
```

④ 按 ┌查詢股票┐ 鈕測試之後結果出現下圖畫面。

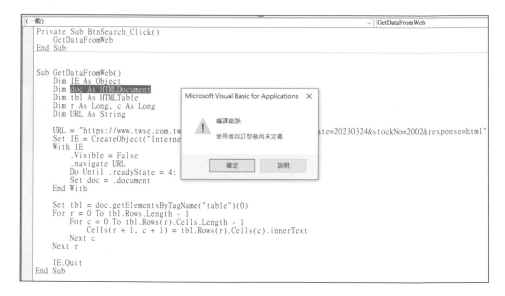

⑤ 由上述訊息得知，Excel VBA 無法使用 HTMLDocument 物件，請繼續
對 Bing Chat 繼續提問：「HTMLDocument 發生錯誤，如何處理」。結
果回答如下：

⑥ 上述 Bing Chat 的回答提供兩種解決方式，在這裡我們選擇最簡單的方
式，就是第一種在 VBA 編輯器啟用「Microsoft HTML Object Library」。
操作如下：

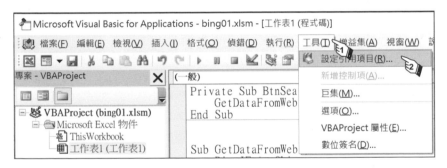

⑦ 按 | 查詢股票 | 鈕測試之後結果正確取得股票資訊。

Step 05 修改程式碼

❖ 新增如下灰底處程式碼，使按下按鈕出現 InputBox 輸入框讓使用者輸入查詢日期與股票代號。

【 工作表1程式碼 】

```
01  Private Sub BtnSearch_Click()
02      GetDataFromWeb    '呼叫 GetDataFromWeb 程序
03  End Sub
04
05  Sub GetDataFromWeb()
06      Dim IE As Object
07      Dim doc As HTMLDocument
08      Dim tbl As HTMLTable
09      Dim r As Long, c As Long
10      Dim URL As String
11
12      Cells.Clear    ' 清除所有儲存格資料
13
14      Dim dateStr As String
15      dateStr = InputBox("請輸入查詢日期(格式 yyyymmdd，例如 20230324)")
16
```

```
17    Dim sNo As String
18    sNo = InputBox("請輸入查詢股票代號：")
19
20    URL = "https://www.twse.com.tw/rwd/zh/afterTrading/STOCK_DAY?date=
" & dateStr & "&stockNo=" & sNo & "&response=html"
21    Set IE = CreateObject("InternetExplorer.Application")
22    With IE
23        .Visible = False
24        .navigate URL
25        Do Until .readyState = 4: DoEvents: Loop
26        Set doc = .document
27    End With
28
29    Set tbl = doc.getElementsByTagName("table")(0)
30    For r = 0 To tbl.Rows.Length - 1
31        For c = 0 To tbl.Rows(r).Cells.Length - 1
32            Cells(r + 1, c + 1) = tbl.Rows(r).Cells(c).innerText
33        Next c
34    Next r
35    IE.Quit
36 End Sub
```

Step 06　依下圖操作選取日期、開盤價、最高價、最低價與收盤價四欄的
所有記錄，接著依圖示操作新增 K 線圖圖表。

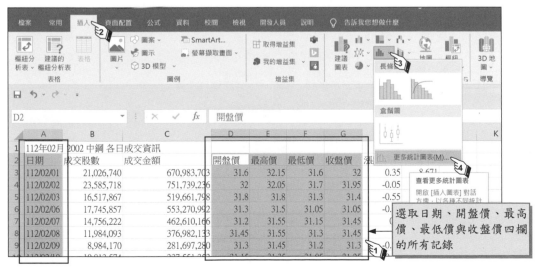

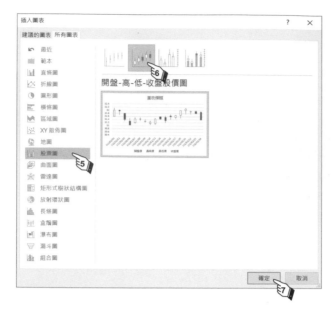

Step 07 按 查詢股票 鈕執行輸入查詢日期與股票代號取得指定股票資料,同時呈現 K 線圖。

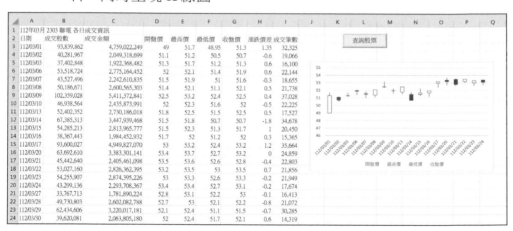

⊙ **範例**：bing02.xlsm

使用 Bing Chat 提問，設計 15.2 節使用 IE 瀏覽器方式進行網頁爬蟲的範例(ieQuery02.xlsm)。當在文字方塊輸入關鍵字並按 維基百科查詢 鈕會開啟維基百科網頁「https://zh.wikipedia.org/wiki/」進行查詢，且同時將 Excel 中文字方塊的關鍵字自動帶入到維基百科網頁，網頁爬蟲完畢會將關鍵字的前三段內容置於 A4、A5、A6 儲存格中。

執行結果

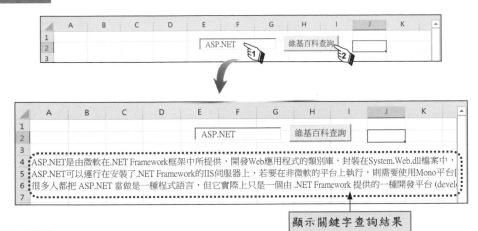

顯示關鍵字查詢結果

上機操作

Step 01　建立 ActiveX 控制項
在 <工作表 1> 新增文字方塊名稱為 TxtKeywork，新增 維基百科查詢 鈕名稱為 BtnWiki。如下圖：

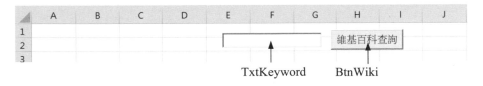

TxtKeyword　　BtnWiki

Step 02　分析網頁標籤，請參閱 P15-8~P15-10 頁說明：

Step 03　向 Bing Chat 進行提問，每次回答可能會不一樣，讀者可自行判斷。(也可向 ChatGPT 提問)

① 交談模式可選擇「更多精確」。

② 提問:「撰寫 Excel VBA 程式功能: 使用瀏覽 IE 瀏覽器方式進行網頁
爬蟲,當在 TxtKeywork 文字方塊輸入關鍵字並按 BtnWiki 會開啟維基
百科網頁「https://zh.wikipedia.org/wiki/」進行查詢,且同時將 Excel 中
TxtKeywork 文字方塊的關鍵字自動帶入到維基百科網頁,網頁爬蟲完
畢會將關鍵字的前三段內容置於 A4, A5, A6 儲存格。」。回答結果如
下:

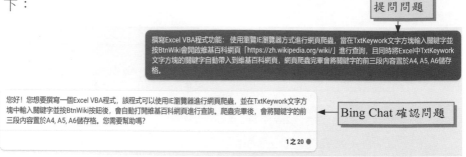

③ 繼續追問:「是的,請提供 VBA 程式碼」。結果 Bing Chat 提供如下
SearchWiki 程序程式碼:

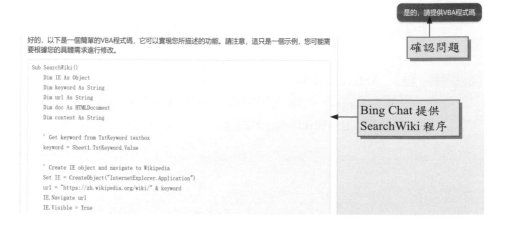

④ 上述回答結果提供 SearchWiki 程序,請將此程序複製到 VBA 編輯器,
並在 維基百科查詢 BtnWiki_Click()事件處理程序呼叫 SearchWiki 程序進
行測試。

```
(一般)
    Private Sub BtnWiki_Click()
        SearchWiki
    End Sub

Sub SearchWiki()
    Dim IE As Object
    Dim keyword As String
    Dim url As String
    Dim doc As HTMLDocument

    ' Get keyword from TxtKeyword textbox
    keyword = Sheet1.TxtKeyword.Value

    ' Create IE object and navigate to Wikipedia
    Set IE = CreateObject("InternetExplorer.Application")
    url = "https://zh.wikipedia.org/wiki/" & keyword
    IE.Navigate url
    IE.Visible = True

    ' Wait for page to load
    Do While IE.Busy Or IE.readyState <> 4
        DoEvents
    Loop

    ' Get page content and extract first three paragraphs
    Set doc = IE.Document
    Sheet1.Range("A4").Value = doc.getElementsByTagName("p")(0).innerText
    Sheet1.Range("A5").Value = doc.getElementsByTagName("p")(1).innerText
    Sheet1.Range("A6").Value = doc.getElementsByTagName("p")(2).innerText

    ' Clean up
    IE.Quit
    Set IE = Nothing
End Sub
```

⑤ 按 維基百科查詢 鈕測試之後結果出現下圖編譯錯誤畫面。

⑥ 由前一個範例可知，解決方式就是在 VBA 編輯器啟用「Microsoft HTML Object Library」，操作步驟如下：

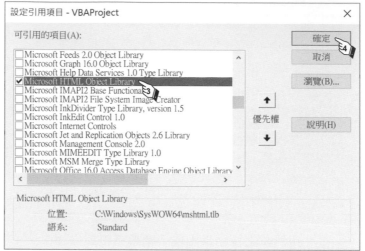

⑦ 按 [維基百科查詢] 鈕測試之後發現程式碼有誤。

Step 04 修改如下灰底處程式碼

【 工作表 1 程式碼 】

```
01  Private Sub BtnWiki_Click()
02      SearchWiki
03  End Sub
04
05  Sub SearchWiki()
06      Dim IE As Object
07      Dim keyword As String
08      Dim url As String
09      Dim doc As HTMLDocument
10
11      ' Get keyword from TxtKeyword textbox
```

```
12    ' keyword = Sheet1.TxtKeyword.Value
13    keyword = TxtKeyword.Value
14
15    ' Create IE object and navigate to Wikipedia
16    Set IE = CreateObject("InternetExplorer.Application")
17    url = "https://zh.wikipedia.org/wiki/" & keyword
18    IE.Navigate url
19    IE.Visible = True
20
21    ' Wait for page to load
22    Do While IE.Busy Or IE.readyState <> 4
23        DoEvents
24    Loop
25
26    ' Get page content and extract first three paragraphs
27    Set doc = IE.Document
28    'Sheet1.Range("A4").Value = _
          doc.getElementsByTagName("p")(0).innerText
29    'Sheet1.Range("A5").Value = _
          doc.getElementsByTagName("p")(1).innerText
30    'Sheet1.Range("A6").Value = _
          doc.getElementsByTagName("p")(2).innerText
31    Range("A4").Value = doc.getElementsByTagName("p")(0).innerText
32    Range("A5").Value = doc.getElementsByTagName("p")(1).innerText
33    Range("A6").Value = doc.getElementsByTagName("p")(2).innerText
34
35    ' Clean up
36    IE.Quit
37    Set IE = Nothing
38 End Sub
```

說明

1. 第 12,13 行：將第 12 行 Bing Chat 提供的程式碼註解，並新增第 13 行將 TxtKeywordk 文字方塊的值指定 keyword 變數。

2. 第 28~33 行：將第 28~30 行 Bing Chat 提供的程式碼註解，並新增第 31~33 行程式將爬蟲結果放入目前工作表 A4、A5、A6 儲存格。

由 16、17 章實測可以發現，不論是使用 ChatGPT 或是 Bing Chat，都可以快速生成 Excel 公式與 VBA 程式碼，進而提升工作效率。記得提問時要描述清楚才能得到想要的答案，若答案不符合預期可以繼續追問或引導也能得到想要的答案。當然 ChatGPT 或 Bing Chat 所提供的程式碼可能有誤，所以還是要進行測試與修改，才能讓程式碼執行符合預期結果。

Excel VBA x ChatGPT x Bing Chat 基礎到爬蟲應用：詠唱神技快速生成公式與 VBA

作　　者：蔡文龍 / 張志成 / 何嘉益 / 張力元
企劃編輯：江佳慧
文字編輯：江雅鈴
設計裝幀：張寶莉
發 行 人：廖文良

發 行 所：碁峰資訊股份有限公司
地　　址：台北市南港區三重路 66 號 7 樓之 6
電　　話：(02)2788-2408
傳　　真：(02)8192-4433
網　　站：www.gotop.com.tw
書　　號：ACI036900
版　　次：2023 年 05 月初版
建議售價：NT$480

國家圖書館出版品預行編目資料

Excel VBA x ChatGPT x Bing Chat 基礎到爬蟲應用：詠唱神技快速生成公式與 VBA / 蔡文龍, 張志成, 何嘉益, 張力元著. -- 初版. -- 臺北市：碁峰資訊, 2023.05
　　面；　　公分
　　ISBN 978-626-324-496-2(平裝)
　　1.CST：EXCEL(電腦程式)　2.CST：人工智慧　3.CST：自然語言處理
312.49E9　　　　　　　　　　　　　　112005564

讀者服務

- 感謝您購買碁峰圖書，如果您對本書的內容或表達上有不清楚的地方或其他建議，請至碁峰網站：「聯絡我們」\「圖書問題」留下您所購買之書籍及問題。(請註明購買書籍之書號及書名，以及問題頁數，以便能儘快為您處理)
http://www.gotop.com.tw

- 售後服務僅限書籍本身內容，若是軟、硬體問題，請您直接與軟體廠商聯絡。

- 若於購買書籍後發現有破損、缺頁、裝訂錯誤之問題，請直接將書寄回更換，並註明您的姓名、連絡電話及地址，將有專人與您連絡補寄商品。